中国编辑学会组编

中国科技之路
总览卷

# 科技强国

本卷主编 杨玉良
副主编 黄庆桥

科学出版社

北京

**图书在版编目（CIP）数据**

中国科技之路．总览卷．科技强国 / 中国编辑学会
组编；杨玉良本卷主编．—北京：科学出版社，2021.6
ISBN 978-7-03-068805-7

Ⅰ．①中… Ⅱ．①中…②杨… Ⅲ．①技术史 - 中国
- 现代 ②科技发展- 发展战略- 研究- 中国　Ⅳ．① N092
② G322

中国版本图书馆 CIP 数据核字（2021）第 089037 号

## 内 容 提 要

本书以新中国科技发展宏观历程为主线，以新中国科学事业发展的部分重点、亮点为切入点，力求以点带面，点面结合，展现出在中国共产党的领导下，我国科技事业取得的辉煌成就。

全书主要由"向科学进军""科学技术是第一生产力""科教兴国""自主创新""建设世界科技强国"五大篇章组成，通过深入挖掘分析不同时期典型科技成就、科技事件等背后的故事及其历史意义，全面生动地反映了中国科学技术发展的光辉历程和经验启示，是开展党史学习教育的生动读本，适合党员领导干部、科技工作者、大中学生等阅读。

**中国科技之路 总览卷 科技强国**
ZHONGGUO KEJI ZHI LU ZONGLAN JUAN KEJI QIANGGUO

◆ 组　　编　中国编辑学会
　　本卷主编　杨玉良
　　副 主 编　黄庆桥
　　责任编辑　侯俊琳　邹　聪　朱琳君　张　楠
　　责任校对　贾伟娟
　　责任印制　李　彤

◆ 科学出版社 出版
　　北京东黄城根北街16号
　　邮政编码　100717
　　网　　址　http://www.sciencep.com

　　北京虎彩文化传播有限公司　印刷
　　科学出版社发行　各地新华书店经销

◆ 开本：720×1000　1/16
　　印张：24 1/2　　　　　　2021年6月第 一 版
　　字数：280 000　　　　　2023 年 4 月第三次印刷

定价：100.00 元
（如有印装质量问题，我社负责调换）

# 《中国科技之路》编委会

# 总览卷编委会

# 做好科学普及，是科学家的责任和使命

中国科技事业在党的领导下，走出了一条中国特色科技创新之路。从革命时期高度重视知识分子工作，到新中国成立后吹响"向科学进军"的号角，到改革开放提出"科学技术是第一生产力"的论断；从进入新世纪深入实施知识创新工程、科教兴国战略、人才强国战略，不断完善国家创新体系、建设创新型国家，到党的十八大后提出创新是第一动力、全面实施创新驱动发展战略、建设世界科技强国，科技事业在党和人民事业中始终具有十分重要的战略地位、发挥了十分重要的战略作用。党的十九大以来，党中央全面分析国际科技创新竞争态势，深入研判国内外发展形势，针对我国科技事业面临的突出问题和挑战，坚持把科技创新摆在国家发展全局的核心位置，全面谋划科技创新工作。通过全社会共同努力，重大创新成果竞相涌现，一些前沿领域开始进入并跑、领跑阶段，科技实力正在从量的积累迈向质的飞跃，从点的突破迈向系统能力提升。

科技兴则民族兴，科技强则国家强。2016 年 5 月 30 日，习近平总书记在"科技三会"上指出："科技创新、科学普及是实现创新发展的两翼，要把科学普及放在与科技创新同等重要的位置"，希望广大科技工作者以提高全民科学素质为己任，"在全社会推动形成讲科学、爱科学、学科学、用科学的良好氛围，使蕴藏在亿万人民中间的创新智慧充分释放、创新力量充分涌流"。站在"两个一百年"奋斗目标历史交汇点上,我国正处于加快实现科技自立自强、建设世界科技强国的伟大征程中。在新的发展阶段,做好科学普及、提升公民科学素质、厚植科学文化,既是建设世界科技强国的迫切需要,也是中国科学家义不容辞的社会责任和历史使命。

为此,中国编辑学会组织 15 家中央级科技出版单位共同策划,邀请各领域院士和专家联合创作了《中国科技之路》科普图书。这套书以习近平新时代中国特色社会主义思想为指导,以反映新中国科技发展成就为重点,以文、图、音频、视频相结合的直观呈现形式为载体,旨在激励全国人民为努力实现中华民族伟大复兴的中国梦而奋斗。《中国科技之路》于 2020 年列入中宣部主题出版重点出版物选题,分为总览卷、信息卷、交通卷、建筑卷、卫生卷、中医药卷、核工业卷、航天卷、航空卷、石油卷、海洋卷、水利卷、电力卷、农业卷、林草卷共 15 卷,相关领域的两院院士担任主编,内容兼具权威性和普及性。《中国科技之路》力图展示中国科技发展道路所蕴含的文化自信和创新自信,激励我国科技工作者和广大读者继承与发扬老一辈科学家胸怀祖国、服务人民的优秀品质,不负伟大时代,矢志自立自强,努力在建设科技强国实现复兴伟业的征程中作出更大贡献。

侯建国

中国科学院院士

《中国科技之路》编委会主任

2021 年 6 月

# 科技开辟崛起之路　出版见证历史辉煌

2021 年是中国共产党百年华诞。百年征程波澜壮阔，回首一路走来，惊涛骇浪中创造出伟大成就；百年未有之大变局，我们正处其中，踏上漫漫征途，书写世界奇迹。如今，站在"两个一百年"的历史交汇点上，"十三五"成就厚重，"十四五"开局起步，全面建设社会主义现代化国家新征程已经启航。面向建设科技强国的伟大目标，科技出版人将与科技工作者一起奋斗前行，我们感到无比荣幸。

2021 年 3 月，习近平总书记在《求是》杂志上发表文章《努力成为世界主要科学中心和创新高地》，他指出："科学技术从来没有像今天这样深刻影响着国家前途命运，从来没有像今天这样深刻影响着人民生活福祉""中国要强盛、要复兴，就一定要大力发展科学技术，努力成为世界主要科学中心和创新高地。我们比历史上任何时期都更接近中华民族伟大复兴的目标，我们比历史上任何时期都更需要建设世界科技强国！"在这样的历史背景下，科学文化、创新文化及其所形成的科普、科学氛围，对于提升国民的现代化素质，对于实施创新驱动发展战略，不仅十分重要，而且迫切需要。

中国编辑学会是精神食粮的生产者，先进文化的传播者，民族素质的培育者，社会文明的建设者。普及科学文化，努力形成创新氛围，让科学理论之弘扬与科学事业之发展同步，让科学文化和科学精神成为主流文化的核心内涵，推出高品位、高质量、可读性强、启发性深的科技出版物，这是一条举足轻重的发展路径，也是我们肩负的光荣使命，更是国际竞争对我们的强烈呼唤。秉持这样的初心，中国编辑学会在2019年7月召开项目论证会，确定以贯彻落实党和国家实施创新驱动发展战略、建设科技强国的重大决策为切入点，编辑出版一套为国家战略所必需、为国民所期待的精品力作，展现我国科技实力，营造浓厚科学文化氛围。随后，中国编辑学会组织了半年多的调研论证，经过数番讨论，几易方案，终于在2020年年初决定由中国编辑学会主持策划，由学会科技读物编辑专业委员会具体实施，组织人民邮电出版社、科学出版社、中国水利水电出版社等15家出版社共同打造《中国科技之路》，以此向中国共产党成立100周年献礼。2020年6月，《中国科技之路》入选中宣部2020年主题出版重点出版物。

《中国科技之路》以在中国共产党领导下，我国科技事业壮丽辉煌的发展历程、主要成就、关键节点和历史意义为主题，全面展示我国取得的重大科技成果，系统总结我国科技发展的历史经验，普及科技知识，传递科学精神，为未来的发展路径提供重要启示。《中国科技之路》服务党和国家工作大局，站在民族复兴的高度，选择与国计民生息息相关的方向，呈现我国各行业有代表性的高精尖科研成果，共计15卷，包括总览卷、信息卷、交通卷、建筑卷、卫生卷、中医药卷、核工业卷、航天卷、航空卷、石油卷、海洋卷、水利卷、电力卷、农业卷和林草卷。

今天中国的科技腾飞、国泰民安举世瞩目，那是从烈火中锻来、向薄冰上履过，其背后蕴藏的自力更生、不懈创新的故事更值得点赞。特别是在当今世界，实施创新驱动发展战略决定着中华民族前途命运，全党全社会都在不断加深认识科技创新的巨大作用，把创新驱动发展作为面向未来的一项重大战略。基于这样的认识，《中国科技之路》充分梳理挖掘历史资料，在内容结构上既反映科技领域的发展概况，又聚焦有重大影响力的技术亮点，既展示重大成果、科技之美，又讲述背后的奋斗故事、历史经验。从某种意义上来说，《中国科技之路》是一部奋斗故事集，它由诸多勇攀高峰的科研人员主笔书写，浸透着科技的力量，饱含着爱国的热情，其贯穿的科学精神将长存在历史的长河中。这就是"中国力量"的魂魄和标志！

《中国科技之路》的出版单位都是中央级科技类出版社，阵容强大；各卷均由中国科学院院士或者中国工程院院士担任主编，作者权威。我们专门邀请了著名科技出版专家、中国出版协会原副主席周谊同志以及相关领导和专家作为策划，进行总体设计，并实施全程指导。我们还成立了《中国科技之路》编委会和出版工作委员会，组织召开了20多次线上、线下的讨论会、论证会、审稿会。诸位专家、学者，以及15家出版社的总编辑（或社长）和他们带领的骨干编辑们，以极大的热情投入到图书的创作和出版工作中来。另外，《中国科技之路》的制作融文、图、音频、视频、动画等于一体，我们期望以现代技术手段，用创新的表现手法，最大限度地提升读者的阅读体验，并将之转化成深邃磅礴的科技力量。

2016 年 5 月，习近平总书记在哲学社会科学工作座谈会上发表讲话指出，自古以来，我国知识分子就有"为天地立心，为生民立命，为往圣继绝学，为万世开太平"的志向和传统。为世界确立文化价值，为人民提供幸福保障，传承文明创造的成果，开辟永久和平的社会愿景，这也是历史赋予我们出版工作者的光荣使命。科技出版是科学技术的同行者，也是其重要的组成部分。我们以初心发力，满含出版情怀，聚合 15 家出版社的力量，组建科技出版国家队，把科学家、技术专家凝聚在一起，真诚而深入地合作，精心打造了《中国科技之路》，旨在服务党和国家的创新发展战略，传播中国特色社会主义道路的有益经验，激发全党、全国人民科研创新热情，为实现中华民族伟大复兴的中国梦提供坚强有力的科技文化支撑。让我们以更基础更广泛更深厚的文化自信，在中国特色社会主义文化发展道路上阔步前进！

中国编辑学会会长
《中国科技之路》编委会主任
2021 年 6 月

# 本卷前言

2021年，中国共产党迎来百岁华诞！回首过去的一百年，在中国共产党的领导下，一个积贫积弱的中国，正在经历从站起来、富起来到强起来的史诗般的伟大历程，中国特色社会主义在经济、政治、文化、社会和生态等各个方面取得了历史性伟大成就。本书聚焦新中国科技发展的宏观历程，通过示例方式，选取新中国科技事业发展的部分重点、亮点为切入点，力求展现出在中国共产党的带领下，我国科技事业发展取得的光辉成就，全书主要由"向科学进军""科学技术是第一生产力""科教兴国""自主创新""建设世界科技强国"五大篇章组成。

1956年，党中央发出"向科学进军"的号召，并且制定出第一个科学技术长远规划，即《1956—1967年科学技术发展远景规划纲要》，这是中国现代科学技术发展史上的一个重要里程碑。该规划纲要提出了13个方面57项重大科学技术任务、616个中心问题，并从中综合提出12个重点任务。它的成功实施，解决了国家经济和国防建设中迫切需要解决的一批科技问题。国内基础建设方面，1957年10月15日，武汉长江大桥正式通车运营，它是新中国成立后修建的第一座公铁两用的长江大桥，素有"万里长江第一桥"美誉；"两弹一星"的成功，标志着中国在国防科技工程方面取得了举世瞩目的成就。在科学理论研究方面，中国科技工作者在 1965 年 9 月 17 日实现了世界上首次用人工方法合成结晶牛胰岛素。

改革开放之后，"科学技术是第一生产力"的著名论断逐渐深入人心，我国科技事业迎来新的发展契机。这一时期的中国科技成就都与社会主义现代化建设特别是经济建设密切相关。袁隆平成为"杂交水稻之父"为世人所熟知，仅从 1976 年到 1987 年，中国的粮食增产就达到了惊人的 1 亿吨，相当于解决了 6000 万人的口粮问题。1991 年秦山核电站成功并网发电，中国（不包含港澳台数据）结束了无核电的历史，它作为由我国自主研究设计、自主建造调试、自主运营管理的第一座原型堆核电站，也标志着我国掌握了核能的和平利用，并使中国成为世界上少数几个有能力出口整座核电站的国家之一。同年，由中国人民解放军信息工程学院与中国邮电工业总公司联合研制的我国第一台拥有完全自主知识产权的大型数字程控交换机——HJD04 诞生。1977 年开始研制"风云"系列气象卫星。1988 年、1990 年和 1999 年，先后发射了 3 颗第一代极轨气象卫星，即"风云一号"A、B 和 C 气象卫星。1997 年和 2000 年又先后发射了 2 颗静止轨道"风云二号"气象卫星。这些卫星组成了中国气象卫星业务监测系统，使中国成为世界上继美国、俄罗斯之后同时拥有两种轨道气象卫星的国家。

进入 20 世纪 90 年代，党中央审时度势，决定大力实施科教兴国战略。江泽民同志曾指出："科教兴国，是指全面落实科学技术是第一生产力的思想，坚持教育为本，把科技和教育摆在经济、社会发展的重要位置，增强国家的科技实力及向现实生产力转化的能力，提高全民族的科技文化素质，把经济建设转移到依靠科技进步和提高劳动者素质的轨道上来，加速实现国家的繁荣强盛。"20 世纪末，是世界科技革命突飞猛进的时代。世界范围内的经济竞争、综合国力的竞争，在很大程度上变为科学技术的竞争。国内方面，三峡水利枢纽工程 1994 年 12 月 14 日正式破土动工，2006 年 5 月 20 日全线修建成功。2018 年，三峡水电站发电量突破 1000 亿 kW·h，创单座电站年发电量世界新纪录。国际方面，随着"天河一号""天河二号""神威·太湖之光"等中国超级计算机崭露头角，我国超级计算机行业经历了从进口到自造，再到掌握核心技术的快速发展历程，走出了一条令国人扬眉吐气的道路。

进入 21 世纪，胡锦涛同志多次提出："自主创新能力是国家竞争力的核心。必须把建设创新型国家作为面向未来的重大战略。"在这种思想的指导下，我国的航天技术取得了重大突破。从"无人"到"有人"，从"一人一天"到"多人多天"，从"太空漫步"到"万里穿针"，"神舟家族"的成长史就是一部当代中国航天史的缩影，更是中国人奔向科技强国目标的实践史与奋斗史。2012 年 6 月，在 7000m 级海试的第五次试潜中，"蛟龙号"在马里亚纳海沟创造了 7062m 的载人深潜纪录，这也是同类型作业型潜水器最大下潜深度纪录。在基础建设方面，"西气东输"与"中国特高压输电"两大利民工程的建设，彰显了党中央对民生的重视程度。在科学理论研究领域，以赵忠贤为代表的高温超导研究团队曾分别于 1989 年和 2013 年荣获国家自然科学奖一等奖，这也是世界科学界对中国科学家研究成果的一次重要肯定。

党的十八大以来，中国发展取得历史性成就，发生历史性变革，中国特色社会主义进入新时代。习近平总书记高度重视科技创新，从"创新是引领发展的第一动力"到"坚持创新在我国现代化建设全局中的核心地位""把科技自立自强作为国家发展的战略支撑"，凸显创新的极端重要性、紧迫性。抓创新就是抓发展，谋创新就是谋未来。不创新就要落后，创新慢了也要落后。当前，全党全国各族人民正在为全面建成小康社会、实现中华民族伟大复兴的中国梦而团结奋斗。我们比以往任何时候都更加需要强大的科技创新力量。党中央大力实施创新驱动发展战略，推动以科技创新为核心的全面创新，坚持需求导向和产业化方向，坚持企业在创新中的主体地位，发挥市场资源配置中的决定性作用和社会主义集中力量办大事的制度优势，增强科技进步对经济发展的贡献度，形成新的增长动力源泉，推动经济持续健康发展。

在习近平新时代中国特色社会主义思想指导下，我国诸多科技领域取得累累硕果。中国高铁是中国装备制造的一张亮丽名片，是我国自主创新的一个成功范例。"嫦娥五号"带回月球背面的土壤，标志着中国探月工程取得圆满成功。新时代，我国"大科学装置"成就显著，最具有代表性的如500米口径球面射电望远镜和上海光源，它们已成为中国科学家攀登世界科技高峰的重要平台。可喜的是，中国科学家在基于光子和超导体系的量子计算机研究方面取得了系列突破性进展，利用高品质量子点单光子源构建了世界首台超越早期经典计算机的单光子量子计算机，为中国实现"量子优越性"这一目标奠定了坚实的基础。

中国科技之路，是几代中国人攀登科学高峰与实现技术创新的伟大征程，见证了中华民族伟大复兴的光辉历程。中国是一个大国，建设科技强国，是建设社会主义现代化强国宏伟目标的题中应有之义。科技是国家强盛之基，创新是民族进步之魂。让我们携手努力，坚持创新驱动发展，努力实现高水平科技自立自强，建设世界科技强国，早日实现中华民族伟大复兴的中国梦！

杨玉良　黄庆桥

2021 年 5 月

体验本书配套AR内容
请扫描二维码下载App

## AR使用说明

为帮助读者进一步了解相关知识，本书还提供了 AR App。该应用支持交互操作，读者可扫描左侧的二维码，下载、安装，打开 App 后可按照"使用说明"进行操作。

# 目　录

## 第一篇

# 科技强国，中华崛起

## 第二篇

# 辉煌的历程

第三篇

# 建设世界科技强国

# 第一篇　科技强国，中华崛起

# 一、辉煌历程

## （一）新中国科技事业的恢复与初步发展

新中国成立时，全国科技人员不超过 5 万人，其中专门从事科研工作的人员仅 600 余人，专门的科学研究机构仅 30 多个，科研设备严重缺乏，基础条件极其落后，部分科学家流落海外，现代科学技术几乎一片空白。恢复和发展经济对科技事业的发展提出迫切要求。在党和政府强有力的领导下，我国科技事业逐步走上了正常发展的轨道。

恢复科技事业的正常发展，首先要恢复中国的科技体系。1949 年 9 月 21 日，中国人民政治协商会议第一届全体会议在北平（今北京）召开，会议讨论了建设国家科学院的提案。1949 年 10 月 25 日，科学院被正式命名为中国科学院，11 月 1 日，中国科学院在北京开始办公。

中国科学院先后接收了北平研究院、中央研究院等研究机构位于北京、上海、南京等地的各个实验室和研究所，并在反复酝酿斟酌之后进行了改编重整，设立 15 个研究所、1 个天文台和 1 个工业实验馆，并筹建 4 个研究所。

1953 年 11 月，中国科学院党组向党中央提出成立学部，设学部委员。1955 年 6 月初，中国科学院学部成立大会在北京召开。会议通过了中国科学院第一个五年计划纲要草案，提出了在此期间的 10 项重点任务。在随后进行的制定国家科学技术发展远景规划、组织全国性学术会议、评定和实施自然科学奖励，以及分工领导中国科学院各研究所科研工作等方面，学部都起到了无可替代的重要作用。

与此同时，各地方政府在接管旧中国留下的科研、试验机构的基础上，根据本地区的实际情况迅速恢复、调整并建立当地的研究机构。截至 1955年前后，中国科学院共有科研机构 44 个、职工 7978 人，其中科研人员2977 人；全国共有地方科研机构 239 个、研究人员 4000 余人。经过几年的发展，我国的科研机构和科技工作者数量得到了显著的提升，为以后的科技发展事业奠定了基础。

科技人才队伍的组建是建立新中国科技体系的必然要求。高等院校是科技人才的摇篮，新中国的建设更是需要大量的工科人才。然而，1949 年，全国共有高等院校 205 所、在校生 11.7 万人，平均每万人中仅有高等院校学生 2.2 人，且以文科生为主。工科院校的学生人数不仅完全不能满足经济发展的需要，而且还面临着地区分布不合理、师资设备分散、系科庞杂、教学不切实际、培养人才不够专精等问题。

由此，中央人民政府决定实施"以培养工业建设人才和师资为重点，发展专门学院，整顿和加强综合性大学"的方针，对全国高等院校进行大规模调整。到 1954 年，全国高等院校调整到 181 所，在校生人数达到 25.5 万人。工科专业数达到总专业数的一半，高等工科院校基本上形成了机械、电工、建筑、化工等学科专业比较齐全的新格局，师范、农林、医药院校也有所增加，为今后科技人员的来源提供了良好的保障。

在科技人才政策方面，新中国对旧中国留下来的知识分子实行留用政策，在全面接收旧中国科学技术机构和教育机构的同时，尽最大努力把原来在这些机构工作的科技人员留下来服务于新中国的科技事业。1956 年 1 月，中共中央召开了关于知识分子问题的会议，《关于知识分子问题的报告》提出，除了必须依靠工人和广大农民的积极劳动外，还必须依靠知识分子的劳动。由此，知识分子政策得到了初步明确和界定。

根据有关部门统计，截至 1950 年 8 月，在国外的中国留学生有 5541 人，其中，专攻理工农医学科的占 70%。他们之中的许多人已经在自己的研究领域有所成就。大约从 1949 年到 1957 年春天，新中国迎来了海外人才归国的热潮，回国的人数在 3000 人左右，可以说为新中国科技事业输送了极为宝贵的新鲜血液。

除了积极欢迎海外留学人员回国外，党和政府高度重视科技人才的培养。在努力扩大高等院校的招生与办学规模的同时，向苏联及东欧国家派遣留学人员。截至 1960 年，中国先后选派专家 1000 余人、留学生和实习生 8310 人到苏联学习。这些留学生中的多数日后成为我国各个领域建设的技术骨干，有些还是我国科技领域和某些学科的开创者与奠基人。

新中国成立之初，面对西方世界的封锁禁运，我国只能通过苏联学习先进科学技术。1950 年 2 月，中苏签订了《中苏友好同盟互助条约》，开始了全领域的合作。中国科学院采取了一系列措施学习苏联：不仅与高等学校同时开始派留苏学生、组织代表团访问苏联，而且聘请苏联专家担任顾问。苏联派出了大批科技专家帮助中国开展经济建设，先后有数千名专家来我国工作。在 1951~1958 年来华的 1200 位专家中，理工科方面的专家就有 794 人。应当说，中华人民共和国成立初期的中苏科技交流，在我国科技的恢复与发展的过程中发挥了极其重要的作用。

## （二）"向科学进军"

1956 年，党中央发出"向科学进军"的伟大号召，全国掀起学科学、用科学的高潮。"百花齐放、百家争鸣"方针的提出和《1956—1967 年科学技术发展远景规划纲要》《1963—1972 年科学技术规划纲要》的制定，推动了我国科技事业的发展，培养了科技人才队伍，我国科技迈开了独立前进的步伐。

在 1956 年初召开的全国知识分子问题会议上，党中央向全国人民发出了"向科学进军"的伟大号召。5 月，中共中央提出了在科学、文艺事业上实行"百花齐放、百家争鸣"的方针。8 月下旬，《1956—1967 年科学技术发展远景规划纲要（修正草案）》和四个附件编制完成。规划从经济建设、国防安全、基础科学等 13 个方面凝练出 57 项重要科学技术任务、616 个中心问题、12 项具有关键意义的重大任务以及 4 项予以优先发展的紧急措施。这个国家层面发展科技的长期规划，描绘了我国科学事业的发展轮廓，并做出了初步的安排。

1962 年底，随着国家建设的需要和国际上科学技术的新发展，许多新的研究课题出现，在现代工业技术和尖端技术方面表现尤为明显。1963 年 6 月，《1963—1972 年科学技术规划纲要》正式定稿，其总方针是"自力更生，迎头赶上"，重点要解决农业技术改革中的科学技术问题，把工业发展到 20 世纪 60 年代的世界水平上。

为了更好地协调科学规划的制定，从 1956 年开始，先后成立了国家科学技术委员会、中国人民解放军国防科学技术委员会（简称"国防科委"）。各地方的科学技术委员会也相继成立，作为地方政府管理本地区科学技术工作的综合职能部门。

科技情报方面,"一五"计划的顺利完成使得及时了解跟踪和掌握国内外科技领域的前沿成果成为当务之急。1956年10月,中国科学院科学情报研究所正式成立。截至1958年11月,国务院各部门中已有17个部门及其系统建立了50个专业情报机构,15个省(自治区、直辖市)建立了地方综合性科技情报机构。至此,中国的科技情报工作系统已经初步建立。

科技奖励方面,早在1950年8月,政务院就发布了相关条例,开始形成中国在自然科学方面的奖励制度。1951~1957年,6项成果被授予发明权,4项成果被授予专利权。1956年初,中国科学院国家自然科学奖首次颁发,这是新中国成立后,第一次颁发面向全国的科学奖金。

1961年6月,国家科学技术委员会党组和中国科学院党组针对之前反右斗争扩大化以及"大跃进"对科研工作造成的不良影响,起草了《科研工作十四条》。1962年,周恩来在广州全国科技工作会议上做了《关于知识分子问题的报告》,明确宣布为知识分子"脱帽加冕"。通过贯彻《科研工作十四条》和广州会议精神,改善了党和知识分子的关系,极大地调动了科技人员的积极性和责任感。

## (三)科学的春天

"文化大革命"后,党中央把工作重点转到经济建设上来。党的十一届三中全会做出了把战略重点转移到社会主义现代化建设上来的战略决策,提出改革开放和重视科学、教育的方针。在1978年3月召开的全国科学大会上,邓小平强调了"四个现代化,关键是科学技术的现代化",并形成"科学技术是第一生产力"的重要论断,为我国科技工作发展指明了方向。

1977 年 9 月，党中央做出《关于成立国家科学技术委员会的决定》，重新组建国家科学技术委员会。恢复后的国家科学技术委员会立即投入到科技战线的拨乱反正及全国科技工作的统一规划、协调和组织方面。1977 年底，国家科学技术委员会召开全国科学技术规划会议，组织制定《1978—1985 年全国科学技术发展规划纲要》（简称《八年规划纲要》）。

1979 年，中国科学院正式恢复学部活动。中国科学技术协会也恢复了中断 10 多年的学术活动，各省（自治区、直辖市）科学技术协会和所属学会也相继恢复。1979 年，全国共有省、地（市）两级所属的独立科研机构 3495 所、专业科研人员 124 476 名，地方科研院所体系初步恢复发展，成为一支不可或缺的重要科技力量。

1977~1984 年，国家科学技术委员会制定了科技组织、人员管理、成果奖励等多方面的政策法规。特别是国家科学技术进步奖的正式启动和标志着我国现代专利制度正式建立的《中华人民共和国专利法》的通过等，都对当时及后来的科技工作产生了积极的影响，使我国的科技事业在较短时间内得到迅速恢复与发展。

1982 年 12 月，中共中央、国务院发出通知，决定成立国务院科技领导小组，从宏观和战略方面统筹和协调全国科技工作。与此同时，国家科学技术委员会在以国家机关改革的目标为前提下，进行了机构改革，加快了科技与经济结合的步伐。

在全国科学大会之后，科技领域立即开始落实知识分子政策。一方面为科学家平反昭雪、恢复名誉；另一方面安排大批被遣散到农村和工厂的科技人员迅速归队并且恢复专业技术职称的评定工作，加强了已有的科技队伍建设。

为了改善科技队伍青黄不接的状况，进一步培养科技后备力量，邓小平审时度势，就恢复高考做了系列指示。1978 年起，高等院校招生步入正轨，从而带动了整个教育工作的整顿和改革，研究生教育和学位工作也开始启动，新时期的海外留学政策也制定出来，1978 年底，第一批 52 名留学人员抵达美国。

邓小平在全国科学大会上提出要积极开展国际学术交流活动，加强同世界各国科学界的友好往来和合作关系。在接下来的一年里，我国先后与法国、德国、意大利、英国、美国等签订了政府间的科技合作协定。自此，我国国际科技合作开启了新的征程。

## （四）开启科技体制改革序幕

20 世纪 80 年代初，面对科技发展中"只重视高精尖科学技术，不重视量大面广的生产技术，好高骛远，盲目赶超"的倾向，我国提出了"经济建设必须依靠科学技术，科学技术工作必须面向经济建设"的战略指导方针。一系列重大举措，揭开了全面科技体制改革的序幕。

1985 年 3 月，《中共中央关于科技体制改革的决定》正式公布，标志着科技体制改革进入全面展开阶段。通过改革科研管理模式和组织结构、改革科研人员管理制度，推动科技与经济的结合。

具体而言，第一，改革科技拨款制度。从资金供应上改变科研机构对行政部门的依附关系，使其主动为经济建设服务，加速科技成果商品化。第二，开拓技术市场。通过实施《中华人民共和国技术合同法》《中华人民共和国专利法》，确立了技术成果的商品地位，建立了按价值规律、以合同形式有偿转让的市场调节机制。第三，调整军工科研、生产能力。把多余的军品科研、生产能力腾出来开发民品，大体上保留了原有生产能力的1/3，余下的能力用来支援国民建设。第四，兴起了由科技人员领衔创办民营科技企业和民办科研机构的热潮。这种以科技为依托、自愿组合、自筹资金、自主经营、自负盈亏的科研机构，给我国科技事业的发展注入了新的活力。

改革开放以来，在科技体制改革的有力推动下，我国实施了一系列推动科技与经济发展的国家指令性科技计划。形成了面向经济建设主战场、发展高新技术及其产业和加强基础性研究三个层次的纵深部署，构筑了我国新时期科技发展的战略框架。

因为1977年制定的《八年规划纲要》存在要求过高、规模过大的倾向，所以将其中的108个重点项目调整为38个，并从中又选出7个"重中之重"项目，编制成《"六五"国家科技攻关计划》。这是我国第一个被纳入国民经济和社会发展规划的国家指令性科技计划，其出台具有里程碑式的意义。

## （五）科教兴国战略和可持续发展战略

进入20世纪90年代，世界科技革命出现新的高潮，科学技术日益成为决定国家综合国力和国际地位的重要因素。党中央根据世界科技的发展潮流和我国现代化建设的需要，及时提出了科教兴国、可持续发展等多项战略，对中国特色社会主义事业的跨世纪发展起到了强有力的推动作用。

1994年，国务院常务会议审议通过了《中国21世纪议程》，集中表述了当代中国的可持续发展战略，力求探索一条具有中国特色的可持续发展道路。1995年5月6日，中共中央、国务院做出《关于加速科学技术进步的决定》，正式提出科教兴国战略，全面落实科学技术是第一生产力的思想，把经济建设转移到依靠科技进步和提高劳动者素质的轨道上来。

1995年5月26日，全国科学技术大会在北京隆重召开，引起了海内外的热烈反响，全国范围内迅速掀起科教兴国的热潮。根据以上战略要求，《全国科技发展"九五"计划和到2010年长期规划纲要》随之被编制出来。1996年3月，国家科技领导小组成立，以进一步加强党和国家对科技工作的宏观指导和统一管理。全国大部分地区、部门也成立了科技领导小组，科技工作被摆到了经济建设和社会发展的重要位置。

1999年8月20日，中共中央、国务院印发《中共中央国务院关于加强技术创新，发展高科技，实现产业化的决定》，明确提出技术创新、发展高科技、实现产业化、深化体制改革、促进技术创新和高新科技成果商品化、产业化等是我国在新的历史时期科技发展的主要任务。

2001年5月，《国民经济和社会发展第十个五年计划科技教育发展专项规划（科技发展规划）》正式发布，提出"创新、产业化"方针，在"促进产业技术升级"和"提高科技持续创新能力"两个层面进行战略部署，力争在主要领域跟踪世界先进水平、缩小差距，在有相对优势的部分领域达到世界先进水平，在局部可跨越领域实现突破。

为了加速产业化，科学技术部（简称"科技部"）决定在"十五"期间组织实施12个重大科技专项，探索在市场经济条件下发挥社会主义制度集中力量办大事的优势，攻克一批制约我国国民经济和社会可持续发展的关键瓶颈技术问题，以促进国民经济的战略性调整。

在科技计划管理体系的构建上，形成了由三个主体科技计划 [ 国家科技攻关计划、国家高技术研究发展计划（简称"863计划"）、国家重点基础研究发展计划（简称"973计划"）] 和两大类科研环境建设计划（研究开发条件建设计划、科技产业化环境建设计划）组成的国家科技计划管理体系，使得国家科技计划的组织实施成为一个将项目、人才、基地能力建设与体制环境建设紧密结合的政策系统。

此外，为了主动应对加入世界贸易组织后来自国内外的人才、专利、技术标准竞争的机遇和挑战，科技部在"十五"期间组织实施人才、专利、技术标准三大战略：形成了一支以中青年科学家为中坚力量的科技人才队伍，更多地掌握了具有知识产权的核心技术，填补了我国在标准战略与政策方面的空白。

## （六）持续推进科技体制改革

深化科技体制改革是《关于加速科学技术进步的决定》中重点强调的另一项重要内容。1992 年 8 月，《关于分流人才、调整结构、进一步深化科技体制改革的若干意见》出台，尝试性地提出了"进行分流和调整的基本路子是稳住一头，放开一片"的改革方针。

一方面，稳定支持少部分的基础性研究和基础性技术工作，在开放和竞争的动态过程中，保持一支精干、高水平的科研队伍。另一方面，大量放开放活技术开发型和技术服务型机构，通过实行结构调整、人才分流，让这些机构面向市场。由此可见，人员分流和结构调整被视为体制改革突破的关键。

深化科技体制改革离不开相关法律法规的完善。1993 年 7 月 2 日，《中华人民共和国科学技术进步法》颁布，这一基础性立法是指导新时期科技进步的基本准则，也是科技工作和整个现代化建设的纲领性文件。《中华人民共和国技术合同法》《中华人民共和国促进科技成果转化法》《中华人民共和国农业技术推广法》《中华人民共和国科学技术普及法》等一系列各方面相关法律法规的制定，进一步推进了这一时期中国科技法制的建设。

科研机构的改革是整个科技体制改革的关键所在，也是科技体制改革的主要矛盾。"九五"期间以独立科研机构特别是中央部门所属科研机构的改革为重点，全面启动科技系统的组织结构调整和人才分流：应用开发类科研机构原则上要转为科技型企业，整体或部分进入企业或转为中介服务机构；需要国家支持的公益类科研机构进一步优化结构、分流人才、转变机制；有面向市场能力的公益类科研机构要向企业化转制。

提高科研人员待遇、奖励优秀科技人才同样是深化科技体制改革的一个重要方面。从院士制度的设立到国家杰出青年科学基金、长江学者奖励计划、百人计划等各项人才奖励机制的确立，我国科技人才奖励体系初步形成。1999年，国家科技奖励制度实行了重大改革，设立了国家最高科学技术奖等五大奖项，至此，中国现行的国家科技奖励体系正式确立。

## （七）建设创新型国家

党的十六大提出了增强自主创新能力、建设创新型国家的重大战略思想。党的十七大明确指出，"提高自主创新能力，建设创新型国家"是国家发展战略的核心，是提高综合国力的关键，要走中国特色自主创新道路，把增强自主创新能力贯彻到现代化建设的各个方面。

2006年1月，在中共中央、国务院召开的全国科学技术大会上，发布了《国家中长期科学和技术发展规划纲要（2006—2020年）》，明确提出用15年时间把我国建设成为创新型国家的战略目标，号召全党全国人民坚持走中国特色自主创新道路，为建设创新型国家而努力奋斗。

　　《国家中长期科学和技术发展规划纲要（2006—2020年）》（简称《规划纲要》）提出了"自主创新、重点跨越、支撑发展、引领未来"的科技工作指导方针。为切实落实《规划纲要》确定的目标、任务和举措，科技部先后发布了《国家"十一五"科学技术发展规划》和《国家"十二五"科学和技术发展规划》，明确了接下来10年科技事业发展的指导方针、发展目标、主要任务和重大措施。

　　建设创新型国家需要全面推进中国特色国家创新体系建设。《规划纲要》指出，现阶段中国特色国家创新体系要从以下五个方面进行重点建设：以企业为主体、产学研结合的技术创新体系；科学研究与高等教育有机结合的知识创新体系；军民结合、寓军于民的国防科技创新体系；各具特色和优势的区域创新体系；社会化、网络化的科技中介服务体系。

　　人才问题同样是关系党和国家事业发展的关键问题。2002年，中共中央、国务院首次提出"实施人才强国战略"，对中国人才队伍建设进行了总体谋划。2007年，人才强国战略被写入党章和党的十七大报告，进入全面推进阶段。2010年6月，中共中央、国务院印发了我国第一个中长期人才发展规划，即《国家中长期人才发展规划纲要（2010—2020年）》，强调要以高层次创新型科技人才为重点，建设创新型科技人才队伍。

　　知识产权战略是我国运用知识产权制度促进经济社会全面发展的重要国家战略。2005年，国务院成立了国家知识产权战略制定工作领导小组，启动了知识产权战略的制定工作。2007年，党的十七大报告明确提出要"实施知识产权战略"。2008年，国务院常务会议审议并通过了《国家知识产权战略纲要》，以促进我国的知识产权保护实践、推动专利技术向生产力转化的进程。

## （八）科技资源与能力建设

为增强自主创新能力、推动创新型国家建设，我国加大了科技资源投入，全面推动科技创新能力建设。在这一时期，我国科技经费投入持续增长，科技计划体系日益完善，科研基础条件明显改善，基础研究能力大幅提升，国际国内两种人才资源得到充分利用，全民素质不断提高，国际科技合作事业打开新局面。

在科技经费方面，通过修订相关法律、加大财政科技支出、开展促进科技和金融结合试点等举措，确保科技经费的持续增长。科技计划体系则进一步完善、调整并聚焦重点，形成了由国家科技重大专项和各项基本计划（"973计划"、"863计划"、国家科技支撑计划、政策引导类计划、国家国际科技合作专项和其他专项）组成的国家科技计划体系。

在改善科技基础条件、提升基础研究能力方面，通过启动"国家科技基础条件平台建设专项"，大力推进各类科技基础条件资源开放共享。继而通过"973计划"、国家自然科学基金、国家重点实验室建设计划、重大科学工程及各类人才计划等多种渠道，逐步加大对基础研究的经费投入，逐步形成多渠道、多元化支持基础研究的格局。

在开展对外科技合作方面，随着《"十一五"国际科技合作实施纲要》和《国际科技合作"十二五"专项规划》以及相关办法、措施的出台，我国在这一时期已经形成了较为完整的以政府间科技合作框架为主体的多元化合作格局，在基础研究、能源环境、生命科学、空间技术、疾病防治等多个领域都取得了丰硕成果。随着科技能力的不断增强，我国对外科技合作的形式不断创新，合作层次和水平不断提高，国际科技合作事业打开新局面。

## （九）创新驱动发展

党的十八大以来，以习近平同志为核心的党中央高度重视科技创新，对实施创新驱动发展战略做出顶层设计和系统部署。党的十八大明确提出，科技创新是提高社会生产力和综合国力的战略支撑，必须摆在国家发展全局的核心位置，强调要坚持走中国特色自主创新道路、实施创新驱动发展战略。

2016 年 5 月，中共中央、国务院正式发布了《国家创新驱动发展战略纲要》，明确了信息、智能制造、现代农业、现代能源、生态环保等 9 个重点领域技术发展方向，从科技创新、产业创新、区域创新、组织创新、军民协同创新、大众创新等方面进行系统部署，从而提出了与现代化建设"三步走"目标相呼应的建设世界科技创新强国"三步走"战略。

《国家创新驱动发展战略纲要》实施以来，我国科技体制机制主体架构已经确立，一批具有突破性的重大改革措施相继出台。在科技创新治理上，一方面，通过建立国家科技报告制度、国家创新调查制度等重大基础性制度，促使政府职能从研发管理向创新服务转变，营造良好的创新环境，发挥企业在技术创新中的主体地位；另一方面，通过不断健全产学研用协同创新机制、稳步推进中央与地方协同、大力发展科技金融等措施，形成多主体、多要素的协同创新格局。

在科技计划管理体制改革方面，2014 年，国务院印发了《关于深化中央财政科技计划（专项、基金等）管理改革的方案》。一方面，将现有的科技计划优化整合形成新五类科技计划，形成"一个制度、三根支柱、一套系统"的国家科技管理平台。另一方面，依托专业机构进行项目管理，建立目标明确和绩效导向的管理制度。

此外，激发以企业为创新主体的政策相继出台。2017年，《"十三五"国家技术创新工程规划》发布，此后，企业技术创新主体地位显著增强，创新能力不断提升。创新型企业在高速铁路、核电、第四代移动通信、特高压输变电、北斗导航、电动汽车、杂交水稻等方面突破了一批重大关键技术。

## （十）激发人才创新活力

习近平总书记指出，人才是创新的根基，是创新的核心要素，创新驱动实质上是人才驱动。党的十八大以来，我国深入实施人才强国和创新驱动发展战略，推进人才发展体制机制改革，加强人才队伍建设，科技人才队伍蓬勃发展，科技人才创新能力和国际影响力明显提升，科技人才引领创新发展的作用愈加凸显。

2016年3月，中共中央印发《关于深化人才发展体制机制改革的意见》，明确提出人才是经济社会发展的第一资源，深入实施人才优先发展战略，解放和增强人才活力，形成具有国际竞争力的人才制度优势。一方面，继续实施国家高层次人才特殊支持计划、创新人才推进计划、长江学者奖励计划、专业技术人才知识更新工程以及边远贫困地区、边疆民族地区和革命老区人才支持计划等一系列国家层面的重要科技人才计划。

另一方面，《关于深化人才发展体制机制改革的意见》提出，要推进人才管理体制改革，转变政府人才管理职能，保障和落实用人主体自主权，健全市场化、社会化的人才管理服务体系，加强人才管理法制建设。提出了改进人才培养支持机制、创新人才评价机制、健全人才顺畅流动机制、强化人才创新创业激励机制、构建具有国际影响力的引才用才机制、建立人才优先发展保障机制等具体改革意见和举措。

　　此外，这一时期开始实行更加积极、开放、有效的人才引进政策，通过推进外国人才服务体系建设、引才引智平台体系建设、推荐优秀人才到国际组织任职、有序推进国家科技计划向海外人才开放等一系列措施，聚天下英才而用之，以推动技术进步和产业发展、增进中外文明交流互鉴。

# 二、伟大成就

## （一）中华人民共和国成立之初的重要科技成就

新中国成立之后，我国科技工作者不畏艰险、知难而上，不断开创、填补和发展各个领域的科技事业，取得了一批重要成果。

首先，在基础研究领域，我国科研工作者在数学、天文学、物理学、光学、生物化学等方面都取得了显著的成果。特别是对哥德巴赫猜想的证明、"反西格玛负超子"的发现、人工合成牛胰岛素的成功实现等事例充分说明了新中国成立之初我们在基础科学领域取得的成果。

这一时期应用技术的发展同样令人瞩目。1.2 万 t 自由锻造水压机、10 万 kW 汽轮机等大型成套设备的研制生产是工业科学技术进步最突出的表现。为了支援农业生产，我国在这一时期兴建了多所大中型化肥厂，所需的合成氨技术达到国际较高水平，农药的各项指标都达到了新中国成立以来的最高水平。大庆油田的建成成功改变了我国石油工业落后的面貌。对多种恶性流行病和急性传染病的控制和消灭、"庆大霉素"的研制成功、成功治愈高度烧伤的患者等都说明医疗科技同样取得了突出的成绩。此外，面对无线电电子学、自动化、半导体和计算技术这些当时基础十分薄弱的新技术领域，我国集中力量进行大力发展，同样取得了一系列重要成果。

　　为了满足国防安全的迫切需要，这一时期国防科技和航天科技的发展取得了重大突破。不仅先后研制成功"两弹一星"，而且完成了从反潜鱼雷核潜艇到导弹核潜艇的研制工作。这一系列工作意义之重大，正如邓小平所说："如果六十年代以来中国没有原子弹、氢弹，没有发射卫星，中国就不能叫有重要影响的大国，就没有现在这样的国际地位。这些东西反映一个民族的能力，也是一个民族、一个国家兴旺发达的标志。"

## （二）国家科技计划体系初步形成

　　改革开放之后，针对基础研究及应用研究中的基础性工作，国务院科技领导小组决定成立国家自然科学基金委员会，实行由国家财政拨款、自由申请、同行评议、择优支持、课题管理制的国家自然科学基金制度。这是我国科技体制上的一项重大改革。

　　面对20世纪80年代以来的新一轮技术浪潮，1986年3月，邓小平批示要制定我国的国家高技术研究发展计划，以跟踪国际水平、缩小国内外科技水平差距、在有自身优势的高技术领域创新、解决国民经济亟须解决的重大科技问题。

　　星火计划的制定和实施，用科学技术振兴农村经济，是这一时期中国科技面向经济建设主战场的又一个重要方面。星火计划和后来重点关注农牧渔业的丰收计划一样，都是抓取一批对乡镇企业有示范和推广意义的、科技与经济紧密结合的"短平快"项目，以提高中小企业、乡镇企业和农村建设的科技水平，为地方经济的进一步发展注入新的活力。

　　随着以微电子技术为主导的各种高技术的蓬勃发展，出现了一批技术、资金密集型的高新技术产业，成为各发达国家进行国际贸易角逐的焦点。我国政府同样十分重视高新技术产业的发展，1988年8月，火炬计划正式出台。通过建设特色产业基地，加速特色产业的集聚和发展，对产业结构的调整和优化起到示范带头作用。火炬计划的出台，有力地推动了高新技术产业开发区的建设，有效地促进了高新技术产业的发展。

在科技成果推广方面，主要是国家重点新技术推广项目和国家重点工业性试验项目的实施。国家重点新技术推广项目旨在推广先进适用、量大面广、投入少、产出多、见效快、经济和社会效益显著的科技成果。国家重点工业性试验项目从"六五"攻关项目中选择一些较为先进、成熟的项目，进行中间试验、重大设备试验或工业性试验。

## （三）科技创新能力不断提高

20世纪90年代，在科教兴国战略和可持续发展战略的指导下，经过一系列的探索和实践工作，我国的科技工作发生了历史性变化，科学技术成为新时代支撑中国发展的重要力量。

基础研究领域，在国家自然科学基金、"973计划"、国家重大科学工程等项目的有力支持下，人类基因测序、纳米碳管和纳米新材料、寒武纪生命大爆发研究、微机电系统研究等方面取得了重大成果，表面科学、非线性科学等新兴交叉学科得到了迅速发展，中国大陆科学钻探工程等8项国家重大科学工程的建设，为我国接下来的基础研究创造了良好条件。

高技术研究及产业化方面，在深化高新区改革、推动科技成果转化和产学研结合、科技兴贸等政策的大力扶持下，载人航天技术、运载火箭及卫星技术等航天技术取得了重大突破；两系法杂交水稻、基因工程药物等技术的突破，使我国生物技术总体水平接近发达国家；高清电视、"神威"

计算机、大尺寸单晶硅材料等重大成就的取得，使我国在相应领域跃入世界先进行列。

农业科技发展方面，在设立农业科技成果转化资金、建设国家农业科技园区、实施科技特派员制度等一系列政策的支持下，实施国家粮食丰产科技工程，为我国粮食生产恢复性增长提供了技术保障。社会民生科技方面，水资源利用和保护、重大灾害形成机制、人用禽流感疫苗研制等项目的完成，标志着我国在这些领域取得重大突破。

## （四）自主创新成效显著

党的十六大以来，随着自主创新能力和科技水平的不断提高，我国在各个领域取得了一批成果。基础研究水平提高，前沿技术实现突破，高新技术产业和新兴产业迅速发展，为推动经济社会的可持续发展发挥了重要作用。

基础研究领域，数学整体水平不断提高，在数学机械化、微分方程、组合数学等方面取得了重大的原创性成果。物质科学发展势头良好，特别是在量子器件、纳米材料、凝聚态物理等前沿领域取得了一批成果。生物科学同样发展迅速，尤其是在蛋白质研究、克隆技术、神经科学、微生物等方向取得了一批重大成果。此外，地球科学、天文学、信息科学、环境科学等领域在这一时期同样取得了重大原创性成果。

前沿科技同样在多个领域实现了突破。在信息技术领域，2002 年，龙芯 1 号的研制成功实现了我国信息产业"从无到有"的跨越。2009 年，中国首台千万亿次超级计算机"天河一号"研制成功，实现了我国研制超级计算机能力从百万亿次到千万亿次的跨越。新材料技术领域在半导体照明、新型平板显示、高性能纤维及复合材料、超导材料等多个方面取得了研制成果，支撑了我国重点工程、支柱产业、国防重大工程的发展。此外，在生物和医药技术、先进制造与自动化、先进能源技术、现代交通技术等多个领域同样取得了卓越成就。

这一时期农业科技也取得了长足的进步。在已经形成的较完善的国家农业科技计划体系下，通过星火计划、农业领域国家工程技术研究中心建设、科技富民强县专项行动等多项举措，不仅促进了科技成果的转化推广，而且实现了粮食生产"九连增"等农业领域的科技成就。此外，这一时期的科技发展还惠及资源利用与生态保护、人口与健康、公共安全、防灾减灾、城市化与城市发展等多个民生领域。

## （五）创新驱动发展成果丰硕

在创新驱动发展战略的驱动下，各地方各部门齐心协力，科技体制改革全面发力，取得了一系列实质性突破和标志性成果，科技发展进入新的历史阶段，站上新的历史方位。

在基础研究领域，2018 年，《国务院关于全面加强基础科学研究的若干意见》正式出台，从完善基础研究布局、建设高水平研究基地、壮大基础研究人才队伍等 5 个方面做出了系统部署。截至 2019 年，已经在干细胞及转化研究、纳米科技研究、量子调控与量子信息研究、蛋白质与生命过程调控研究、大科学装置前沿研究等多个重大科学问题上取得了系列原创性突破。

国家科技重大专项支撑了战略性新兴产业发展。国家重大科技专项聚焦国家战略和经济社会发展重大需求，重点在电子信息、先进制造、能源等领域进行布局，持续攻克"核高基"、集成电路装备、宽带移动通信、数控机床、油气开发、核电等领域关键核心技术，取得了一大批重大标志性成果，充分发挥了科技创新在培育发展战略性新兴产业、促进经济提质增效升级、塑造引领型发展和维护国家安全中的重要作用。

科技促进产业高质量发展。以科技创新驱动产业结构升级和战略性新兴产业创新发展为主线，围绕重点产业领域，聚焦重大核心关键技术，取得了一批创新性成果。在人工智能领域，科技部启动实施了人工智能重大项目，强化人工智能基础理论和关键技术研究。随着移动通信、高性能计算等领域持续发力，以"神威""天河""曙光"等超级计算机为代表，新一代信息技术产业正日益成为我国经济社会的重要支柱。高端装备制造业蓬勃发展，大型民用飞机研制获得可喜成绩、航空动力预先研究成绩显著；北斗三号全球卫星导航系统星座部署全面完成；以CRH380系列高速列车为标志的中国高速铁路核心技术装备与系统研制成功；等等。此外，科技创新同样驱动新能源与新能源汽车、智能制造与机器人、新材料等产业进入发展新阶段。

此外，这一时期还通过农作物种业科技创新、畜禽科技、食品加工与安全控制、农机装备和农业信息化技术创新及林业科技创新这一系列农业技术创新成果，助力乡村振兴。而且，资源环境领域科技创新能力也不断增强，生物医药科技改进民生福祉成效显著，科技创新有力支持生态文明建设和公共服务体系建设。

# 三、历史经验

下面，我们来谈一谈中国科技发展的基本经验。应当说，中国科技发展取得巨大成就，得益于三大经验，即举国体制、规划科学和科教并举。

## （一）经验之一：举国体制

举国体制是指以国家利益为最高目标，动员和调配全国有关的力量，包括精神意志和物质资源，攻克某一项世界尖端领域或国家级特别重大项目的工作体系和运行机制。在一定意义上，举国体制是中国共产党"集中优势兵力，各个歼灭敌人"思想的延续。实践证明，举国体制对于中国科技事业的发展起到了十分重要的推动作用。世界尖端领域或国家级特别重大项目，一般都是涉及面广、要求高、难度大的系统工程。

举国体制发展科技的经典案例是"两弹一星"的研制。1962年，在原子弹研制的关键期，中央十五人专门委员会（简称中央专委）一次例行会议上布置的任务，就很好地说明举国体制之特点："放射化学工厂，需要钢材5万t，不锈钢材1万t，由冶金部解决；生产二氧化铀的特种树脂，由天津、上海负责生产；二机部所需的非标准设备8.2万台件，由一机部、三机部负责；新技术材料240项，其中冶金部200项，化工部8项，建工部19项，轻工部11项；部队支援问题，公路、铁路、热力管线、输水管线、输电线路等，交给军队，装备器材自带，由贺龙、瑞卿同志负责；电力方面，扩建火力发电站、水电站，由煤炭部、水电部分别解决……"

必须深刻认识到，70多年来，中国取得的巨大科技成就，在根本上得益于我们的制度优势。我们知道，现在很多大家耳熟能详的重大科技成就，都是通过立项重大科技工程的方式取得的。这些重大科技工程，有的我们已经取得很大成就，比如"两弹一星"、核潜艇、载人航天、高铁、北斗卫星定位导航系统等，有的我们正在奋力研制，比如大飞机、芯片、航空母舰等。这些重大科技关系国家安全，关系国计民生，关系未来发展，是国家实力的重要标志，是中国崛起并参与国际竞争的必要条件。应当说，集中人力物力财力，实施重点突破，是中国科技事业70多年来取得历史性成就的基本经验之一，也是社会主义制度集中力量办大事优势之体现。在新时代条件下，整合制度优势，释放体制活力，将是中国科技再铸辉煌的根本保障。

## （二）经验之二：规划科学

近代科学的发展及其应用，给人类带来了福祉，让人类看到了科学的巨大力量，国家开始介入科学的发展之中。尽管每个具体的科学发现和突破无法预测，但增加对科学的投入，有效组织对科学问题的攻关，给予科学家更多的鼓励，总是能够提高科学突破发生的频率。于是，将科学纳入国家战略，实施科学规划，激励科学发展，几乎成为20世纪以来所有有所作为的国家和政府的不二选择。

新中国规划科学的经典案例肇始于《1956—1967年科学技术发展远景规划纲要》的制定。1956年1月14~20日，中共中央在北京召开知识分子问题会议。周恩来代表中共中央在会上做了《关于知识分子问题的报告》，提出"向科学进军"的号召，要求组织力量，制定出《1956—1967年科学技术发展远景规划纲要》。历史实践证明，《1956—1967年科学技术发展远景规划纲要》取得了极大的成功，并影响深远，直接奠定了中国科技事业发展的基本模式——领导体制、管理制度、运行机制等。

改革开放以来，在党中央的领导下，各级政府积极谋划发展科学，制定规划，对促进我国科技事业的发展起到了巨大的保障和推动作用。比如，2003年前后，中央启动了《国家中长期科学和技术发展规划纲要（2006—2020年）》的编制工作，由来自社会各界的2000多名专家学者组成了20个战略研究专题小组，有600家企业参加了规划工作，先后到124个地方和部门征求意见，最终提出了2006年到2020年中国科学技术发展的指导思想和方针、战略目标、重点部署和相关配套保障措施，并于2006年由国务院发布，自主创新和建设创新型国家成为国家战略。

## （三）经验之三：科教并举

发展科技离不开大批高素质人才，而人才培养离不开教育。科教并举并重是中国发展道路的重要经验。中华人民共和国成立70多年来，特别是改革开放40多年来，我国教育事业取得了巨大成就，有力地支撑了科技事业的快速发展。正如杨振宁先生于2004年12月21日发表在《光明日报》上的《中国文化与近代科学》一文中所谈到的那样，从大学对国家建设的贡献这个角度来看，几十年来中国的大学培养了几代毕业生，他们对国家的贡献是无法估价的巨大。没有几十年来中国大学毕业生的贡献，今天的中国不可能是目前所达到的状况。这是历史发展的结果，起源于正在发展中的国家与已发展的国家社会需要的不同，这是不争的事实。从中国大学生的水平来看，中国大学生的平均水平并不低，而且中国最急需的就是大多数学生能够达到较高水平而成才，为社会作出贡献。从中美两国教育之比较来看，各有优劣，不能一概否定中国而盲目迷信美国。

应当说，杨振宁的观点并非主观臆断，亦非溢美之词，所论比较持中。其实，持类似观点的，在知名学者中，并非杨振宁一人。比如，曾长期担任清华大学经济管理学院院长的钱颖一教授也发表了类似观点。2014年 12 月 14 日，在中国教育三十人论坛首届（2015）年会上，钱颖一发表了《对中国教育问题的三个观察："均值"与"方差"》的著名演讲。在谈到中国教育的成绩时钱颖一说，中国过去 35 年经济高速增长，如果教育完全失败，这是不可能的。不过，肯定成绩是容易的，但是肯定到点子上并不容易。第一个观察是，中国教育在大规模的基础知识和技能传授上很有效，使得中国学生在这方面的平均水平比较高。用统计学的语言，叫作"均值"（mean）较高，意思是"平均水平"较高，是指在同一年龄段、同一学习阶段横向比较而言，包括小学、中学和大学。这是中国教育的重要优势，是其他发展中国家，甚至一些发达国家都望尘莫及的。

那么，如何看待中国科技和教育在快速发展中面临的问题呢？杨振宁先生的另一段话非常有启发意义，他说：中国要想在三五十年内创造一个西方人四五百年才创造出来的社会，时间要缩短 90%，是不可能不出现问题的。所以客观来说，中国现在的成就已经很了不起了。

# 参考文献

邓小平 . 邓小平文选（第三卷）[M]. 北京：人民出版社，1993.

陶纯，陈怀国 . 国家命运——中国"两弹一星"的秘密历程 [M]. 上海：上海文艺出版社，2011.

杨振宁 . 曙光集（十年增订版）[M]. 翁帆，编译 . 北京：生活·读书·新知三联书店，2018.

中华人民共和国科学技术部 . 中国科技发展 70 年（1949—2019）[M]. 北京：科学技术文献出版社，2019.

# 第二篇　辉煌的历程

# 一、向科学进军

## 东方巨响：中国第一颗原子弹的研制

邓小平同志曾说："如果六十年代以来中国没有原子弹、氢弹，没有发射卫星，中国就不能叫有重要影响的大国，就没有现在这样的国际地位。这些东西反映一个民族的能力，也是一个民族、一个国家兴旺发达的标志。"中国的核力量从哪里来？下面，让我们一起来了解中国第一颗原子弹、氢弹的发展历程。

### 原子弹研制工程的准备与启动

中国共产党对原子能事业的关注始于 1949 年春。这一年 3 月，钱三强被通知前往巴黎参加世界和平拥护者大会。他提出，可否借巴黎参会之机，带些外汇托自己的老师约里奥·居里买些原子能方面的仪器设备和书籍，以备日后所用。经周恩来批准，拨给钱三强 5 万美元专款。

在中华人民共和国成立之初的五年里，由于客观条件的限制，研制原子弹并没有进入中共决策者的视野。但准备工作从一开始就有条不紊：一是成立原子能科研机构；二是开展地质工作，找铀矿。

首先看科研机构的组建。1949 年 11 月，中国科学院成立。在中国科学院的科研机构中，就有近代物理研究所，后改名为原子能研究所，主要从事原子能研究。该所成立之初，广纳人才，一大批科技工作者进所工作。该所 1950 年确定了以实验原子核物理、放射化学、宇宙线、理论物理为主攻方向，其中以实验原子核物理为重点。有 60 余位两院院士曾在这里学习和工作过，此后几十年间由此派生出了十几个重要的核科研和生产单位，因此被称为中国核工业的"老母鸡"。

再看铀矿的查找。铀是实现核裂变反应的主要物质。新中国成立后，专门设立了地质部，李四光任部长。地质部的一项重要工作就是寻找、开采铀矿。随着 1954 年找矿工作的重大突破，尤其是 1955 年 1 月中苏签订两国合营在中国勘探放射性元素的议定书之后，铀矿的探测与开采取得了重大进展。

中国正式启动原子弹研制工程是在 1955 年初。1955 年 1 月 15 日，毛泽东主持召开中共中央书记处扩大会议，会议听取了李四光、刘杰、钱三强的汇报。此次会议做出了研制原子弹的决定。

1955 年 1 月 17 日，苏联部长会议发表声明，在促进原子能和平用途的研究方面，给予其他国家以科学、技术和工业上的帮助。1 月 31 日，周恩来主持第四次国务院会议，通过《中华人民共和国国务院关于苏联建议帮助中国研究和平利用原子能问题的决议》。4 月，中国政府代表团赴苏，就苏联帮助中国原子能和平利用进行谈判。4 月

> **铀的爆炸威力有多大？**
>
> 1kg 铀 235 全部裂变后放出的能量，接近 2 万 tTNT 炸药！如果用火车拉，足足需要 340 多节车厢，火车长达 5.2km！

27 日，两国签署协定，明确由苏联帮助中国建造一座功率为 7000kW 的研究性重水实验反应堆和一台磁极直径为 1.2m 的回旋加速器。原子反应堆和回旋加速器是发展核科学和核工业的必备设备，反应堆更是被誉为"可控的不爆炸的原子弹"。

为了加强对核工业的领导，1956 年 11 月，成立了第三机械工业部（后改称为第二机械工业部，简称"二机部"），负责具体组织领导原子弹的研制。宋任穷上将被任命为该部部长。紧接着，将原子能研究所划给二机部。1957 年夏，二机部又秘密成立了核武器研究院（又称九局），李觉少将被任命为院长。这样，新中国原子弹的研制工作，进入到实质性的操作阶段。

1957 年 10 月 15 日，聂荣臻副总理代表中国政府在莫斯科与苏方签署了史上著名的《中苏国防新技术协定》。根据协定，苏联政府承诺，在建立综合性的原子能工业、生产与研究原子武器、火箭武器、作战飞机、雷达无线电设备，以及试验火箭武器、原子武器的靶场方面对中国政府进行技术援助，并向中国提供原子弹的教学模型及图纸资料。

然而，苏联除了援助中国自己已经淘汰的技术之外，一些核心技术却迟迟不肯援助中国，比如原子弹样品苏联就没有给中国；又比如苏联援建铀浓缩气体扩散厂，却不给扩散机上的分离膜。总之，只要是核心技术，都拖着不给。1959 年 6 月，中苏关系恶化，依靠苏联研制原子弹的希望也随之破灭。也就是从那时起，中共中央下定决心，我们自己动手，从头摸起，准备用八年时间，研制出原子弹。

## 丢掉幻想，依靠自己的力量研制原子弹

从 1959 年开始，中国人真正是彻底丢掉幻想，依靠自己的力量，独

立自主、自力更生研制原子弹了。原子弹的研制是一项庞大的系统工程，非常复杂，概而言之，可以总结为四大块：一是理论设计，也就是要把原子弹设计出来；二是爆轰试验，目的是摸清原子弹内爆规律，验证理论设计正确与否，用现场试验来解决理论计算无法解决的问题；三是制造，也就是根据上述正确的理论设计，生产制造出原子弹产品，这里的关键是要有合格的浓缩铀；四是核试验现场观测，主要是为了取得大量真实的核爆炸数据。

从 1959 年起，三年困难时期使本来就捉襟见肘的中国经济雪上加霜，也使"费钱"的"两弹"面临考验。有一种声音认为，"两弹"要放慢速度，甚至应该暂停，等国民经济好转之后再说，"饭都吃不饱，还搞什么两弹"。对于"两弹"上马与下马的争论，毛泽东的态度至关重要。1961 年 7 月，聂荣臻指示国防科委起草了一个"两弹"要继续上马的报告，得到毛泽东的认可。这样，"两弹"不仅没有下马，还得到了特殊的关照。

在中央的强力支持下，二机部迅速调整原子弹研制的战略和思路，集中攻克原子弹技术难关。从 1960 年初开始，在中央的支持下，从中国科学院和全国各地区各部门选调了郭永怀、程开甲、陈能宽、龙文光等 105 名中高级科研人员加入攻克原子弹技术难关的队伍。同时，又将原子能研究所的王淦昌、彭桓武等一批高级研究人员调到核武器研究院。这些科研人员与先期参加原子弹研制工作的朱光亚、邓稼先等人，成为中国原子弹研制工作的骨干力量。

1962 年对于中国的原子弹工程来说又是一个特殊的年份。经过三年的艰苦攻关，原子弹研制工程的各个子系统都有很大的进展。到 1962 年底，在理论上对浓缩铀作为内爆型原子弹核装料的动作规律与性能有了比较系统的了解；在实验方面，基本掌握了内爆的重要手段及其主要规律和实验技术；兰州铀浓缩厂方面，铀 235 产线各个环节的技术难关，大都被突破和掌握。

1962 年秋，二机部向中央上报了关于爆炸我国第一颗原子弹的"两年规划"，得到毛泽东的认可。随后，中共中央决定，成立以周恩来总理为主任、副总理和相关部门负责人为委员的中央专委。作为一个权力机构，中央专委从成立到我国第一颗原子弹爆炸成功之前，共召开了 13 次会议，讨论解决了 100 多个重大问题。第一颗原子弹爆炸成功后，中央专委职能扩大，整个"两弹一星"工程都在中央专委的领导下进行。

在全国的大力协同下，原子弹工程在 1963 年至 1964 年上半年迎来了丰收。在原子弹研制取得突破性进展的同时，青海金银滩核武器研制基地和新疆罗布泊核武器试验靶场，也在各部门和军方的大力支持下，到 1964 年春基本建好。从 1963 年 3 月开始，原子弹研制大军开始移师金银滩，在那里制备原子弹并进行原子弹原理实验。1963 年 11 月 20 日，在金银滩基地进行了缩小比例的聚合爆轰试验，使理论设计和一系列实验的结果获得了综合验证。1964 年 6 月 6 日，进行了全尺寸爆轰模拟试验，除了没有装铀部件之外，其他都是核爆炸试验时要用的实物，试验结果实现了预先的设想。

到 1964 年上半年，第一颗原子弹成功在望。4 月 11 日，周恩来主持召开中央专委会议，决定第一颗原子弹爆炸试验采取塔爆方式，要求在 9 月 10 日前做好试验前的一切准备，做到"保响、保测、保安全，一次成功"。随后，根据罗布泊的气象情况，经请示毛泽东和中央常委，原子弹试验起爆时间定在 1964 年 10 月 16 日。1964 年 10 月 16 日 15 时，中国在中国新疆罗布泊地区成功爆炸了第一颗原子弹！当晚 10 点，中央人民广播电台受权播发了中国政府的《新闻公报》和《中华人民共和国政府声明》。该声明指出：中国政府郑重宣布，中国在任何时候、任何情况下，都不会首先使用核武器。

## 中国的氢弹奇迹

原子弹爆炸成功之后，下一个目标就是氢弹。1960年底，原子能研究所成立了"中子物理领导小组"，一方面成立轻核理论组，开展氢弹原理研究；另一面成立轻核实验组，配合和支持轻核理论工作的开展。

第一颗原子弹爆炸成功

图2-1　1964年10月16日，我国第一颗原子弹爆炸时的情景

资料来源：新华社.1964年中国第一颗原子弹爆炸成功.http://news.sina.com.cn/c/p/2009-09-01/21211855800 09.shtml[2021-02-25].

后，核武器研究院抽出1/3的理论人员，全面开展氢弹理论研究。1965年1月，二机部把原子能研究所先期进行氢弹研究的黄祖洽、于敏等31人全部调到核武器研究院，集中力量从原理、结构、材料等多方面广泛开展研究。1965年夏，于敏提出了新的氢弹原理方案。9月底，借助华东计算技术研究所当时最先进的计算机，于敏带领部分理论人员，经过两个多月的艰苦计算，终于找到了解决自持热核反应所需条件的关键，探索出了一种新的制造氢弹的理论方案。这是氢弹研制中最关键的突破，大大缩短了氢弹的研制进程。

1966 年 12 月 28 日，氢弹原理试验取得成功。12 月 30~31 日，聂荣臻在罗布泊试验基地马兰招待所主持座谈会，讨论下一步全当量氢弹试验问题。会议经过讨论，形成了在 1967 年 10 月 1 日前采用空投的方式进行一次百万吨级全威力的氢弹空爆试验的建议。不久，从西方媒体得知，法国很有可能赶在中国的前面爆响氢弹。为此，在科学家的建议下，中央专委批准在 1967 年 7 月 1 日前进行氢弹试验，争取响在法国前面。氢弹试验采取空投方式，这对飞机和降落伞的要求非常高，当时确定了我国最先进的轰 -6 甲型飞机承担空投任务，为此在核试验场区进行了数十次投弹模拟试验。

图 2-2 1967 年 6 月 17 日，我国第一颗氢弹爆炸时的情景

资料来源：蔡少辉，张锁春，吴翔 . 曾记否：50 年前中国第一颗氢弹爆炸 .http://www.zhishifenzi.com/depth/depthview/1334?category=column[2021-02-25].

1967 年 6 月 17 日，我国第一颗氢弹爆炸成功。从第一颗原子弹试验到第一颗氢弹试验，美国用了 8 年零 6 个月，苏联用了 4 年，英国用了 4 年零 7 个月，法国用了 8 年零 6 个月，而我国只用了 2 年零 8 个月，发展速度是最快的，因而在世界上引起巨大反响，公认中国的核技术进入世界先进行列。

# 参考文献

陈建新，赵玉林，关前 . 当代中国科学技术发展史 [M]. 武汉：湖北教育出版社，1994.

邓小平 . 邓小平文选（第三卷）[M]. 北京：人民出版社，1993.

葛能全 . 钱三强年谱长编 [M]. 北京：科学出版社，2013.

李觉 . 当代中国的核工业 [M]. 北京：中国社会科学出版社，1987.

中共中央文献研究室 . 建国以来重要文献选编（第十九册）[M]. 北京：中央文献出版社，2011.

中共中央文献研究室 . 周恩来年谱（1949—1976）[M]. 北京：中央文献出版社，1998.

# 利剑出鞘：中国导弹的崛起之路

2019 年 10 月 1 日，庆祝中华人民共和国成立 70 周年阅兵式震撼人心！人们看到了中国人民解放军武器装备的日益强大，特别是对各种型号的战略导弹印象深刻。那么，中国导弹是怎样从无到有发展起来的？战略核导弹是何时研发成功的？下面，我们一起来了解中国导弹的创业岁月。

用于现代战争的导弹是火箭这一远程运载工具的延伸。自从第二次世界大战后期德国首先研制出可用于实战的导弹之后，这一新兴军事技术立即得到西方发达国家的高度重视。20 世纪 50 年代后，导弹已成为世界主要大国不可缺少的武器装备。

## 从无到有："东风一号"导弹研制成功

1952 年，正在参加抗美援朝战争的陈赓大将被毛泽东点名回国，筹办中国人民解放军军事工程学院（简称"哈军工"）。在这所当时的最高军事技术学府里，就有著名的火箭专家任新民、梁守槃、庄逢甘等。然而，火箭和导弹都是各国的保密技术，"哈军工"里有限的专家也没有研制导弹的经历。因此，20 世纪 50 年代中期以前，苦于人才与技术的匮乏，新中国的导弹事业仍处于培养人才、开展相关理论研究的打基础阶段。不过，钱学森的回国很快便打破了这一局面。

钱学森是中国航天事业的开拓者和奠基人。钱学森 1934 年从国立交通大学毕业后，赴美国留学，先后在麻省理工学院、加州理工学院深造和从事研究，专业领域涉及航空机械工程、空气动力学、工程控制论等，显著的科学成就与贡献使其很快升任教授。第二次世界大战期间，在其恩师冯·卡门的推荐下，钱学森成为美国军方重要的科学顾问和研究人员。

1955年10月，钱学森历经艰辛回到祖国，任中国科学院力学研究所所长。1956年2月初，钱学森遵照周恩来的指示，起草了《建立我国国防航空工业的意见书》，该意见书就发展中国的导弹事业，从领导、科研、设计、生产等方面提出了建议。很快，周恩来审阅了这个意见书。3月14日，周恩来主持召开中国共产党中央军事委员会（简称"中央军委"）扩大会议，决定建立导弹科学研究的领导机构——航空工业委员会，中国的导弹事业正式上马。

1956年4月13日，国防部航空工业委员会正式成立，聂荣臻任主任。5月10日，聂荣臻向中央军委提出了《关于建立我国导弹研究工作的初步意见》的报告，5月26日周恩来主持召开中央军委会议，专题研究导弹研制工作。会上，周恩来指出，导弹研究工作应当采取突破一点的办法，不能等待一切条件都具备了才开始研究和生产。要动员更多的人来帮助和支持导弹的研制工作。根据这次会议精神，从全国各地抽调相关专业科研人员，组建导弹研究机构国防部第五研究院（简称"五院"）。10月8日，国防部五院正式成立。1957年11月，五院成立了两个分院。一分院负责地对地导弹总体设计和弹体、发动机研制，二分院负责导弹控制系统和设计工作。1961年成立了三分院，承担空气动力试验、液体发动机和冲压发动机研究试验及全弹试车等任务。1964年成立了四分院，从事固体火箭发动机研制。到1960年，五院从最初的200多人猛增至上万人。

国防部五院正式成立后，中国的导弹研究就进入了实质性操作阶段。而此时，正是苏联愿意对华提供技术援助的时候，《中苏国防新技术协定》里，明确了苏联给予中国在导弹技术方面的援助。中国第一颗导弹的研制就是从仿制苏联 P-2 导弹开始的。P-2 导弹是苏联第一代导弹产品，当时已从苏军装备中退役。

根据聂荣臻和钱学森关于导弹研制"先仿制，后改进，再自行设计"的思路，中国导弹之路的第一步是仿制。1958 年 9 月，中国开始了仿制苏联 P-2 导弹的工作，仿制型号命名为"1059"，意思是 1959 年 10 月 1 日中华人民共和国成立 10 周年之际完成仿制。仿制工作是一项庞大的工程。据统计，当时全国直接和间接参加仿制的单位有 1400 多个，涉及航空、电子、兵器、冶金、建材、轻工等诸多领域。然而，随着 1959 年 6 月之后中苏关系的紧张直至破裂，按照协定由苏联提供给中国的关键技术资料和设备物资等遭到苏联拒绝。这样，仿制任务和目标不得不延期。

1960 年开始，在苏联撕毁协定、撤走专家、终止援助的情况下，中国根据现实条件和已有基础，迅速调整了导弹研制战略，形成了我国导弹研制三步走的规划，即在仿制的基础上，分三步走，分别发展近程 700km、中程 1200km、中远程 2400km 导弹。7 月，中共中央工作会议在北戴河召开，聂荣臻在会议期间汇报了导弹研制三步走规划，得到了会议的肯定。从此，中国走上了独立自主、自力更生的导弹发展之路。第一颗导弹的研制、发射工作也加快了步伐。

1960 年 9 月，中央军委决定，11 月 5 日用国产推进剂发射第一颗导弹。10 月 27 日，导弹安全运抵位于内蒙古额济纳旗的导弹发射基地，在加注推进剂后，导弹弹体往里瘪进去一块，发射基地领导不同意发射，而钱学森通过分析认为，点火之后，弹体会因压力升高而恢复原状。后经聂荣臻的同意，导弹按时发射。

1960 年 11 月 5 日，第一枚国产导弹发射成功。12 月，在酒泉卫星发射中心又发射了两枚导弹，都获得了成功。这一型号后来更名为"东风一号"导弹。

"东风一号"地对地导弹高 17.68m，最大直径 1.65m，翼展 3.56m，弹头重 1.3t，飞行时间 442s，最大射程 590km，导弹起飞重量（总重）为 20.4t。

## 自主设计："东风二号"导弹扬眉吐气

在苏联专家撤走、"东风一号"尚未发射的时候，钱学森就向中央军委递交了研制"东风二号"导弹的计划，即在仿制的基础上自行设计。"东风二号"是中近程地对地战略导弹，全长 20.9m，弹径 1.65m，采用一级液体燃料火箭发动机，最大射程 1300km，可携带 1500kg 高爆弹头。1962 年春节前夕，"东风二号"导弹发动机试车成功，春节后"东风二号"导弹被运往发射基地。3 月 21 日，"东风二号"首次发射，但导弹只飞行了几十秒钟就起火坠落，发射失败。第一次发射自己设计的导弹就失败了，这在科技人员乃至决策层引起了震动，使人们更加清醒地意识到导弹研制工作的复杂性和艰巨性。

"东风二号"发射失败的原因主要有两个：一是导弹的总体设计按照苏联导弹照猫画虎，技术上没有吃透，为了增加导弹的射程，仅仅在苏联导弹的基础上加长了 2m，虽然增加了推力，但箭体结构抗震强度却没有相应提高，导致导弹飞行失控；二是火箭发动机改进设计时提高了推力，但强度不够，导致飞行过程中局部破坏而起火。

在总结失败原因和教训的基础上，国防部五院形成了改进"东风二号"的意见，全面审查设计，从发动机到各个分系统，都重新设计。由钱学森主持制定总体设计方案，担任总设计师，任新民担任副总设计师兼发动机总设计师，梁守槃、屠守锷、黄纬禄、庄逢甘等科学家负责各分系统。首先设立总体设计部，以加强对于导弹总体设计规律的认识，负责对各个分系统的技术难题进行技术协调，统筹规划。其次是建立导弹型号设计师制度，使导弹设计走上正轨。最后就是建造导弹全弹试车台和一批地面测试设备，要让导弹各分系统和全弹在地面模拟试验过关，把一切事故消灭在地面上，不能让导弹带着疑点上天。

钱学森曾说过，最难的时候，可能就是"东风二号"发射失败，重新设计的导弹，老是出问题，怎么也不过关，上上下下都非常着急。"往往最困难的时候，也就快成功了"，这是聂荣臻在困难时期给予科学家们的鼓励。1964年春，改进型的"东风二号"在全新的全弹试车台上进行试车，经过两次全弹试车，完全合格。6月下旬，新的"东风二号"导弹在酒泉卫星发射中心竖起，等待试射。然而，在给导弹加注液氧和酒精时，天气太热，温度太高，燃料膨胀，导致导弹燃料贮箱加不进所需要的燃料，还溢出了一些。这是事先没有预料到的。在众人苦思冥想之际，王永志关于"卸掉一部分原料，改变氧化剂和燃烧剂的混合比，通过减少燃料，使氧化剂相对增加的办法来达到产生同等推力的目的"的想法，得到了钱学森的支持。事实证明，王永志的推理和计算是完全正确的。

1964年6月29日，"东风二号"导弹在飞行十几分钟之后，准确击中 1200km 外的目标，导弹发射成功。7 月 9 日和 11 日，我国又成功地发射了两枚"东风二号"导弹。三发三中，标志着中国导弹技术取得了关键性的突破。

## 两弹结合：战略核导弹一举成功

原子弹有了，导弹也有了，下一步就是原子弹与导弹的结合，简称"两弹结合"。原子弹正如当时西方嘲笑的那样，只是一种"无枪的子弹"，也就是说，原子弹只有飞出去才会发挥它应有的威慑力。要想让原子弹飞出去，有两种办法，一种办法就是用飞机空投，发展核航弹。然而，那时中国的战斗机非常落后，发展核航弹不可取。另外一种办法就是原子弹与导弹结合，发展核导弹，这也是世界潮流。

1964 年 9 月 1 日，中央专委召开会议，决定由二机部和国防部五院共同组织"两弹结合"方案的论证小组，着手进行核导弹的研究设计，钱学森担任总负责人。研制核导弹有两个关键：一是原子弹必须小型化，以便安装在火箭上；二是要加大火箭的推力，加强安全可靠性，尤其是要求制导系统要提高命中率。

就火箭本体而言，增程后的"东风二号甲"导弹安装了自毁装置，如果在导弹飞行的主动段发生故障，不能正常飞行，可由地面发出信号将弹体炸毁。就核弹头而言，安装了保险开关，如在主动段掉下来，因保险开关打不开，只能发生弹体自毁爆炸或落地撞击，不会引发核弹头爆炸。

为了确保安全和成功，核导弹在进行一系列地面测试之后，在装上核弹头之前，还要进行没有核弹头的发射，也即"冷试验"。1966 年 10 月初，在正式发射核导弹之前，连续进行了三次冷试验，都取得了成功。1966 年在上海交通大学钱学森图书馆筹建期间，中国人民解放军第二炮兵部队向馆方捐赠移交了一枚同类型号的"东方二号甲"导弹实体，并被放置在中央圆厅里。导弹全长21.3m，弹径1.65m，起飞重量29.8t，采用一级液体燃料火箭发动机，最大射程1500km，可携带1枚1290kg、威力为2万tTNT当量的核弹头。

10月27日，在酒泉卫星发射中心，发射了我国第一颗全当量核导弹，9分钟之后，核弹头在新疆罗布泊上空实现核爆炸。首次核导弹试验取得圆满成功，标志着中国有了可以用于实战的战略核导弹。就在这一年，中国战略导弹部队——第二炮兵部队诞生。

图2-3 1966年10月27日，装载着核弹头的导弹成功发射
资料来源：中国军网综合.1966年10月27日，中国首次发射导弹核武器试验成功.http://photo.81.cn/tsjs/2017-10/27/content_7801871.htm[2021-02-25].

# 参考文献

李成智 . 中国航天技术发展史稿 [M]. 济南：山东教育出版社，2006.

陶纯，陈怀国 . 国家命运——中国"两弹一星"的秘密历程 [M]. 上海：上海
　　文艺出版社，2011.

叶永烈 . 钱学森 [M]. 上海：上海交通大学出版社，2010.

中共中央文献研究室 . 周恩来年谱（1949—1976）[M]. 北京：中央文献出
　　版社，1998.

# 飞天圆梦："东方红一号"卫星的诞生

2020 年 7 月 31 日，北斗三号全球卫星导航系统建成暨开通仪式在人民大会堂举行，举世瞩目。人们在为中国航天事业取得的巨大成就而骄傲自豪的时候，自然会产生一个疑问，中国航天事业的源头在哪里？中国第一颗人造卫星是何时成功发射的呢？下面，让我们一起来了解中国第一颗人造卫星"东方红一号"的诞生过程。

## "我们也要搞人造卫星"

飞天梦想一直是中华文明史上的重要组成部分，从女娲补天、嫦娥奔月的神话故事到文人墨客的诗词歌赋，中国人对太空的想象与憧憬从来就没有中断过。1957 年 10 月 4 日，苏联率先发射了世界上第一颗人造卫星，开创了人类走向太空的新纪元。美国也于次年 2 月成功发射了人造卫星。

苏联和美国发射人造卫星成功之后，有关我国也要发射卫星的呼声渐强。1958 年 5 月 17 日的中共八届二中全会上，毛泽东提出，苏联和美国都发射了人造卫星，"我们也要搞人造卫星"。

有了毛泽东的指示，八届二中全会结束后，聂荣臻就于 5 月 29 日召集会议，听取钱学森关于中国科学院和国防部五院协作分工研制人造卫星的建议。会议决定由国防部五院负责研制探空火箭，中国科学院负责卫星本体的研制。钱学森、赵九章、郭永怀等科学家提出了中国人造卫星发展规划设想草案：第一步，实现卫星上天；第二步，研制回收型卫星；第三步，发射同步通信卫星。其中第一步"实现卫星上天"又细分为三步：第一步，发射探空火箭；第二步，发射一二百千克的小卫星；第三步，发射几千千克的大卫星。方案通过后，被中国科学院列为 1958 年第一位的任务，代号"581"，成立了以钱学森为组长，赵九章、卫一清为副组长的领导小组。

1958 年秋，为了学习苏联的成功经验，加快我国的研制步伐，10 月 16 日，赵九章等前往苏联考察参观人造卫星。经过两个多月的考察，考察团看到了中国在这方面的巨大差距，他们开始冷静起来。赵九章在所写的考察团总结报告里指出，鉴于目前我国科学技术和工业基础的薄弱状况，发射人造卫星的条件尚不成熟，建议先从探空火箭搞起。1959 年 1 月，邓小平在听取中国科学院党组书记、副院长张劲夫的汇报后做出指示，卫星明年不放，与国力不相称。这样，原定 1960 年发射第一颗卫星的计划就取消了。不过，钱学森和赵九章一致建议的"先发射探空火箭"，并没有被取消。

为充分利用上海的科研力量，1958 年 11 月，经中国科学院和上海市商定，中国科学院第一设计院总体设计部和发动机部的 100 多名技术人员从北京迁至上海，组建成上海市机电设计研究院。20 世纪 60 年代初，上海市机电设计研究院的任务由研制大型运载火箭和人造卫星调整为重点研制无控制探空火箭。1960 年 2 月 19 日，试验型液体探空火箭——探空七号模型火箭首次发射成功。9 月 13 日，探空七号液体燃料火箭发射升空，箭头回收成功，标志着中国空间科学技术在从理论探索向工程研制转变的道路上迈出了可喜的第一步。这为后来人造卫星计划的重新上马，积累了重要的经验和技术基础。

## 人造卫星事业重新上马

人造卫星事业的转折点在 1965 年。1964 年，"东风二号"导弹和原子弹相继发射成功，极大地振奋了人心，在国民经济逐渐走出三年困难时期阴影的情况下，已经偃旗息鼓好几年的人造卫星计划，重新回到决策层的视野。1965 年 1 月，赵九章向周恩来递交了一份尽快规划中国人造卫星问题的建议书，引起周恩来的关注。几乎同时，钱学森向国防科委和国防工业办公室提交了关于制定人造卫星研制计划的建议。聂荣臻批示，只要力量有可能，就要积极去搞。3 月，张爱萍主持召开了我国人造卫星的可行性座谈会，并形成国防科委向中央专委的《关于研制发射人造卫星的方案报告》，提出拟于 1970~1971 年发射中国第一颗人造卫星。5 月初，中央专委将研制卫星列入国家计划。

1965 年 8 月，中央专委会议就中国人造卫星做出了全面部署。首先，确定了中国发展人造卫星的方针：由简到繁，由易到难，从低级到高级，循序渐进，逐步发展。其次，提出了中国第一颗人造卫星必须考虑政治影响的要求，我国第一颗人造卫星要比苏联和美国的第一颗人造卫星先进，表现在比他们重量重、发射功率大、工作寿命长、技术新、听得见。最后，对卫星研制进行了明确分工：整个卫星工程由国防科委组织协调；卫星本体和地面测控系统由中国科学院负责；运载火箭由第七机械工业部负责；卫星发射场由酒泉卫星发射中心负责建设。中国的第一颗人造卫星就进入工程研制阶段，代号"651"工程。

先看中国科学院方面的两大任务。1965 年 8 月，中国科学院决定成立人造卫星工程领导小组，由副院长裴丽生任组长，谷羽负责具体领导工作。

10月，中国科学院组织召开第一颗人造卫星总体方案论证会，会议确定这颗卫星为科学探索性质的试验卫星。11月底，第一颗人造卫星的总体方案初步确定，各分系统开始了技术设计、试制和试验工作。次年1月，中国科学院成立卫星设计院，代号"651"设计院，赵九章被任命为院长。卫星本体的研制就这样紧锣密鼓地开展起来了。卫星总体组的何正华提出第一颗卫星叫"东方红一号"的提议，得到一致认可。

如果说中国科学院在卫星本体的研制上还有些基础的话，测控系统则基本上还是一片空白。火箭托举卫星进入预定轨道之后，它的正常运行和按计划完成使命，要靠地面观测控制系统对它实施跟踪、测量、计算、预报和控制。鉴于测控系统的重要性，国防科委批准了由中国科学院负责卫星地面观测系统的规划、设计和管理。中国科学院为此成立了人造卫星地面观测系统管理局，代号为中国科学院"701"工程处，由陈芳允担任"701"的技术负责人，负责地面观测系统的设计、台站的选址与建设等工作。

再看第七机械工业部方面的工作。钱学森为人造卫星运载火箭的研制提出了重要建议，他提出，在当时研制成功的"东风四号"导弹的基础上，加上探空火箭的经验，设计制造用于发射人造卫星的运载火箭，不必另起炉灶。关键问题是抓住运载火箭第三级——固体燃料火箭的研制，解决火箭在高空时的点火、分离。后来的实践证明，钱学森的这一建议大大节省了时间和人力、物力。发射中国第一颗人造卫星的运载火箭"长征一号"，就是在"东风四号"的基础上加了一个固体燃料推进的第三级火箭所组成的。

## "东方红"乐曲传遍寰宇

历经磨难的卫星事业一经上马，便顺利推进。然而，"文化大革命"的到来，打乱了原有的计划，使重新起步的卫星事业又面临着严峻的考验。中国科学院"651"设计院院长赵九章、副院长钱骥被打倒，被迫离开了卫星研制工作，陈芳允也被打倒了，"701"工程处的工作也已经无法正常运转。为保证研制人造卫星工作不受干扰，1966 年 12 月，中央专委决定人造卫星的研制任务由国防科委全面负责。1967 年初，聂荣臻向中央报告，建议组建"空间技术研究院"，全面负责人造卫星的研制工作。8 月，空间技术研究院筹备处成立，钱学森任筹备处负责人。1968 年 2 月 20 日，经毛泽东批准，国防科委空间技术研究院正式成立，中国科学院从事人造卫星研制的部门划归空间技术研究院。中国科学院"701"工程处也由酒泉卫星发射中心接管。

1967 年秋，钱学森任命当时只有 38 岁的孙家栋负责第一颗人造卫星的总体设计工作。在前期工作的基础上，孙家栋带领科技人员主要在这颗"政治卫星"的"上得去、抓得住、看得见、听得到"上下功夫。

所谓"上得去"是指发射成功，所谓"抓得住"是指准确入轨。这是发射人造卫星最起码的要求。"看得见"和"听得到"则难度很大。

所谓"看得见"是指在地球上用肉眼能看见，但当时设计的卫星直径只有 1m，表面也不够亮，在地球上不可能看得到。孙家栋带领科技人员想出妙计，他们在火箭第三级上设置直径达 3m 的"观测球"，该球用反光材料制成，进入太空，卫星被弹出后，观测球被打开，紧贴卫星后面飞行，从地面望去，犹如一颗明亮的大星。这样，"看得见"的问题解决了。

所谓"听得到"是指从卫星上发射的信号，在地球上可以用收音机听到。当时考虑，如果仅仅听到滴滴答答的工程信号，老百姓并不明白

图 2-4 1970 年 4 月 24 日，运载我国第一颗人造卫星的"长征一号"运载火箭成功发射

资料来源：中国航天科技集团有限公司 . 长征一号 . http://www.spacechina.com/n25/n146/n238/n12985/c14936/content.html[2021-02-25].

是什么，有人建议播放《东方红》乐曲，得到了中央的批准。科技人员经过多次试验，最后采用电子线路产生的复合音模拟铝板琴演奏乐曲，以高稳定度音源振荡器代替音键，用程序控制线路产生的节拍来控制音源振荡器发音，效果很好，解决了"听得到"的问题。

"长征一号"火箭共进行了两次发射，第一次是在 1970 年 4 月 24 日，成功将"东方红一号"送入预定轨道；第二次是在 1971 年 3 月 3 日，成功把"实践一号"科学探测和技术试验卫星准确送入轨道。目前，"长征一号"已经退役。

　　运载火箭方面，在任新民的领导下，攻克了多级火箭组合、二级高空点火和级间分离等技术，再加上新研制的第三级固体火箭，组成了三级运载火箭——"长征一号"。1970 年 1 月 30 日，"长征一号"试射成功。

> **"东方红一号"到底有多先进?**
>
> 从重量上说,"东方红一号"重173 kg,而美国的第一颗卫星只有8.2kg。从技术上说,实现了安全可靠、准确入轨、及时预报的要求,不仅实现了"上得去""抓得住"的最基本技术要求,而且还实现了"看得见""听得到"的较高政治要求。另外,"东方红一号"卫星,在跟踪手段、信号传输形式和星上温控系统等技术方面,均超过了苏联、美国等国首颗卫星的水平。

测控体系建设方面,最初陈芳允和其他专家建议在全国建设9个测控站,后来在钱学森的建议下,经多方权衡,并报国防科委批准,最终决定建设喀什、湘西、南宁、昆明、海南、胶东6个地面观测站。1970年初,6个地面测控站建成,陈芳允等对美国探索者22号、27号、29号卫星进行跟踪观测,取得了实测资料,证明了中国当时所建测控网络性能优良。

1970年3月21日,"东方红一号"完成总装任务。4月1日,"东方红一号"卫星和"长征一号"运载火箭运抵酒泉卫星发射中心。1970年4月24日21时35分,"东方红一号"卫星发射成功,《东方红》乐曲传遍世界,中国成为继苏联、美国、法国、日本之后,第五个成功发射卫星的国家,中国的航天时代由此真正开启。

图 2-5　"东方红一号"外观

资料来源：中国载人航天. 向更深更远的太空迈进 .https://www.sohu.com/a/296834112_7157
53?sec=wd[2021-02-25].

# 参考文献

李成智 . 中国航天技术发展史稿 [M]. 济南：山东教育出版社，2006.

陆正廷，王德鸿 . 上海航天志 [M]. 上海：上海社会科学院出版社，1997.

陶纯，陈怀国 . 国家命运——中国"两弹一星"的秘密历程 [M]. 上海：上海
　文艺出版社，2011.

叶永烈 . 钱学森 [M]. 上海：上海交通大学出版社，2010.

# 深海铸剑：中国核潜艇的秘密历程

2017 年 11 月 17 日，习近平总书记在会见全国道德模范代表准备同大家合影时，见到两位道德模范代表年事已高，就拉着他们的手，请两位老人坐到自己身旁来，这个暖心感人的瞬间被大家铭记在心里。这两位老人，其中之一就是为中国核潜艇事业奉献一生的黄旭华院士。近年来，随着相关材料的披露，神秘的中国核潜艇逐渐为世人所知。那么，中国核潜艇是怎样从无到有、由弱到强的呢？

核潜艇是潜艇的一种类型，其与常规潜艇的本质区别在于，核潜艇是以核反应堆为动力来源的潜艇。作为世界上第五个拥有核潜艇的国家，中国核潜艇的研制走过了一段不平凡的历程。

## 核潜艇，一万年也要搞出来！

20 世纪中叶，伴随着科学技术的发展，特别是第二次世界大战，一大批威力巨大的新式武器被催生，诸如原子弹、导弹、核导弹、核潜艇等相继用于实战或战备，大大改变了世界历史的进程。新中国成立后，面对帝国主义的封锁和核威胁，中国共产党人积极应对，在十分困难的条件下积极发展原子能科学，开展火箭技术研究。正是在这种背景下，核潜艇也逐渐走进中国领导人的视野。

1958 年 6 月 27 日，主管科技工作的副总理聂荣臻元帅以个人名义向党中央呈报了《关于开展研制导弹原子潜艇的报告》，开启了中国核潜艇的铸造之路。

聂荣臻的报告被批准后，成立了由罗舜初任组长，刘杰、张连奎、王诤参加的小组，负责筹划和组织核潜艇的研制工作，中央军委还于 1959 年 11 月做出了核潜艇研制分工的决定，核动力由第二机械工业部负责，艇体和设备由第一机械工业部负责，海军负责抓总。

中国在核潜艇研制之初，曾试图争取苏联的技术支持。但中国的这一美好愿望从来都没有得到一丁点回馈。

1957 年 11 月中国海军代表团访问苏联，在苏期间，苏方不仅不让代表团参观核潜艇，连有关技术资料都加以封锁。1959 年 9 月底到 10 月初，苏联领导人赫鲁晓夫率团来华参加中华人民共和国成立 10 周年庆典，中国领导人再次提出核潜艇技术援助问题，被赫鲁晓夫拒绝。之后，苏联更是完全撤走援华技术专家。面对苏联的背信弃义，毛泽东斩钉截铁地说："核潜艇，一万年也要搞出来！"

### 先搞鱼雷核潜艇，再搞导弹核潜艇

20 世纪 50 年代末，我国社会主义建设遭遇曲折，国民经济出现严重困难。在这种情况下，中央考虑调整国家建设项目进度，决定对一些科研力量不足、一时难以突破、还需要较长时间积累的重大科技工程项目进行调整，也就是暂缓建设。核潜艇就属于"暂缓"的项目之一。

因为核潜艇是"一万年也要搞出来"的国家重中之重工程，所以党中央和中央军委对于核潜艇的"暂缓"建设非常谨慎。应当说，从 1962 年到 1965 年 3 月，中国核潜艇工程的研制并没有真正"下马"，"下马"的只是大规模的工程建设，而科学研究工作一刻也没有停止。

困难时期的坚守是清贫而艰苦的。在研制核潜艇的初期，科研人员是饿着肚子在搞核潜艇。首任中国核潜艇总设计师彭士禄院士就曾回忆说："60 年代初正是困难时期，也是核潜艇研制最艰难的时候，我们都是吃着窝窝头搞核潜艇，有时甚至连窝窝头都吃不饱。粮食不够，就挖野菜和白菜根充饥。"

进入 1965 年，国民经济明显好转，前一年导弹、原子弹的相继成功，也为上马其他重大工程项目创造了条件。就核潜艇工程来说，常规潜艇仿制和自行研制成功，核动力装置已经开始初步设计，核反应堆的主要设备和材料研制工作取得了进展，已经具备了开展核潜艇型号研制的技术基础。在这种情况下，党中央审时度势，再次上马核潜艇工程。

1965 年 3 月 13 日，由二机部和第六机械工业部（简称"六机部"）党组联合上报国防工业办公室和中央专委《关于原子能潜艇动力工程研究所领导关系的请示报告》，对核潜艇的科学研究工作提出了建议。3 月 20 日，中央决定将核潜艇工程重新列入国家计划，全面开展研制工作。由此，中国核潜艇的全面研制工作，又一次拉开大幕。

根据中央指示精神，二

> 弹道导弹核潜艇与鱼雷核潜艇的主要差别是多了一个导弹舱，使艇的尺寸和排水量相应增大不少。导弹舱中设有十几个弹道导弹发射筒及配套的发射动力系统、水下开盖与舷外均压系统、空调保温系统、注流水系统以及导弹的检测、瞄准、发射控制系统等设备。新研制和需要进一步改进的设备约占设备总数的 15% 左右。

机部和六机部与海军等部门密切合作，为建造中国的第一艘核潜艇而奋斗。当时的核潜艇总体研究设计副总工程师黄旭华（后任中国核潜艇总设计师）等科研人员建议，中国核潜艇的研制可以分两步走：第一步先研制反潜鱼雷核潜艇，第二步再研制导弹核潜艇。理由在于，导弹核潜艇的技术问题多、难度大，需要更多的时间才能解决，先研制鱼雷核潜艇不仅可以分步骤地解决技术难点，为研制导弹核潜艇打下技术基础，而且有相当一部分材料和设备可以通用，有利于加快研制进程。

1965年8月15日，第十三次中央专委会议明确核潜艇研制的两步走战略。如果说在此之前，中国核潜艇还处于探索、研究、准备阶段，那么，第十三次中央专委会议的召开，则标志着中国核潜艇的建造工作正式启动。

## 历经30年，中国核潜艇形成完整战斗力、威慑力

研究制造核潜艇是一项庞大的系统工程。其中，关键环节主要有这几个：一是整体设计，设计是龙头，关系到整个核潜艇的成败，必须科学；二是核潜艇反应堆的研制，这是核潜艇的心脏与标志；三是核潜艇建造基地的建设，选址必须保密但又必须是深水良港；四是艇体的建造与设备安装。

中国第一艘核潜艇的整体设计，采用的是适于水下

> 水滴线型或"鲸型"线型的任意横截面都是圆形的，不仅具有最小的摩擦阻力，而且在大潜深时有很好的机动性和稳性。水滴线型潜艇在水面上操纵性的确不是最好的，但是与常规线型的潜艇相比，它的水下战术技术性能却具有较大的优势。

高速航行的水滴线型，这是中国船舶重工集团公司第七一九研究所（简称"719所"）的科技人员广泛搜集国内外资料，进行理论分析和研究，设计出的最优方案。科研人员花费了十几年的时间为核潜艇量身打造了这一水滴线型。后来的实践证明，水滴线型潜艇操纵性能优良，水下航速远比常规线型的高。

核反应堆是核潜艇的心脏和动力来源。研制核潜艇反应堆，是从模式反应堆开始的。所谓模式反应堆，是指在建造真正使用的反应堆之前，先在陆地上造一个一样的试验性反应堆，目的是验证设计、暴露问题和摸清反应堆性能。因此说，陆上模式堆的成功与否直接关系到核潜艇的成败。1968年7月18日，毛泽东签发了著名的《关于支援模式堆基地的建设问题》（即"718批示"）。"718批示"发表后，调动起全国各有关工业部门、高等院校和省（自治区、直辖市）的力量，抓紧完成各自承担的科研工作和设备、材料的试制任务。

核潜艇建造基地的建设位于东北某海岛，对于核潜艇的研制来说有着优越的地理条件，是难得的天然良港，但岛上条件却十分恶劣。因此，核潜艇建造基地的建设同样非常艰难，工程进度的缓慢甚至让毛泽东都非常焦急，以至于他在一年的时间内曾多次批示要加快基地建设。毛泽东多次有针对性的批示，对于加快推进核潜艇建造基地的建设，起到了决定性的作用。

在一切从零开始的条件下，艇体的建造与设备安装也是一个巨大的考验。尽管有设计图纸，但要把数以万计的各类设备精准安装，并不容易。据相关资料，中国第一艘核潜艇上的每一块钢板、每一台设备和零部件都是清一色的中国货，使用的材料有1300多个规格品种，设备和仪器仪表有2600多项、

46 000 多台件，电缆 300 多种，总长 90 余千米，各种管材 270 多种，总长 30 余千米。

1968 年 11 月，中国自己研制的第一艘鱼雷核潜艇正式开工建造；1974 年 8 月 1 日，中国第一艘鱼雷核潜艇航行试验成功，正式编入海军部队，被中央军委命名为"长征一号"。第一艘核潜艇的服役，标志着中国海军跨进了世界核海军的行列，迈出了驶向远洋深海的第一步。

在研制鱼雷核潜艇的同时，中国还在为研制弹道导弹核潜艇而积极准备。1970 年 9 月 25 日，我国第一艘弹道导弹核潜艇正式开工建造，历经波折，克服重重困难，1983 年 8 月，中国第一艘弹道导弹核潜艇交付海军；1988 年 9 月，弹道导弹核潜艇圆满完成水下发射潜地导弹的试验。

图 2-6　中国海军 091 型核潜艇

资料来源：资料：091 型核潜艇.2017.https://www.163.com/war/article/3K8S81CE00011232.html[2021-01-08]

## 核潜艇研制带来的启示

第一代弹道导弹核潜艇的研制成功，标志着中国完全掌握了导弹核潜艇水下发射技术，使核潜艇成为真正意义上的隐蔽的核威慑与核反击力量，使中国成为世界上第五个拥有导弹核潜艇的国家。回首 30 年的研制历程，我们可以获得以下启示。

在核潜艇研制过程中，充满了自力更生、迎难而上、开拓创新的核潜艇精神。核潜艇是集船舶、核动力、导弹、鱼雷于一体的现代化作战平台，结构之复杂、零部组件之众多，远非单一武器可比。老一辈科学家在极其艰苦的环境下，为求得一个数据的准确，为了一个材料，为了一项试验，历经千辛万苦，从零开始建造核潜艇，使中国成为世界上第五个拥有导弹核潜艇的国家。这再次提醒当代科研工作者，核心技术不能"等靠要"，只有现在自主掌握核心技术，才能在未来真正掌握竞争和发展的主动权。

党中央动员全国的力量，支援中国核潜艇工程，再次显示了社会主义制度集中力量办大事的强大动员能力。中国核潜艇的建造工作正式启动之后，中央分别向有关部门下发了通知，要求各部委要安排落实承担的研制项目，纳入各工业部的计划；中国科学院及有关高等院校要积极参加协作；抽调技术骨干和增加 1500 名大学生充实科研队伍；筹备建设海军核潜艇码头基地；安排核潜艇动力装置的陆上试验基地建设，并建造陆上模式反应堆；等等。这些为核潜艇建造的每一个关键环节都提供了强有力的支持和保障。

# 参考文献

新闻中心．黄旭华：干惊天动地事，做隐姓埋名人——记上海交通大学
　　1949 届校友、我国核潜艇总设计师黄旭华．https：//news.sjtu.edu.cn/
　　agfd/20180929/84169.html[2021-02-04].

杨连新．见证中国核潜艇 [M]．北京：海洋出版社，2013.

# 开创先河：人工全合成牛胰岛素

基础科学以自然现象和物质运动形式为研究对象，是探索自然界发展规律的科学，其研究成果是整个科学技术的理论基础，对技术科学和生产技术起指导作用。党和政府高瞻远瞩，决定自 2020 年起在部分高校开展基础学科招生改革试点工作，选拔培养有志于服务国家重大战略需求且综合素质优秀或基础学科拔尖的学生。

为什么要加强基础科学研究?

基础研究是指为了获得关于现象和可观察事实的基本原理的新知识（揭示客观事物的本质、运动规律，获得新发现、新学说）而进行的实验性或理论性研究，不以任何专门或特定的应用或使用为目的。加强基础研究是提高我国原始性创新能力、积累智力资本的重要途径，是跻身世界科技强国的必要条件，是建设创新型国家的根本动力和源泉。我国亟须建设一支高水平的基础研究队伍，为建设创新型国家和跻身世界科学强国奠定坚实的基础。

## 时代洪流

1957 年苏联卫星上天后，东西方冷战以高技术领域竞争为主要形式，所有大国的科学与技术无不服从于"弘扬国威"的最高政治需求。中国当时正秘密研制原子弹和导弹，如果在基础研究中拿出重要研究成果，也正与国家战略目标相一致。周恩来总理高度重视基础研究，在他的关心与指导下，1956 年制定的《1956—1967 年科学技术发展远景规划纲要》中特意增设了一类"科学研究重点"：自然科学中若干基本理论问题。其中就包括"蛋白质的结构、功能和合成的研究"。

饱含爱国激情的中国科研人员无不希望也放出一颗"科学卫星"，借此攀登"科学高峰"。1957 年 6 月，中国科学院上海生物化学研究所（简称"生化所"）所长王应睐召集所内研究员共 9 人，召开高研组讨论会，决心找到一个科研突破口。会上，有人喊出"合成一个蛋白质"的口号：首要攻克目标就是 1955 年由英国科学家桑格完成一级结构测序工作的牛胰岛素。

胰岛素是一种蛋白质类激素。它是人体内唯一能降低血糖的激素，也是唯一能同时促进糖原、脂肪、蛋白质合成的激素。而牛胰岛素，则是当时人类唯一完成一级结构测序的生物体蛋白质。它由 51 个氨基酸组成，分子量虽小，但分子呈立体结构，还有 3 对双硫键，构型十分复杂，在蛋白质的结构与功能研究中占有特殊地位。1959 年 1 月，胰岛素人工合成工作正式启动。生化所建立了以副所长曹天钦为组长的五人领导小组来领导胰岛素合成工作：①有机合成由钮经义负责；②天然胰岛素拆合由邹承鲁负责；③肽库由曹天钦负责；④酶激活由沈昭文负责；⑤转肽由沈昭文负责。

## 一波三折

当时我国唯一合成过的简单氨基酸就是谷氨酸钠，也就是味精。工作伊始就困难重重，曾经用过七种方法都没能完全拆开胰岛素的三个二硫键，最后科研人员根据当时文献上新出现的方法，将天然胰岛素与亚硫酸钠及连四硫酸钠共同保温，终于将胰岛素完全拆成了 A 链及 B 链，并且所得到的 S-磺酸型 A 链及 B 链非常稳定，经得起反复纯化。

二硫键拆开之后，两链能否重新组合成为胰岛素？此前的重新组合实验，每次得到的都是否定的结果。于是胰岛素的研究者普遍认为，一旦胰岛素的二硫键被拆开，就不可能让其重新恢复生物活性。中国科技工作者历经艰辛，经过多次试验，在 1959 年 3 月 19 日初步得到了 0.7%~1% 的生物活性产物。又经过多次失败，在克服了许多技术障碍以后，终于在 1959 年国庆献礼前摸索出了不使用氧化剂，而使氧化反应在较温和的低温、较强碱性的水溶液中由空气缓慢完成的方法，使天然胰岛素再重合的活力稳定地恢复到原活力的 5%~10%。

由两条变性的链可以得到较高产率的、有生物活力的重合成胰岛素的结晶，这就从实践上进一步证明：天然胰岛素结构是 A 链及 B 链所能形成的所有异构体中最稳定的，也即蛋白质的空间结构信息包含在其一级结构之中。这一结论具有非常重大的理论意义。

## 难上加难

与拆合工作的快速前进相比，合成方面的工作进展要慢得多。经过几个月的探索，尤其是拆合工作有成功希望之后，研究者决定把力量集中在拆合与有机合成上。虽然已经有比较经典的方法，而且经过合成催产素的洗礼，相关科学家已经初步掌握了这些方法，但有机合成仍然非常困难。任何一个微小的失误或差错，都可能使合成工作功亏一篑。这些方案都需要摸索，而且，一般说来，每接一个氨基酸都需要三四步反应，都需要极为繁复的分离纯化、分析鉴定工作，不但工作量大，而且环环相扣，只要一步不合要求，就有可能前功尽弃。

遗憾的是，由于外来干扰，本就举步维艰的科研工作陷于停滞，徘徊不前长达五年。直到外来干扰减弱后，重新恢复严格的实践要求，胰岛素工作才逐步重归正轨。1964 年 3 月，B 链小组合成了一个 8 肽和一个 22 肽。经过长时间的实验、讨论，科研人员建议改变保护 B 链的最后一个氨基酸的常规方式，相关问题迎刃而解。1964 年 8 月下旬，有 4% 天然胰岛素活性的人工 B 链与天然 A 链接合成的半合成（简称"人 B 天 A"）胰岛素合成成功。在随后的多次实验中，人 B 天 A 胰岛素的最高活力达到了天然胰岛素的 20%。

与此同时，新 A 链与天然胰岛素 B 链组合后，所得产物的生物活力大幅度提高。人工合成 A 链和天然胰岛素 B 链重组合（简称"人 A 天 B"）的最高活力为天然胰岛素活力的 1%~2%。此后人工合成 A 链纯度提高并与天然 B 链重组合，活力最高可达天然胰岛素活力的 8%~10%。1964 年 6 月初，人 A 天 B 半合成胰岛素的结晶也已拿到，其活性达到了天然胰岛素活性的 80% 以上。

经过多次模拟实验，科研人员创新出两次抽提、两次冻干法。经多次天 A 人 B 半合成实验，用这种方法能使最后抽提物的活性达到天然胰岛素的 80%。1965 年 6 月 17 日，用此法抽提 1964 年得到的活力仅相当于天然胰岛素活力 0.7% 的人 A 人 B 全合成胰岛素，其活力达到了天然胰岛素活力的 10.7%。7 月 3 日，全合成再次成功。9 月 3 日，又进行了人工 A 链与人工 B 链的全合成试验，并把产物放在冰箱里冷冻 14 天。1965 年 9 月 17 日，中国科学家通过实验，证明该结晶的生物活性达到了天然胰岛素活性的 80%。在漫长的国际竞争中，中国科学家终于第一个取得了人工全合成牛胰岛素结晶，标志着人类在认识生命、探索生命奥秘的征途上迈出了关键的一步。

图 2-7　中国首次人工合成了结晶牛胰岛素

资料来源：罗朝淑 . 从合成牛胰岛素到基因重组人胰岛素 .https://it.sohu.com/20090915/n266753
834.shtml[2021-01-08].

## 承前启后

　　人工全合成结晶牛胰岛素，是在国际上无蛋白质合成先例报道的背景下
起步探索的。一经启动实施，就面临许多关键性步骤，必须要有创新性的思
路和胆略，才能构建适宜的新技术方法和新研究体系。人工全合成结晶牛胰
岛素过程，是不断研究创新的过程，而且是在协作中不断研究创新，才获得
前沿性突破的。特别是在当时的环境条件下，进行了特定专家负责的几次协
作，这也是获得人工全合成结晶牛胰岛素突破的重要基础。总之，人工全合
成结晶牛胰岛素的成功完全依赖于一系列的科学精神，实现了继 1828 年德
国化学合成第一个有机分子尿素之后的又一次飞跃，1965 年中国化学合成
了第一个生物大分子胰岛素，这使前沿更有信心追求高一级飞跃，如重组
合成生命细胞等。

从胰岛素的合成历程中，合成化学为探索生命规律提供了重要的方法和物质基础。不仅如此，随着合成科学的进展，它在人类未来的发展中，也有着重要的意义。另外，中国科学院上海有机化学研究所通过结晶牛胰岛素的合成等工作，以后又参与进行了酵母丙氨酸转移核糖核酸的全合成，奠定了以合成科学为特色的学科基础。合成化学是多个基础和应用学科领域的基石，与生命、健康、农业、材料和能源等领域密切关联。20 世纪合成化学的发展彻底改变了人类社会生产、生活方式，这在很大程度上归功于它强大的创造力，因为通过化学合成不仅可以制造出自然界业已存在的物质，还可以创造出具有理想性质和功能的自然界中不存在的新物质。

> **为什么说胰岛素的人工合成才真正算得上打破生命物质与非生命物质的界限？**
>
> 19 世纪人工合成尿素的成功，曾经被认为打破了生命物质与非生命物质的界限，但是尿素并没有生物活性，而胰岛素是结构复杂并且具有特定功能的蛋白质分子。胰岛素的人工合成，才能真正算得上打破生命物质与非生命物质的界限，表明人工改造生命是可能的，是人工改造生命的一个重要里程碑。

进入 21 世纪以来，在分子水平上探讨生命现象，弄清生物大分子的结构并对其进行有目的的操作是 21 世纪的化学家进行方法创新的新途径。化学生物学这门研究生命过程中化学基础的科学的出现，使采用小分子作为工具解决生物学的问题成为可能，也为 21 世纪化学的发展特别是充分发挥合成化学的创造力提供了更为广阔的空间。当我们今天回顾胰岛素全合成最初的目标时，会认为合成胰岛素与合成生命之间的距离还很遥远。但合成科学的新进展，以及新出现的合成生物学，使得合成生命不再遥不可及。人类在未来很可能能够按照需要创造合成基因组，进而合成生命。

刘延东副总理的《在纪念人工全合成结晶牛胰岛素五十周年暨加强原始创新座谈会上的讲话》总结这一次中国科技大会战胜利的原因：一是服从大局，勇于担当。老一辈科学家怀着报效祖国的强烈使命感和责任感，始终以国家大局为重，自觉接受组织安排和任务分工，以超乎寻常的创新自信与胆识攻关世界科学难题。二是锲而不舍，追求卓越。科学家敏锐地把握世界科技前沿，以重大科学问题为导向，努力攀登世界科技高峰，最终取得了重大的突破。三是团队合作，协同创新。这个项目涉及众多科研单位和人员，其成功之处在于充分发挥集体智慧，分工协作、相互支持、密切配合，聚集了强大的合力。四是艰苦奋斗，无私奉献。科学家不计名利，不畏艰辛，不讲条件，顽强拼搏，这种敢于攻坚克难、勇于攀登高峰、善于协同创新、甘当无名英雄的"胰岛素精神"，永远值得我们认真学习和大力弘扬。

图 2-8 《人工全合成结晶牛胰岛素五十周年》纪念邮票发行

资料来源：《人工全合成结晶牛胰岛素五十周年》纪念邮票发行.http://finance.people.com.cn/n/2015/1104/c216612-27776915.html[2021-01-08].

# 参考文献

刘延东 . 在纪念人工全合成结晶牛胰岛素五十周年暨加强原始创新座谈会上的讲话 [N]. 科技日报，2015-11-19（1）.

熊卫民 . 人工全合成结晶牛胰岛素的历程 [J]. 生命科学，2015，27（6）：692-708.

于晨，王应睐 . 王应睐所长谈牛胰岛素的人工合成 [J]. 生命科学，2015，27（6）：761-765.

# 天堑通途：武汉长江大桥的建设历程

　　2017 年 10 月 15 日，是武汉长江大桥正式通车 60 周年纪念日。位于武汉市汉阳龟山和武昌蛇山之间的武汉长江大桥是新中国成立后在长江上修建的第一座大桥，也是中国第一座复线铁路、公路两用桥。大桥建成后，成为连接南北交通的大动脉，京汉铁路和粤汉铁路由此实现了连接，武汉三镇由此真正连为一体。

## 一桥通南北：修桥的重要性

　　中华人民共和国成立之初，由于没有一座横跨长江两岸的大桥，南北交通线路不能形成一个整体。所有南来北往的人流物流都要经过轮渡或木船转运，费工费时，加大了运输成本。建造武汉长江大桥，沟通南北运输，是中国人特别是武汉人的热切愿望。

　　武汉长江大桥工程，实际上是包括了从汉口玉带门车站经过新建的汉阳车站到武昌南站的 14km 范围内的一系列工程。在大桥工程完成后，武汉市，包括汉口、汉阳、武昌就形成了一个完整的铁路枢纽。

　　1949 年 9 月，63 岁的桥梁专家李文骥联合茅以升等一批桥梁专家，向中央递交了《筹建武汉纪念桥建议书》，建议建造武汉长江大桥，作为新民主主义革命成功的纪念建筑。

　　李文骥等的建议书受到中央高度重视，规划建设武汉长江大桥很快被提上新中国建设的重要日程。1949 年 9 月，毛泽东在北平主持召开中国人民政治协商会议第一届全体会议，会上通过了建造武汉长江大桥的议案。是年末，中央人民政府电邀李文骥、茅以升等桥梁专家赴京，共商建桥事宜。

　　根据中央人民政府的指示，铁道部成立了大桥专家组，委任茅以升为专家组组长兼总设计师，派遣大批工程技术人员赴武汉勘测、钻探，进行初步设计。他们根据多次实地勘测、钻探的结果，结合前 4 次建桥规划留下的资料，先后作了 8 个桥址线方案，逐一进行缜密研究，并且组织全国桥梁专家和相关单位进行了 3 次大的讨论，初步形成了武汉长江大桥采用龟山、蛇山线的桥址方案。

　　1953 年 4 月 1 日，经政务院总理周恩来批准，铁道部正式成立武汉长江大桥工程局，调志愿军铁道兵团第三副司令员兼总工程师彭敏担任局长，武汉市委第一书记王任重兼任政治委员。杨在田、崔文炳任副局长；汪菊潜任总工程师，梅旸春、李芬、朱世源为副总工程师。

　　1953 年 7 月，彭敏率中国铁道部代表团，带着大桥的全部设计图纸和技术资料，专程赴莫斯科请苏联专家帮助进行技术鉴定。临行前，铁道部部长滕代远向彭敏交代：文件请苏方鉴定是为了慎重。长江大桥是中国第一个大工程，绝不能出差错。苏方派出了由 25 位桥梁专家组成的鉴定委员会，讨论鉴定会持续了两个多月，对中方的方案进行了反复研究、完善。应中方邀请，还派遣以康斯坦丁·谢尔盖耶维奇·西林为组长的 28 位桥梁专家组成的专家组前来武汉，提供技术指导，支援长江大桥的建设。

## 实事求是："管柱钻孔法"的成功创新

苏联专家到达后，大桥的技术设计工作开始有了显著的进展，只有基础结构和施工方法这一问题悬而未决。当时，气压沉箱是唯一存在可行性的基础施工方法，也是苏联专家组最初的意见。但是这个方法在长江的具体情况下应该如何使用，同样存在很多现实问题。在这样的情形下，也有工程师提出，能不能不用气压沉箱法。

苏联专家组组长西林也提出了同样的想法，他曾和彭敏开门见山地说：我认为建造大桥基础不宜采用"气压沉箱法"施工。我有个新的想法，这个新办法在苏联也没有用过，因为苏联没有长江。随后，西林用几天时间详细给彭敏讲述了他的"管柱钻孔法"的技术理论、施工方法以及优越性。

彭敏听西林介绍之后，意识到此事非同小可，他随即组织了由中苏双方工程技术人员参加的会议。与西林同来的几位苏联桥梁专家提出了相反的意见，理由是：首先，施工方案已经苏联国家鉴定委员会通过，没有必要大改；其次，这种新方法谁也没干过，试验来不及。散会后彭敏又去征求汪菊潜和梅旸春的意见。他们告诉彭敏：钱塘江大桥桥墩基础是用气压沉箱法施工的，可那是包给外商干的，我们的人一律不准下去。（现在）没有什么更好的方法。还是学习摸索

> "管柱钻孔法"简单说来就是采用类似基桩承台的基础用大型的管柱代替桩，通过覆盖层达到岩盘，在管柱中用大型钻机钻岩，然后放置钢筋骨架并灌注水下混凝土使管柱和岩石牢固地结合起来，等于把粗的桩打进岩石，把管内填充混凝土成为柱承托承台，承台上再筑桥墩。

一下新办法吧。

专家们截然不同的意见让彭敏感到事关重大，他立即赶到北京，直接向滕代远汇报。滕代远明确表示支持西林的建议。彭敏回忆说，滕部长认为，西林不是一个轻率的人，有关他自己国家的声誉，没有十分把握是不会提出来的。此事我已经向总理报告过了。

要把新方案付诸实践，同样要解决一系列的问题。首先得开展制钻机、制钻头、下沉管柱等的试验工作。在试验工作基本成功之后，才根据初步试验的结果设计了一个大家普遍认可的新的结构方案。1954年底，新方案才报到铁道部，请求改变初步设计中的气压沉箱方案。

1955年上半年，国务院批准对新方案继续进行试验，并将新旧方案进行比较。1955年底，苏联政府派以运输工程部部长哥热夫尼柯夫为首的代表团来华，主要是参观长江大桥的施工，长达十多天的"参观"，实际上是审查西林提出的方案。经过严格甚至可以说是苛刻的审查，新方案终于被认可。

12月，在铁道部副部长武竞天主持召开的会议上，对此方案做出明确的结论：在所建长江大桥桥墩深基础方面所使用的新方法，是先进的。它保证缩短工期和降低造价，并且比气压沉箱法基础工程的劳动条件简单，这种方法在修建桥梁和水工建筑物工程上也应广泛采用。

## 集中力量办大事：大桥的建成离不开全国人民的支持

武汉长江大桥作为"一五"计划中的一项重点工程，其建成离不开全国人民的支援。在"集全国优秀人才，建长江第一大桥"的动员令下，全国各地的优秀桥梁专家、技术人员会聚武汉。

例如，地质部最优秀的地质工程师和整队的地质人员在大桥桥址区域工作了八个月，彻底查明了桥址地区的地质情况，而且极其负责地做出了明确的结论。这为桥址线的正确选择和基础的技术设计提供了正确的、可靠的资料。重工业部、机械工业部及其所属的各单位，为制造大桥钢梁所需的大型型钢、铆钉钢以及特种钢，费了不少心力；为制造大桥的铸钢支座、整体锻制钻头，多次试制，甚至打乱了本身的生产计划。当时全国各地有 48 个工厂接受了武汉长江大桥机器制造、零件加工的任务，都是保证质量提前交货的。

不仅建造大桥的材料总是被优先办理，而且，交通部、水利部、气象局及其所属长江水利委员会、长江航务管理局、中南气象局，在船舶运输、水文测量、气象预报等方面，也做到了密切的协作配合。特别是几年来江上施工，得到航运方面的密切配合，尽量克服困难紧缩航道来照顾施工。与此同时，湖北省和武汉市地方政府及时地给予了工程所要求的一切支援，把支援大桥建设作为一项中心任务。

更令人触动的是，在修桥的过程中，工程组收到的群众来信有几万封。这些信来自全国各地，乃至遥远的边疆和海外的侨胞。他们有的寄自新疆生产建设兵团，有的寄自海防的前线，还有的寄自当时身在朝鲜战场的中国人民志愿军。有一位 80 岁的老人来信说，他做梦都想着长江大桥，待桥修成之后，他要赤脚在桥上走一趟。

1957 年 10 月 15 日，武汉长江大桥正式通车，从而实现了毛泽东 "一桥飞架南北，天堑变通途" 的宏伟愿景。半个多世纪以来，历经沧桑的武汉长江大桥依旧屹立在大江之上，经受了无数次洪水、大风的洗礼与碰撞。今天，武汉长江大桥不仅是长江上一道亮丽的风景，也成为一座历史的丰碑。

图 2-9 武汉长江大桥通车
资料来源: 武汉长江大桥建成 .https: //
www.chinanews.com/special/guo
qing/60/2009/06-25/147.shtml[2021-
01-08].

## 武汉长江大桥成功建设带来的历史启示

武汉长江大桥在施工方法上的创新充分说明了我们的技术人员不盲从权威、实事求是的工作态度。彭敏曾经在武汉长江大桥工程局号召中国技术人员向外国学习的同时，提倡独立思考、大胆争论，鼓励共同探讨研究，反对不动脑筋的依赖思想。所以，面对苏联专家在方案选择上的分歧，中国技术人员结合长江的实际情况，多方论证之后决定采取西林的新方案。历史证明，"管柱钻孔法"后来在世界范围内有了多样化的发展，在桥梁工程、水库拦水坝、港口、煤矿竖井、工业高炉基础等方面都广泛使用着。应该说，武汉长江大桥的建成向世界彰显出新中国强大的生命力，中国必将跻身世界强国之列。

武汉长江大桥同样是举国体制办工程的典型案例。在"集全国优秀人才，建长江第一大桥"的动员令下，重工业部、机械工业部、地质部、交通部、水利部、气象局及其所属的各单位在专业人员输送、材料供应、船舶运输、水文测量、气象预报等方面提供了强有力的支持。湖北省和武汉市地方政府把支援大桥建设作为一项中心任务，及时地给予了工程所要求的一切支援。当时从全国各地调配来的桥梁专家，很多都是为了参加长江大桥的建设放弃了在上海等大城市的优渥生活条件，抛家舍业来到武汉，用自己的专业技术报效国家。在大桥建成之后，几乎所有前来参观的西方人士最惊讶的都是我们的建造速度。不得不承认，这正是得益于我们的制度优势，得益于我们可以"集中力量办大事"的社会主义制度的优越性。

# 参考文献

梅兴无 . 万里长江第一桥——武汉长江大桥建设始末 [J]. 档案春秋，2019（2）：8-13.

彭倍勤，于平生 . 彭敏的路桥情缘 [M]. 北京：中共党史出版社，2017.

彭敏 . 武汉长江大桥 [M]. 北京：人民铁道出版社，1958.

滕久昕 . 敢想敢干勇于独创的滕代远——纪念武汉长江大桥建成通车 60 周年 [J]. 党史纵横，2017（3）：20-22.

滕久昕 . 苏联专家与武汉长江大桥的修建 [J]. 百年潮，2011（6）：57-61.

铁道部新建铁路工程总局武汉大桥工程局 . 武汉长江大桥 [M]. 武汉：长江文艺出版社，1957.

# 探索粒子：王淦昌和反西格玛负超子的发现

提到王淦昌，大家更为熟悉的是他"两弹一星"元勋的事迹。其实，作为一名著名的核物理学家，王淦昌曾在苏联杜布纳联合核子研究所利用当时世界上能级最高的高能加速器，成功发现了反西格玛负超子事例。后来，著名美籍华裔物理学家、诺贝尔物理学奖获得者李政道和杨振宁都曾在谈话中表示，杜布纳联合核子研究所的高能加速器上最值得称道的工作，就是王淦昌小组对反西格玛负超子的发现。

## 原子核内的秘密：粒子物理学的兴起

20 世纪中叶开始，粒子物理学的进展非常迅速，美国、苏联、欧洲等发达国家或地区都在大力筹建高能加速器——一种通过加速带电粒子来获得各种能量的粒子的大科学装置，其是研究粒子物理不可或缺的装置。因为加速器能够产生的粒子和它的能级密切相关，能级高

> 加速器有许多类型。按照能量大小，加速器可分为低能、中能、高能、超高能等；按照加速的原理，加速器有高压、电子感应、直线、环形等。加速器可用来研究各种核反应、产生基本粒子、制造放射性同位素等，在科学研究、工农业生产和医疗卫生方面都有广泛的重要应用。

的加速器可以向下"兼容"能级低的，所以当时各国筹建的加速器能级也是越来越高。正是因为加速器能级的不断提高，粒子物理后来也被称为高能物理。

1956 年，当时世界上能量最大的加速器——10GeV 的质子同步稳相加速器即将在苏联杜布纳投入运行。然而，位于日内瓦的欧洲核子研究组织，当时也在加紧建造一台 30GeV 的质子同步稳相加速器，并预计在 1959 年投入运行。也就是说，杜布纳的加速器在能量上的优势只能保持几年。为了能在欧洲的加速器建成之前做出成果，苏联政府建议建立一个国际性的科学组织——杜布纳联合核子研究所，让当时社会主义国家的核科学家们都来用这台加速器。

1956 年 9 月，王淦昌和李毅代表中国到莫斯科参加杜布纳联合核子研究所成立会议，会后王淦昌就留在联合所任研究员，利用联合所新建的稳相加速器开展基本粒子的研究工作。根据当时的一些前沿课题，王淦昌提出了两个研究方向：①寻找新奇粒子（包括各种超子的反粒子）；②系统地研究高能核作用下各种基本粒子的产生规律。王淦昌选择的这两个研究方向，正好发挥了联合所稳相加速器的能量优势：利用高能加速器打击核靶，既可能产生新的粒子，也可以为研究基本粒子在核作用过程中产生的规律提供许多新的信息。

## 争分夺秒研制丙烷气泡室

研究方向确定之后，接下来要解决的是选择哪种探测器来进行研究的问题。探测器是记录和分析高能粒子产生的现象的仪器，包括云雾室、盖革 - 米勒计数器、乳胶、气泡室、电离室等多种类型。然而，在联合所加紧稳相加速器建设的时候，各种探测器的建设没有及时跟上。在王淦昌到达时，联合所只具备一套确定带电粒子飞行方向用的闪烁望远镜系统、一台大型扩散云雾室和一台膨胀式云雾室。这些探测器不能充分利用高能加速器的优势来进行前沿课题的研究，即不利于选择有利的反应系统，全面地观察所研究粒子的产生、飞行、相互作用（或衰变）的全过程。

考虑到超子的反粒子是不稳定粒子，寿命很短，从产生到衰变，飞行的距离很短，利用能够显现粒子径迹的探测器来寻找这类粒子比较理想。因此，王淦昌决定选择气泡室作为主要探测器，选择丙烷作为气泡室的工作液体。这也是考虑到丙烷气泡室制造起来技术难度较小，建造的周期也比较短，而且当时联合所也有研制小型丙烷气泡室的经验。只有尽快建成气泡室，才能充分利用联合所的高能加速器，尽快做出有突破性的成果来。

> 气泡室是一种结构复杂、造价昂贵的高能粒子运动径迹探测仪器。在耐高压的封闭室内，充满透明的工作液体（如液氢、丙烷等）。在一定温度下突然减压膨胀，当室内压力低于该液体的平衡蒸汽压时，工作液体即处于过液状态。这种状态是不稳定的，一有扰动，就会使液体沸腾。若带电粒子进入，就会在气泡室内引起液体沿粒子运动方向发生沸腾，产生气泡，从而显示出粒子的径迹。

王淦昌领导的实验小组，最开始只有两位苏联青年科研人员和一位技术员。考虑到寻找新粒子的工作量很大，也希望通过实验培育中国核科学实验人才，王淦昌建议从国内调丁大钊、王祝翔两位年轻人来一起工作。这样，

图 2-10　1958 年，王淦昌（左三）
在苏联杜布纳联合所（左起：方守贤、
刘乃泉、王淦昌、王祝翔、王韫玉）
资料来源：常甲辰．王淦昌．贵阳：
贵州人民出版社，2005：59.

王祝翔和一位苏联同事主要负责丙烷气泡室的研制，丁大钊和另外两位苏联
同事则主要负责实验布局和数据处理等方面的研究。

本着在工作中学习、在学习中收获的精神，王淦昌提出先做一个直
径 10cm 的小丙烷气泡室，摸索一些经验，然后再进行正规设计。这样，
1958 年春天，计划中的 24L 丙烷气泡室研制成功。与此同时，丁大钊他
们也为在高能物理实验研究做各项准备。在这个基础上，王淦昌领导大
家用小气泡室做了一个实验，为寻找超子的反粒子进行了一次演习，让
年轻人在实验中接触科研课题的全过程，从而增强他们完成下阶段任务
的信心。

## 功夫不负有心人：发现反西格玛负超子事例

在王淦昌的带领下，全组人员齐心协力，到 1958 年夏天，各项准备工
作业已完成。同时，同步稳相加速器经过半年调试，也进入了正常的工作状
态，实验正式开始。

王淦昌研究组选用 $\pi^-$ 介子作为"炮弹"，让它与气泡室工作液体中
的氢和碳相互作用，然后将实验过程拍摄下来。到 1960 年春天，他们一
共得到近 11 万对氢和碳相互作用的照片，包括十几万个 $\pi^-$ 介子核反应事

例。下一阶段工作的主要内容，就是通过对这些包含丰富物理信息的照片进行观察和分析，把隐藏在几十万个反应事例中的产生反超子的反应找出来。

扫描气泡室的立体照片是一项很辛苦和烦琐的工作。每一个粒子的每一条径迹都需要物理学家调动自己所有的物理知识，细心地捕捉和确切地理解其中的所有细节。王淦昌当时已经 50 多岁，又是近视眼，戴上眼镜用立体扫描仪工作，焦距不对很不方便，摘下眼镜又很伤视力。但是他一直都坚持和大家一起，每天在椅子上坐十几个小时，集中精力扫描大量的照片。

选出来的符合要求的候选事例，要在显微镜下进行测量，将测出的各种数据输入计算机进行计算、分析，这样才算是完成了实验资料分析第一阶段的工作——原始数据的积累。接下来才是进行物理分析，做出物理说明。

1959 年 3 月 9 日，研究组从扫描得到的 4 万张照片中发现了一个反超子事例，研究组在进行反复扫描、测量和分析后，确定这的确是一个十分完整的反西格玛负超子产生和衰变事例。

1959 年 9 月，王淦昌在苏联基辅召开的国际高能物理会议的分组讨论会上报告了可能存在的反西格玛负超子事例。1960 年 3 月 24 日，王淦昌等人正式把发现反西格玛负超子的论文送给国内的《物理学报》发表。苏联《实验与理论物理期刊》也发表了这项研究成果。

王淦昌研究组的这一发现首先在中国和苏联引起了反响。《人民日报》、苏联《真理报》先后都有报道。苏联 1960 年出版的《自然》杂志还指出：实验上发现反西格玛负超子是在微观世界的体系上消灭了一个空白点。两年后，即 1962 年 3 月，通过当时世界上最大的加速器——欧洲核子研究

图 2-11 1960年，在联合所与领导的研究组成员合影（前排右一丁大钊，右三起：王淦昌、王祝翔、陈玲燕）
资料来源：常甲辰.王淦昌.贵阳：贵州人民出版社，2005：68.

组织的 30GeV 加速器，研究人员发现了反西格玛负超子。该中心领导人韦斯科夫宣称：这一发现证明欧洲的物理学在这一领域内已与美国、苏联并驾齐驱了。这一评价的含义，显然是相对于反质子和反西格玛负超子的发现而言的。

反西格玛负超子的发现，是世界上第一次发现的反质子从"产生"到"死亡"的完整记录。这是质子同步稳相加速器能量优势的体现，也是这台加速器有创造性贡献的标志。这一事例不仅丰富了人们对基本粒子族的认识，而且为粒子—反粒子及由此推广到物质—反物质这一普遍规律提供了新的论据。20 世纪 70 年代初，著名美籍华裔物理学家李政道和杨振宁来中国访问时，都曾在与周恩来总理的谈话中表示，联合所的高能加速器上最值得称道的工作，就是王淦昌小组对反西格玛负超子的发现。1982 年，王淦昌、丁大钊、王祝翔的"关于反西格玛负超子的发现"获得了中华人民共和国成立以后我国物理学家获得的第一个最高奖——国家自然科学奖一等奖。

## 反西格玛负超子的发现对当下科研工作的启示

反西格玛负超子的发现历程，对于当下的科研工作同样具有启示意义。

首先，自力更生、艰苦奋斗是中国老一辈科学家精神的核心。王淦昌带领研究小组成功利用 10GeV 加速器的能级优势，在不到三年的时间内发现了反西格玛负超子事例。应当说，在此次科学发现中，王淦昌起到的主导作用是显而易见的。他以严谨细致的治学作风，带领研究团队从气泡室做起，到反复认真筛选 10 余万张照片，进行严格的物理分析，最终获得 1 例反西格玛负超子事例。正是因为王淦昌本着自力更生、艰苦奋斗的精神带领团队攻坚克难，才能在极其紧迫的时间里获得如此重要的科学成就。当下的科研环境较过去已经优越很多，科研工作者应该适当地提升自身科研计划的"紧迫感"，以获得最佳工作状态。

其次，重视基础科学的发展。基础科学的重要性原本是不言而喻、无须证明的，但是，自西方近代科技进入中国，科学技术就被当成是"救亡图存""振兴中华"的工具，中国人普遍接受并强调科技的应用功能和价值，所以，应用科学因其明显的工具价值而在中国受到特别的重视，基础科学因其一时的"无用"而遭到普遍的冷落甚至质疑。近些年来，中国频频被"卡脖子"的核心技术限制，说到底就是相关基础研究成果的缺失。王淦昌团队在联合所的研究成果证明，中国人完全有能力在基础科学领域取得卓越的成就。只有进一步提高在基础科学领域的投入，给予相关学科建设和人才培养更有力的支持，中国未来的科技之路才能走得更加踏实有力。

# 参考文献

常甲辰 . 王淦昌 [M]. 贵阳：贵州人民出版社，2005.

胡济民，许良英，汪容，等 . 王淦昌和他的科学贡献 [M]. 北京：科学出版社，1987.

王淦昌 . 王淦昌全集 . 第 5 卷 . 无尽的追问、论述文章 [M]. 石家庄：河北教育出版社，2004.

# 呦呦鹿鸣：百岁诺奖终圆梦

2019 年 9 月 29 日，中华人民共和国国家勋章和国家荣誉称号颁授仪式在人民大会堂隆重举行，屠呦呦被颁授"共和国勋章"。作为第一位获得诺贝尔科学奖项的中国本土科学家，屠呦呦在 20 世纪极为艰苦的科研条件下，带领团队开发抗疟疾药物，经过艰苦卓绝的努力先驱性地发现了青蒿素，开创了疟疾治疗新方法，全球数亿人因这种"中国神药"而受益。

## 百岁诺奖终圆梦

2015 年 10 月 5 日，瑞典卡罗林斯卡医学院在斯德哥尔摩宣布，中国女科学家屠呦呦和日本科学家大村智及爱尔兰科学家威廉·坎贝尔分享 2015 年诺贝尔生理学或医学奖，以表彰他们在寄生虫疾病治疗研究方面取得的成就。《人民日报》头版头条对这一标志性事件进行了评论，指出"这是中国科学家因为在中国本土进行的科学研究而首次获诺贝尔科学奖，是中国医学界迄今为止获得的最高奖项，也是中医药成果获得的最高奖项"。

当然，有人认为青蒿素的发现是集体成果的结晶，不应过分拔高个人的贡献，将举全国之力完成的功劳记在屠呦呦一个人头上是不合理的。那么，该如何客观准确地评价青蒿素的发现这一重大成果，又该如何认识屠呦呦在其中扮演的角色呢？通过考察青蒿素研制的历史背景、青蒿素发现与研制的关键节点以及青蒿素发挥的历史作用，我们将更加深刻地认识青蒿素这一凝聚着中国智慧的抗疟疾药物所反映的中国当代科学史的曲折历程。

## 青蒿素的研制不是为了得奖

青蒿素的研制不是为了评奖，而是特殊时期国家意志的体现。1955年，越南战争爆发，以美国为首的资本主义国家阵营在1965年悍然出兵越南，在全球性冷战的环境中开展局部热战，给东南亚的地区和平造成了严重威胁。出于人道主义、国际主义、国家安全、意识形态等多方面的考量，中国政府力所能及地给予了越南民主共和国多方面的支援，

疟疾是经蚊叮咬或输入带疟原虫者的血液而感染疟原虫所引起的虫媒传染病。寄生于人体的疟原虫共有四种，即间日疟原虫、三日疟原虫、恶性疟原虫和卵形疟原虫。发病主要表现为周期性规律发作，全身发冷、发热、多汗，长期多次发作后，可引起贫血和脾肿大。

其中就包括防治疟疾医疗援助。

众所周知，越南独特的雨林环境气候炎热、荆棘密布、毒虫猛兽尤其多，由蚊虫叮咬引发的疟疾等疾病成了战争双方大幅非战斗减员的重要原因。由于传统抗疟疾药物氯喹等的长期使用，疟原虫耐药性大大增强，战争双方急需一种高效且不会诱发耐药性的新型抗疟疾药物，这在一定程度上也成了影响越南战争的关键因素。为了解决这一问题，美军专门成立疟疾委员会，组织了国内重要的医疗科研机构攻关，开展新式抗疟疾药物的研制工作。而在1964年，毛泽东接见越南党政负责同志时，越方也请求我国在疟疾防治上给予援助。毛泽东当即表示，"解决你们的问题，也是解决我们的问题"。

1967 年 5 月 23 日至 30 日，国家科学技术委员会与中国人民解放军总后勤部在北京联合召开全国协作会议，确定了药物研制的三年规划，为保密起见，项目代号为"523"，具体任务则为：一是抗药性疟疾的防治药物；二是抗药性疟疾的长效预防药；三是驱蚊剂。

1969 年，原卫生部中医研究院接受抗疟疾药物研究任务，屠呦呦任科技组组长。从青蒿素研制的历史脉络来看，这一工作最初开展是基于国际人道主义援助的考虑，是从国计民生的角度出发开展的科学实践，并非为了拿奖评优，这一点是毋庸置疑的。

### 呦呦鹿鸣，食野之蒿：屠呦呦的关键贡献

最先取得成果的是西医方向上的化学合成药协作组。军事医学科学院研制出了防疟 1 号片，后来又研制出了防疟 2 号片、3 号片，预防效果能够达到 1 个月。预防药物虽然不能治疟疾，却能解作战部队的燃眉之急。在越南战争期间，中国先后为越南提供了 100 多吨疟疾预防药的原料药，对作战部队起到了巨大的作用。

也许是冥冥中自有天意，屠呦呦的名字取自《诗经·小雅·鹿鸣》一篇，其中"呦呦鹿鸣，食野之蒿"一句似乎也预示了屠呦呦与青蒿的不解之缘，屠呦呦也因为其对中国古籍的挖掘而在青蒿素提取过程中发挥了不可替

> 1970 年，中医研究院中药研究所研究人员余亚纲查阅中医药文献，以《疟疾专辑》和《古今图书集成：医部全录》中"疟门"为底本，总结出 574 种方剂进行分析，得出重点筛选药物应为乌头、乌梅、鳖甲、青蒿、雄黄等。

代的作用。

1971 年下半年，屠呦呦带领研究人员考察青蒿，发现其水煎剂无效，醇提取物效率只有 30%~40%。但此时屠呦呦查阅古籍时注意到东晋葛洪《肘后备急方》中对青蒿用药的方法，"青蒿一握，以水二升渍，绞取汁，尽服之"，这给了她新的启发，她意识到青蒿中抗疟物质的提取可能要忌高温和酶解。于是她改用沸点较低的乙醚提取青蒿，并将提取物分为酸性和中性部分，经反复试验，最终于 1971 年 10 月 4 日确认分离获得的青蒿中性提取物对鼠疟原虫有 100% 的抑制率。

1972 年 3 月，屠呦呦在全国"523 办公室"中草药专业组会议上报告了其研究成果，山东省寄生虫病防治研究所和云南省药物研究所也根据屠呦呦的经验，分别从黄花蒿和苦蒿中提取出了"黄花蒿素"和"黄蒿素"两种抗疟有效单体。中国中医科学院中药研究所在 1972 年底从青蒿乙醚中性提取物中分离出了青蒿甲素、青蒿素、青蒿乙素三种晶体，其中青蒿素具有抗疟作用。经过结构分析，屠呦呦确认青蒿素为白色针晶。经过光谱分析，确定其分子式为 $C_{15}H_{22}O_5$，相对分子质量为 282，在北京大学医学部林启寿教授的指导下，推断青蒿素可能是一种倍半萜内酯。1975 年，由中医研究院中药研究所和上海有机化学研究所借助国内仅有的几台大型仪器确定了青蒿素的分子式，同年年底通过单晶 X 射线衍射分析确定其分子结构。

1978 年，由反常散射的 X 射线衍射分析确定了青蒿素的绝对构型。青蒿素的结构确定之后，中国中医科学院中药研究所、山东省黄花蒿研究协作组、云南临床协作组和广州中医学院于 1973~1974 年在不同地区对青蒿提取结晶的临床效果进行了独立验证。

在以上几家单位初步进行完临床验证后，从 1975 年起，在"523 办公

图 2-12 屠呦呦与青蒿素

资料来源：赵永新．屠呦呦：一生倾情青蒿素．http://scitech.people.com.cn/n1/2017/0109/c1007-29008491.html[2021-01-08]

室"的领导下，全国范围内的研究、临床验证、制药工作也陆续开展起来，青蒿素逐渐成为治疗疟疾的重要药物。

## 战地黄花分外香：青蒿素的历史功绩和启示

2013 年，流行恶性疟原虫的 87 个国家中 79 个将以青蒿素为基础的联合疗法作为国家一线治疗政策。在全球范围内，由于青蒿素的使用，5 岁以下儿童患疟疾的死亡率已经下降了 53%，而在非洲，5 岁以下患儿的死亡率下降了 58%。

正是因为青蒿素在世界性的抗击疟疾的斗争中发挥的重要作用，2015

年，诺贝尔奖评审委员会在颁奖辞中特别指出，千百年来，寄生虫病一直困扰着人类，并且是全球重大公共卫生问题之一。寄生虫疾病对世界贫困人口的影响尤甚。今年的诺贝尔生理学或医学奖获奖者对一些最具威胁性的寄生虫疾病疗法作出革命性贡献。其中，屠呦呦发现了青蒿素，这种药品有效降低了疟疾患者的死亡率。

当然，对于屠呦呦凭借青蒿素的发现荣获诺贝尔奖，我们在民族自豪感和爱国主义情绪高涨的同时，对其工作的意义应该有几点清醒的认识。

第一，青蒿素的发现过程中借助了中医药的知识和古籍的记载，但它的方法论层面所凭借的却是西方现代科学知识。不论是青蒿素的提取、结构的确定乃至后来工业化的全合成研究，其基础都是现代化学知识，在青蒿素的发现、合成全过程中，中医的参与其实是非常有限的。所以有人讲屠呦呦获奖是中医的胜利，甚至有人视之为中医复兴的起点，这种说法是不确切的，青蒿素的获奖应该说是中西医结合的典范，中医提供了思路和经验，西医提供了方法和器具。

第二，屠呦呦本人没有任何的海外经历，依然能够取得如此具有突破性的成果，说明了中国本土培养的人才同样能够在科学研究上作出卓有成就的贡献，是习近平总书记所提倡的"扎根中国大地办大学"的生动体现。同时，我国基础科学和与国计民生相关的实用性科研的进展相对薄弱，因为这些研究往往周期长、成效慢且难以发表论文成果，因此往往不被重视。屠呦呦的获奖证明了将科学研究与国计民生相结合，同样可以获得国际认可，同样可以收获学术荣誉。

第三，青蒿素背后的市场化过程中中国的失利提醒着我们现代专利体系的重要性。20 世纪七八十年代，中国科研人员大多没有专利保护概念，也不熟悉国际知识产权规则，此前中国科研人员在青蒿素上的很多论文在发表前并没有申请国际专利。由于中国没有申请青蒿素基本技术专利，美国、瑞士的研发机构和制药公司便开始根据中国论文披露的技术在青蒿素人工全合成、青蒿素复合物提纯和制备工艺等方面进行广泛研究，并申请了一大批改进和周边技术专利。可喜的是，近年来，国内科研人员在青蒿素人工合成方面取得了一系列有益的成果，这也是我国医药行业融入世界贸易市场的有力支撑。

回顾青蒿素发现的历史过程，以屠呦呦为代表的中国科学家群体在极其艰难的条件下充分发挥主观能动性，群策群力，发现了青蒿素这一重要抗疟疾药物，为世界性的健康卫生事业作出了重要贡献。今天，在习近平新时代中国特色社会主义思想的引领下，我们更应该继承老一辈科研人员的优秀品质，以国家和社会需求为导向开展科研工作。只有扎根社会，服务大众，才能够在未来的国际竞争中贡献中国智慧，为人类命运共同体作出中国贡献。

# 参考文献

《屠呦呦传》编写组 . 屠呦呦传 [M]. 北京：人民出版社，2015.

诺贝尔医学奖颁奖词：全人类对抗疾病的新武器 [EB/OL]. https：//news. qq.com/a/20151005/ 028671.htm[2021-02-05].

饶毅，张大庆，黎润红，等 . 呦呦有蒿：屠呦呦与青蒿素 [M]. 北京：中国科学技术出版社，2015.

屠呦呦，罗泽渊，李国桥，等 . 20 世纪中国科学口述史 "523" 任务与青蒿
素研发访谈录 [M]. 长沙：湖南教育出版社，2015.

佚名 . 屠呦呦获 2015 年诺贝尔生理学或医学奖 [N]. 人民日报，2015-10-
06（1）.

# 翻天覆地：大庆揭开油气开发新篇章

一直以来，大庆油田的发现与"两弹一星"的成功研制被视作近百年科学史上令中华民族扬眉吐气的两件大事。发现大庆油田何以比肩"两弹一星"之功绩？在国民经济中，石油的地位和重要性是无可比拟的，被称作"黑色的黄金""工业的血液"。古代中国在石油与天然气的钻井、开采、集输和加工应用上都曾取得过辉煌的成就。然而，近代中国在追求石油工业现代化的过程中，不仅遇到了发展中国家在起步阶段的普遍性困难，还因为资金的缺乏、技术装备的限制以及"中国贫油论"的困扰，长期处于非常落后的状态。直到我国先后于 1959 年发现、1963 年成功开发大庆油田之后，这一局面才被打破。

## 中国石油工业的早期发展

1859 年 8 月，美国宾夕法尼亚州钻探的一口找油井中涌出了油流，自此拉开了世界石油工业的序幕。在油气勘探开发领域，中国的探索其实并未落后国际太远。1878 年，清政府即从美国购进设备、聘请技师，在台湾苗栗钻得一口油井。1907 年，中国（不包含港澳台数据）的第一口陆上现代化石油井——延一井钻成。1939 年，玉门老君庙油矿开采的第一号井出油。玉门油田在 1939~1945 年生产原油共 50 万 t 左右，占同期全国原油总产量的 70% 以上。

在石油应用领域，石油化工产品从最初的点灯照明，扩散至燃料、交通及工业等各种用途。我国从清同治年间就开始进口"洋油"。清光绪六年（1880年），进口"洋油"已有500万gal（1gal≈3.79L），而到了1934年，我国进口石油产品总计有40 835万gal之多！ 1948年12月至1949年9月，全国自产原油产量仅6万t，而进口"洋油"达200万t。

然而，在那段将近70年的时间里，中国一直未能掌握油气开发与应用领域的主导权，在石油化工产品的使用方面基本依赖进口，石油工业早期发展仅取得了象征意义上的成果。

## "中国贫油论"的产生与破除

中国近代石油工业举步维艰的背后，有一个不可忽略的原因，那就是当时在中国未能发现大型的可开采油田，以及因此而扩散的"中国贫油论"。

海相生油是海相沉积发层生成石油的泛称。"海相生油"理论认为，浅海之中生活着极小的动物——"浮游生物"，每年都有大量的浮游生物死去并且沉到海底。河流又把大量枯萎的植物和淤泥带到海洋，植物和浮游生物混合在一起，然后淤泥和盐分又把它们覆盖起来，于是在海底形成一种沉积物。当这些植物和动物腐烂时，沉积物中就开始生成油气。

到19世纪末，世界上的石油资源绝大部分都在古生代海相地层中被发现，而浮游动植物又是生成石油的主要有机物质。客观事实使"海相才能生油"的观念在20世纪上半叶占据着石油地质学界的绝对统治地位。从1913年开始，西方多国都在中国开展过地质勘探，如美国美孚公司就曾组织调查团到我国的山东、陕西、东北和内蒙古部分地区进行石油调查物探，但均无所得。

因此，外界对中国的石油储量做出了悲观判断，美国地质学家布莱克韦尔德（E. Blackwelder）就因中国没有中生代或新生代的海相沉积而判断中国是个缺乏石油的国家。由此，"中国贫油"的舆论在全世界传播，甚至当时的中国政府主管部门也认为我国石油"储量之微，概可知矣"。

幸运的是，"中国陆相贫油"的说法并没有束缚我国地质学家的思想。早在 1953 年，毛泽东与周恩来就曾亲自征询有关中国石油前景的问题，时任地质部部长李四光表达了乐观态度。当时许多有识之士纷纷根据我国已发现的油田和地质资料进行分析，始终坚信在我国广袤的土地下储存着石油资源，提出了"盆地说""内陆潮湿坳陷"等成油学术观点以及"陆相沉积同样能够生成大量石油"的理论。其中，"陆相生油"的观点被公认为是新中国成立以来我国石油勘探事业发展的理论基础和精神支柱。

潘钟祥教授的学术观点可作为代表来阐释陆相生油理论。1941 年，潘钟祥依据其早年在四川进行石油调查取得的资料，在论文中指出"石油也可能生成于淡水沉积物，并可能具有工业价值"；1951 年，潘钟祥在他的博士学位论文的基础上，提出"中国石油大多数生于陆相沉积盆地之中"的观点；1957 年，他又进一步论述，"陆相不仅能生油，而且是大量的"。黄汲清、谢家荣等一大批学者也对陆相生油问题进行了深入研究，取得了丰硕的成果，为打破"中国贫油论"奠定了坚实的基础。

## 石油战略的东移与大庆油田的发现

尽管"陆相生油"的提出打破了人们思想上的枷锁，但地学理论对确定找油大方向是重要的，对确定具体勘探目标却是不够的。1954 年以后，我国政府开始重视油气勘探。不过在 1958 年以前，勘探的重点仍集中在西部地区，虽然于 1955 年发现了克拉玛依油田，但第一个五年计划的前三年，仅在甘肃省发现了两个小油田，石油勘探

> 油气田勘探开发的主要流程有地质勘查—物探—钻井—录井—测井—固井—完井—射孔—采油—修井—增采—运输—加工等。这些环节一环紧扣一环，相互依存，密不可分。

收获甚微。中国石油勘探的全面铺开与战略东移是最终能够发现大庆油田的关键原因。

1955 年初召开的第一次石油普查工作会议提出，普查落后和科学研究不够是仍未找到新油田的原因。会后地质部立即组成 5 个石油普查大队和燃料工业部共同进行大面积石油普查。1957 年，综合研究普查队伍对多个地区进行大规模综合考察后，松辽盆地被认为是一个含油远景极有希望的地区。在石油工业部与地质部卓有成效的石油普查工作基础上，党中央做出了石油战略的东移决策。1958 年 2 月，邓小平指出："石油勘探工作应当从战略方面来考虑，把战略、战役、战术三者结合起来。石油勘探要选择突击方向……第二个五年计划期间，东北地区能够找出油来，就很好。"

根据邓小平的批示精神，石油勘探的重点开始向东转移。松辽盆地成为主战场之一，先后成立了松辽石油勘探大队、东北石油勘探处，并在此基础上成立了松辽石油勘探局，从全国各地抽调人员和设备到松辽盆地。众多勘探队伍从西北转战东北平原，向着松辽盆地腹地的茫茫荒原进军。

松辽石油勘探局成立以后，很快打了松基 1 井和松基 2 井两基准井，拟定了松基 3 井的井位。32118 钻井队经过近五个月的钻探施工，于 1959 年 9 月 26 日在松基 3 井首次获喷工业油流，日产原油 9~12t。从 1959 年 10 月到 1960 年 2 月，又采用不同油嘴连续进行试采，证实松基 3 井的产量是稳定可靠的。松基 3 井是松辽盆地的第一口喷油井，这口井的喷油是发现大庆油田的基本标志。在非常困难时期，一个储量几十亿吨的大油田在中国领土上被发现，显然具有划时代的意义。

## 大庆石油会战的胜利

也许有人会认为，松基 3 井出油后，只要着手钻井开采就能获得大量石油。但事实是，石油地质勘探打开的新局面并不意味着石油工业的落后局面能迅速得到改观。1960 年前后，我国的石油工业面临着严峻的形势，是"一五"（1953~1957 年）期间国民经济中唯一没有完成预期目标的行业。1959 年，全国石油产品销售量为 504.9 万 t，其中自产 205 万 t，自给率仅为 40.6%。能否以松基 3 井喷出工业性油流为突破口拿下大油田，便成了当时人们关注的焦点。

1960 年 2 月，石油工业部在北京召开了党组扩大会议，经过 10 天的分析、论证，决定开展石油大会战。2 月 13 日，石油工业部向党中央提出了《关于东北松辽地区石油勘探情况和今后工作部署问题的报告》，该报告认为大庆地区的石油勘探工作，虽然经过了很大努力，取得了很大成效，但总的来讲还是一个开始，要想把全部油田探明，并投入开采，还需做更大的、更艰苦的工作。因此，该报告进一步建议集中石油系统一切可以集中的力量，用打歼灭战的办法，来一个声势浩大的大会战。

图 2-13 石油大会战誓师大会（1960 年 2 月 20 日）
资料来源：中国国家人文地理 . 大庆 / 石油会战 . http：// rwdl.people.cn/n1/2018/0711/c419569-30140651.html[2021-04-05]

　　仅 7 日后，党中央就正式批准了这份报告，要求国务院有关部委和有关省（自治区、直辖市）给予大力支援。于是，轰轰烈烈的大庆石油大会战拉开了序幕。油田开发要求交通、水电、房屋、通信、粮食与商品供应等工程都必须全面展开。当时黑龙江省几乎集全省之力来支援大庆石油会战。在人员方面，从省内各条战线抽调大批干部和职工，奔赴油田；在交通方面，铁路部门担负修筑大同镇与滨洲铁路线连接的铁路支线的任务；在供电方面，电力部门修筑富拉尔基至大同镇的输电线路和一座年发电量 30 万 kW·h 的电站。此外，黑龙江省的农业部门在油区建立副食品生产基地，迅速建起了制油厂、制糖厂、糕点糖果厂等副食品加工厂；文教、科研等部门也都积极做贡献，建立起了一座石油学院和一个石油科学研究所。由此可见这场会战的浩大声势和重重困难。

　　经过三年半的艰苦奋斗，会战取得了巨大成功，大庆油田基本建成。大

图 2-14　大庆油田首车原油外运（1960 年 6 月 1 日）

资料来源：李红艳. 1960 年 6 月 1 日，大庆油田首车原油外运. http://www.dqdaily.com/2020-06/01/content_5843606.htm [2021-04-05].

庆油田于 1960 年投入开发，当年生产原油 97 万 t，1963 年产量达到 439 万 t，占全国原油产量的 67.8%。同年 12 月，中国政府庄严宣告：我国石油已经基本自给！

### 成功开发大庆油田的历史意义

随着大庆油田的勘探和开发而建立起来的完善的石油工业，为新中国的建设提供了强有力的支撑和保障，并成为中国现代能源的支柱产业。大庆油田的成功开发，第一次证实了陆相也能生成大油田的理论，使各界对中国石油资源的评价发生了根本转变。同时，大庆石油会战还解决了石油勘探、开发、炼制中的一系列科学技术难题，使我国在油藏研究、开发方案、采油工艺以及油层动态分析等方面都达到了较高水平。

新中国成立 70 多年，特别是改革开放 40 多年来，中国油气工业发展迅速。到 2020 年，中国是继美国、沙特阿拉伯、俄罗斯、加拿大之后的世界第五大产油国。2019 年由《财富》杂志公布的世界 500 强排名中，中国有四家石油石化公司入围世界百强企业。大庆油田的发展史是一部从无到有的自主创业史，更是一部从弱到强的科技进步史。

# 参考文献

冯志强，冯子辉，黄薇，等 . 大庆油田勘探 50 年：陆相生油理论的伟大实践 [J]. 地质科学，2009，44（2）：349-364.

李国玉 . 中国油气勘探 60 年回顾与展望 [J]. 石油科技论坛，2009，28（5）：1-8.

李莉 . 中国共产党领导中国石油工业发展历程研究（1949—1978）[D]. 大庆：东北石油大学硕士学位论文，2016.

孙学民 . 大庆油田的发现与建设（1959~1966）——黑龙江省石化工业的历史性巨变 [J]. 黑龙江史志，2010（18）：33-35.

余秋里 . 余秋里回忆录 [M]. 北京：解放军出版社，1996.

赵文津 . 中国石油勘探战略东移与大庆油田的发现 [J]. 中国工程科学，2004，6（2）：17-27.

# 二、科学技术是第一生产力

## 神农躬耕：天涯海角稻花香

2019 年 9 月 29 日上午，国家勋章和国家荣誉称号颁授仪式在人民大会堂举行，袁隆平院士被授予"共和国勋章"。作为举世公认的"杂交水稻之父"，袁隆平为水稻大幅度增产开辟了新的有效途径，杂交水稻的育成与应用从根本上解决了让中国人"吃得饱"这一重大历史难题。这个中华人民共和国的最高荣誉勋章，袁隆平当之无愧。

### 当之无愧的"杂交水稻之父"

1982 年秋天，位于菲律宾的国际水稻研究所召开国际学术研讨会，中国水稻育种专家袁隆平受邀出席大会。会议开始之前，该研究所所长斯瓦尔米纳森博士郑重介绍道：今天，我十分荣幸地在这里向你们郑重介绍我的伟大的朋友，杰出的中国科学家，我们国际水稻研究所的特邀客座研究员——袁隆平先生！我们把袁隆平先生称为"杂交水稻之父"，他是当之无愧的。他的成就给世界带来了福音。

就这样，"杂交水稻之父"这样一个称谓逐渐为世人所熟知、所认可，并成为袁隆平的一张金字名片。据统计，受益于杂交水稻的推广，仅从

1976 年到 1987 年，中国的粮食增产就达到了惊人的 1 亿 t，相当于解决了 6000 万人的口粮。这对于长期处于粮食短缺危机中的中国人来说无疑是一笔宝贵的财富，从根本上解决了让中国人"吃得饱"这一重大历史难题。

当回顾杂交水稻培植的历史过程时，我们才能更为深切地体会到袁隆平的伟大之处。不同于"两弹一星"、结晶牛胰岛素、青蒿素等重大的国家工程，杂交水稻的前期研究几乎就是袁隆平单枪匹马，靠着个人的意志品质、专业知识以及强烈的家国使命感所推动的。当我们今天享受到杂交水稻带来的粮食丰产时，更不应该忘掉以袁隆平为代表的中国农业领域的奋斗者为之付出的努力。

图 2-15 "杂交水稻之父"袁隆平
资料来源：赵英梓.27 位改变中国的科学家都说过啥 .http://scitech.people.com.cn/n1/2017/0109/c1007-29009303-15.html[2021-01-08].

## 不唯上，只唯实：寻找真理的曲折道路

熟知中国科技史的人都知道，在 20 世纪 50 年代受到国家"一边倒"的外交政策的影响，中国学术界也服膺于苏联的知识体系，在生物学上这种现象尤其突出。而袁隆平要想取得日后的丰硕成果，就注定了他要摆脱错误理论的束缚，在思想上做好准备，这主要体现在以下三个方面。

首先，从遗传学的角度看，袁隆平摒弃了错误的米丘林学说，转向了科学的孟德尔遗传学。袁隆平毕业的 20 世纪 50 年代正值中苏"蜜月期"，中国学界对于苏联的科学理论、科学成果几乎是全盘照抄的状态。这也就导致了在遗传学上中国学界普遍信奉米丘林、李森科学说。但袁隆平在利用米丘林的方式进行研究时，却发现实际结果与该理论存在不可调和的矛盾之处。从 1958 年开始，袁隆平转向了孟德尔、摩尔根遗传学。这种突破桎梏的勇气，在他之后的科研道路上发挥了至关重要的作用。

其次，从农业育种的角度来看，通过作物杂交实现增产的试验在相当多的农作物上取得了成功。1923 年，美国科学家通过 10 年实验，成功培植出杂交玉米，并实现了大幅增产的目标，之后在墨西哥增产杂交小麦也研制成功。但玉米和小麦都属于异花授粉的作物，当时的理论界认为类似水稻这种自花授粉的植物是没有杂种优势的。袁隆平通过自己在田间的生产实践和扎实的知识储备，打破了这种偏见，确认了水稻杂种优势现象的存在。

> 不同品系、不同品种，甚至不同种属间进行杂交所得到的杂种一代往往比它的双亲表现出更强大的生长速率和代谢功能，从而导致器官发达、体型增大、产量提高，或者表现在抗病、抗虫、抗逆力、成活力、生殖力、生存力等方面的提高。

最后，袁隆平对农业有浓厚的兴趣，对国家和人民有强烈的责任感。这使得他在经历失败时能够再次振奋起来，充分发挥主观能动性。兴趣是最好的老师，袁隆平从小就向往田园之美、农艺之乐，所以在考大学时他毅然报考了重庆西南农学院学习农业知识。1960 年前后，国家处于三年困难时期，吃饱饭成了当时农村的奢求。由此，袁隆平立志投身水稻增产研究领域，利用杂交优势研制杂交水稻。从小萌生的兴趣和强烈的社会责任感相得益彰，对袁隆平的职业道路产生了深刻的影响。

概括而言，袁隆平培育杂交水稻的过程既需要过硬的专业知识，又需要强烈的责任感和使命担当，同时更要与时代主题、历史背景相融合，这样才能在科研上取得成功。

图 2-16 早年在安江农校授课的袁隆平
资料来源: 苏建强. 育人如育稻: 不"循规蹈矩"的袁老师 ( 组图 ) .https://news.163.com/15/0324/07/ALF5DUST00014Q4P.html[2021-01-08].

### "稻王"的发现

杂交水稻的研制是从袁隆平发现水稻的杂交优势开始的。1961 年，袁隆平在自己栽种的水稻试验田里意外发现了一株穗大饱满、形态特优的"稻王"。袁隆平立即收集种子，希望用它获得产量高的新品种。但是，子代的禾苗抽穗后，长得参差不齐，完全没有亲代优良的性状。袁隆平意识到这种分离就是孟德尔、摩尔根遗传学中的性状分离现象，说明他所发现的水稻极有可能不是纯种，经过统计学分析，子代水稻高矮比符合 3 ∶ 1 的分离定律，从而证明他发现了一株天然的杂交稻。这启示了水稻虽然是自花授粉植物，但它存在杂种优势，进行杂交水稻研究是有前途的。

通过查阅国外农作物利用杂种优势的文献，袁隆平逐渐形成了通过雄性不育系、保持系、恢复系三系配套的方式来利用水稻杂种优势的思路。他认为水稻能够天然杂交，关键就在于雄性不育株。1964 年 6 月，他便开始在稻田里寻找天然的雄性不育株。功夫不负有心人，7 月 5 日，袁隆平发现了

一株花粉败育的雄性不育株，经过几代人工授粉的杂交实验，袁隆平确认了其中有一些杂交组合存在杂种优势。1965 年 10 月，袁隆平向《科学通报》投稿论文《水稻的雄性不育性》，系统阐述了三系配套的概念。此后，袁隆平得到了更多的关注，其研究工作也得到进一步开展。

> 一是雄性不育系，雌蕊发育正常，而雄蕊的发育退化或败育，不能自花授粉结实；二是保持系，雌雄蕊发育正常，将其花粉授予雄性不育系的雌蕊，不仅可结成对种子，而且播种后仍可获得雄性不育株；三是恢复系，其花粉授予不育系的雌蕊，所产生的种子播种后，长成的植株又恢复了可育性。

## 功夫不负有心人：“野败”飘来稻花香

袁隆平与他的两个学生利用人工培植的不育系进行了一系列实验，但结果均达不到 100% 保持不育。他改变思路，决定利用远缘杂交方法，寻找野生稻的亲本与栽培稻进行杂交，创造新的雄性不育材料。1970 年 11 月，袁隆平的助手李必湖在南红农场附近的沼泽地里找到了一株雄花异常的野生稻，经过检测，这是一株花粉败育的野生稻，袁隆平将它命名为“野败”。“野败”的子代 100% 为雄性不育株，至此，杂交水稻最重要的工作才算圆满完成。

“野败”被发现后，全国各地科研人员开始紧张地投入三系配套的工作中，南红农场成了杂交水稻开发的大本营。全国陆续选配出“南优”“矮优”“威优”“籼优”等强优势籼型杂交水稻组合，成功实现了粮食增产，我国也

因此成为世界上第一个成功利用水稻杂种优势的国家。1981年6月6日，袁隆平凭借籼型杂交水稻获得国家技术发明奖特等奖，为我国农业科学赢得了荣誉。

实现三系配套后，袁隆平并没有躺在功劳簿上度日，而是积极推动杂交水稻发展战略。由于三系法制种程序烦琐，袁隆平在1986年提出，杂交水稻的育种，应该从三系法向两系法乃至一系法的方向发展。1973年，湖北省农业科学院石明松发现了三株雄性不育株变株，其特点是夏天的时候该稻株花粉败育，到了秋天却能够恢复育性，对光照具有敏感性。两系法杂交水稻，就是利用了这种特性，在夏季长日照下进行制种，在春秋季节自我繁殖，一系两用，省掉了保持系，从而简化了制种流程，提高了制种效率。袁隆平没有停止步伐，而是向着一系的目标继续带领团队进行科研工作。

## 当代神农的科研启示

杂交水稻不仅给中国人民带来了粮食增产，也给全世界带来了福音，袁隆平在其中发挥了关键性作用，他的科研历程给我们带来的启示更是一笔宝贵的财富。

科学研究应该向与国计民生相关的重点领域靠拢。由于袁隆平工作不久就遭遇了三年困难时期，口粮问题成了当时农民最大的问题，所以他立志要通过自身所学知识培育好的农作物品种实现增产，最终在杂交水稻上取得了成功。只有将科研与国家需求、人民需求紧密联系在一起，才能够真正为国家富强、人民幸福作出应有的贡献。

科学研究不能迷信权威，要敢于质疑。袁隆平在研制杂交水稻的过程中，先后对米丘林获得性遗传的遗传学说以及自花授粉植物没有杂交优势等当时的权威观念产生了质疑，并通过自己的科学实践推翻了这些理论。实践是检验真理的唯一标准，在科学中更是如此，科研工作者应该从实际出发，不能盲从权威论断，只有通过扎实的科学实践才能够推动科学的进步，促进科学的发展。

科学研究不能故步自封，要不断进取。袁隆平在三系配套研制成功之后就已经功成名就，获得了当时国家在科技领域的最高荣誉。但他深知科研探索永无止境，三系配套虽然增产顺利，但制种工序仍然烦琐，在日常应用中仍有不足之处。所以他提出了三步走——从三系到两系再到一系——的战略。现在两系杂交水稻研制已经取得了成功，而他仍在向一系法坚持探索。这种对于科学事业永无止境的追求精神在当今社会显得难能可贵。

袁隆平不仅从物质上极大保障了中国的粮食安全，而且他的言行举止、精神品质更是值得我们学习效仿。菲律宾人送给他"杂交水稻之父"的荣誉称号，对于中国人民而言，他更是当代神农，试植百稻，终获成功，为人民带来了幸福，为祖国赢得了荣誉！

# 参考文献

谢长江. 袁隆平与杂交水稻 [M]. 长沙：湖南科学技术出版社，2000.

辛业芸. 袁隆平科学思维之我见 [J]. 科学通报，2016，61（35）：3735-3737.

袁隆平 . 袁隆平口述自传 [M]. 辛业芸，访问整理 . 长沙：湖南教育出版社，
　　2017.

朱英国 . 杂交水稻研究 50 年 [J]. 科学通报，2016，61（35）：3740-
　　3747.

# 国之光荣：秦山核电站建设始末

核电是当今世界上可大规模持续供应的主要能源之一，核电工业的发展关系到整个国家的能源战略抉择。作为一个有核国家，中国曾长期处于"有核无能""有核无电"的尴尬境地。自 20 世纪 50 年代起，我国多次提出建设核电站的构想，但在厂址、堆型、技术路线等关键问题上长期议而不决，其间又发生了美国三里岛核事故等历史事件，始终未能成功。直到 1991 年秦山核电站成功并网发电，中国（不包括港澳台数据）才结束了无核电的历史。作为由我国自主研究设计、自主建造调试、自主运营管理的第一座原型堆核电站，秦山核电站标志着我国掌握了核能的和平利用技术，并使中国成为世界上少数几个有能力出口整座核电站的国家之一。

## 中国核电事业的艰难起步

中国的领导人和科学家在中华人民共和国成立初期就深刻认识到核能的重要性，1955 年拟定的《中华人民共和国 1956—1967 年原子能事业规划大纲（草案）》极具先见之明地指出：用原子能建立发电站，是动力发展的新纪元，是有远大前途的。但是对于年轻的新中国而言，核武器显然是比核能发电更迫切的需求。我国的核电事业从酝酿筹划到实际起步，经历了较为漫长的曲折过程。

1957 年，由苏联援助建设酒泉原子能联合企业，其中的军用钚生产堆设计时就是生产和发电的两用堆，但这个堆的发电部分最终没有建起来。1958年，我国曾设想首座核电站的建设能获得苏联援助，建成一座苏联式的石墨水冷堆核电站，代号为"581"工程。但随着苏联撤走大批专家，"581"工程只得被迫中止。

1960年，国家批准北京市和清华大学研究建设一座5万kW熔盐增殖堆核电站，代号为"820"工程，但终因材料不过关、技术和工艺不成熟而停止开发。1966年，在决定研制核潜艇动力堆的同时，上海提出准备建一座热功率为1万kW的实验性核动力反应堆，但这一计划也未能实现。

20世纪60年代末期，华东用电告急。周恩来总理在1970年2月、7月、11月曾先后三次提出要搞核电建设的问题。1973年2月，上海市和二机部联合向国务院提出了建设30万kW压水堆（pressurized water reactor，PWR）核电站的方案。1974年3月21日，周恩来主持召开中央专委会议，正式批准了这个方案，即"728"工程。"728"工程虽经中央专委批准，建设工作却一直未能展开。

中共十一届三中全会后，胡耀邦、赵紫阳先后听取了核工业部、水利电力部、机械工业部负责同志关于核电建设问题的汇报，并就核电发展规划、技术路线等问题提出了许多原则意见，核电站的建设问题才再次得到重视。

1980年10月，广东省和香港签署广东核电站可行性研究报告。1981年11月，国务院再次批准了"728"工程项目，1982年11月又批准了这一工程建在浙江省海盐县的秦山，后来正式命名为秦山核电站。同年12月，国务院常务会议确定广东核电站建设项目。至此，中国的两项核电项目才最终得以确定。以秦山一期和大亚湾核电站相继开工为标志，中国核电的建设正式起步。

## 秦山核电站的建设历程

从 1970 年提出"728"工程设想，到 1982 年核工业部发文命名我国第一座核电站为秦山核电站，历时长达 12 年，项目的落地过程可谓一波三折。当时，国际上对核电站的技术保密非常严苛，在已经决定引进外国 90 万 kW 核电机组的情况下，秦山核电站一期工程决定由中国自主承担整个电站的设计、建造、设备提供和运营管理工作，这还曾引发部分人士的反对。

在堆型选择上，"728"工程最初拟采用的技术方案是 2.5 万 kW 熔盐堆，但是经过两年的调研和攻关，人们逐步认识到即使核能发达国家也没有用于工程实践的熔盐堆，决定选择技术上已经较为成熟的压水堆。在国防科委、二机部以及潜艇核动力堆总设计师彭士禄的热情支持和具体帮助下，最后确定为 30 万 kW 压水堆方案。在厂址选择上，"728"工程曾因山区施工困难、三里岛核事故等缘由三易厂址，选址范围遍布江浙沪三地。为了消除浙江省水产等部门认为核电站会影响渔业环境的疑虑，还组织了有关领导到日本三座核电站进行实地考察，得

压水堆核电站使用轻水作为冷却剂和慢化剂。主要由核蒸汽供应系统（即一回路系统）、汽轮发电机系统（即二回路系统）及其他辅助系统组成。冷却剂在堆芯吸收核燃料裂变释放的热能后，通过蒸汽发生器再把热量传递给二回路产生蒸汽，然后进入汽轮机做功，带动发电机发电。由于压水堆一、二回路将放射性冷却剂分开，其安全性比石墨堆（切尔诺贝利核电站）、沸水堆（福岛核电站）高很多。

出核电站对环境影响微乎其微的结论。

建设核电站在工程设计、设备制造、结构材料、建筑安装等各方面都有极为严格的安全标准和规范要求。1985年3月20日，秦山一期核岛主厂房浇筑第一罐混凝土，标志着电站建设主体工程正式开工。在前期的设计攻关阶段，全国有几十家科研院所、大专院校和工厂参与完成了420多项与秦山核电站有关的重大科研项目。在工程建设阶段，秦山核电站总共涉及50多个工程子项，有200多个主辅系统、3万多台件设备、1.1万多个阀门、1.8万多条电缆、20多万个线头，将这些零部件连接起来形成一个统一的整体，必须有严格的安全质量保证。在设备制造、安装阶段，核级专用设备有极高的安全性能要求和制造难度，全国共有580多家制造厂商参与了秦山核电站大小设备的制造工作，例如，堆内构件由上海第一机床厂制造，磁力提升式控制棒驱动机构由上海先锋电机厂制造，蒸汽发生器由上海锅炉厂制造。秦山核电站的设备国产化率按项目计算达到90%以上。

克服了切尔诺贝利核事故带来的冲击后，秦山核电建设在1987年以后开始渐入佳境。经过两年多的努力，1990年11月开始进入全面调试阶段，并取得了六个"一次成功"的佳绩：一回路水压试验一次成功，非核蒸汽冲转汽轮机一次成功，安全壳强度和密封性试验一次成功，首次核燃料装料一次成功，首次临界试验一次成功，首次并网发电试验一次成功。

秦山核电站于1991年12月15日0时15分首次实现并网发电，成为当时中国（不包含港澳台数据）投产的唯一核电机组。机组在测试运行了两年之后，于1993年12月达到设计的年发电能力，1994年4月正式投入商业运营，1995年7月通过国家竣工验收，年发电量17亿kW·h。更重要的是，通过秦山核电站研究、设计、制造、建造、调试到运行发电的全

图 2-17 秦山核电站全景图
资料来源：秦山核电站简介.http: //
www.p5w.net/zt/dissertation/inance/
200909/t2544632.htm[2021-02-
04].

过程，我国系统地掌握了核电技术，培养出一批核动力领域的人才，为今后核电事业的全面发展打下了坚实基础。

## 中国核电的规模化发展

由秦山核电站发端，大亚湾、田湾、岭澳、红沿河、宁德、三门、福清、昌江等核电站如雨后春笋般兴起，中国核电工业从无到有、从小到大，逐渐描绘出一幅清晰的发展版图。

于 1996 年 6 月开工建设的秦山核电站二期工程代表着中国基本掌握了自主设计建设商业核电站的核心技术，该工程的建设比投资仅为 1330 美元 /kW，远低于大亚湾核电站的比投资 2030 美元 /kW，是国际上建设比投资最低的核电站项目之一。秦山三期核电站采用加拿大坎杜（CANDU）重水堆技术建造，是中加两国政府迄今为止最大的贸易合作项目。方家山核电工程为秦山一期的扩建项目，规划容量为 2×108 万 kW，其一号机组于 2014 年并网发电后，意味着中国先后掌握了 30 万、60 万、100 万千瓦级核电技术，跻身世界核电大国行列。秦山核电基地于 2017 年 6 月 11 日实现安全运行 100 堆年，"百堆年"表明我国已拥有运行、经营大型核电站的成熟经验。

大亚湾核电站开始运营后，国务院制定了"以核养核，滚动发展"的方针，即核电站所得利润不上交，全部用于后续建设。1997 年 5 月，岭澳核电站一期工程在大亚湾核电基地开工建设，其设备国产化率达到了 30%。2005年 12 月，岭澳二期开工建设，其国产化率达到 64%。岭澳核电站的实践全面实现了我国核电"自主设计、自主制造、自主建设、自主运营"。

秦山核电基地与大亚湾核电基地的发展是我国核电产业规模化发展的缩影。2020 年 6 月，中国核能行业协会发布的《中国核能发展报告（2020）》指出，截至 2019 年 12 月底，我国运行核电机组达到 47 台，总装机容量为 4875 万 kW，位列全球第三；我国在建核电机组 13 台，总装机容量为 1387 万 kW，在建机组装机容量继续保持全球第一。在可预见的未来，中国仍将是世界上核电发展速度最快的国家。

> 秦山核电基地目前的年发电量相当于火电站燃烧 3300 万 t 标准煤产生的电量，这些煤可以装近 60 万节火车皮，每年可减排 1 亿 t 二氧化碳，相当于近 30 个西湖景区绿地的净化能力。

## 从"国之光荣"到"国家名片"

2020 年 11 月 27 日 0 时 41 分，"华龙一号"全球首堆——福清核电5 号机组首次并网成功，在世界范围引发强烈关注。"华龙一号"是拥有完全自主知识产权的中国三代核电堆型，它充分利用了过去 30 年中国在核电站设计、建设、运营方面所积累的宝贵经验、技术和人才优势，实现了安全性与经济性的平衡、先进性与成熟性的统一。在安全性上，其各项指标均符合国际最新的监管要求；在经济性上，其采取 18 个月的长周期换料，电站设计利用率高于 90%，电厂设计寿命高达 60 年，相比国际上现有三代核电技术具备极强的竞争力。第三代反应堆拥有先进的核燃料管理技术、更高的热效率、被动核安全系统、标准化设计等众多优点，安全性和经济性都将明显优于第二代反应堆。

"华龙一号"的顺利并网标志着中国成为世界上第四个拥有自主三代压水堆技术的国家，意味着我国核电设备设计、制造技术水平已步入世界前列。目前，国际上对中国第三代核电技术有意开展技术引进与合作的国家已多达 20 余个，其中甚至包括英国这样的老牌核电强国。从艰难起步到扬帆出海，中国核电的发展历程是后发国家实现工业赶超的有力证明。拥有自主知识产权的大型先进核电技术已从 40 年前的"国之光荣"成长为当今最能代表中国高端制造业走向世界的"国家名片"。

# 参考文献

李觉 . 当代中国的核工业 [M]. 北京：中国社会科学出版社，1987.

李鹰翔 . "两弹一艇"那些事 [M]. 北京：中国原子能出版社，2013.

欧阳予，杜圣华 . 秦山核电工程 [M]. 北京：中国原子能出版社，2000.

俞培根 . 华龙一号——我们的核电强国梦 [J]. 中国核电 . 2017，10（4）：446-447.

# 碰撞前沿：三大加速器的建设历程

理论物理的研究领域总是云集着当代最优秀的物理学家，国际竞争相当激烈。物理理论的发展以实验的进展为基础，巨大而复杂的仪器设备越来越成为基础科学研究中至关重要的一部分，在核物理和高能物理方面尤其如此。高能物理研究所使用的加速器与探测器牵涉广泛和复杂的技术，在世界各国都依赖于国家财政的支持，实际上代表了一个国家科学研究的水平，更意味着一个国家的工业与经济实力。自 20 世纪 80 年代以来，以三大加速器——北京正负电子对撞机（BEPC）、兰州重离子加速器（HIRFL）以及合肥国家同步辐射实验室（NSRL）的建成运行为标志，我国开始在国际高能物理领域占有一席之地，时至今日已取得一系列重大突破，并在粲物理和 τ 轻子研究方面继续保持国际领先地位。

## 加速器在中国的早期发展

20 世纪 50 年代，欧美已相继建设了各类高能加速器。但新中国成立初期，我国的粒子物理研究还基本处于空白，我国科学家只能参加苏联杜布纳联合核子研究所的粒子物理研究工作，中国还为此要担负杜布纳联合核子研究所费用的四分之一。1955 年，赵忠尧利用从美国带回的部件主持建成了一台 700 keV 的质子静电加速器，由此中国在此领域实现了零的突破。同年，谢家麟从美国归来，开始了电子直线加速器的研制。不论是在科技人才的储备上，还是在资金的支持上，当时我国均没有条件建造高能加速器。但鉴于它的技术及应用可能与核工业有关，在国家第一个科技发展规划——《1956—1967年科学技术发展远景规划》中即计划"在短期内着手制造适当的高能加速器"。从新中国成立到20世纪60年代，我国先后建成了高压加速器、静电加速器等一批低能小型加速器，仅适于做低能的核物理实验。

> 粒子加速器是利用电磁场加速带电粒子的装置。粒子加速器可以加速电子、质子、离子等带电粒子，使粒子的速度达到几千千米每秒、几万千米每秒，甚至接近光速。

## 北京正负电子对撞机的建设历程

"建立中国自己的加速器和对撞机"的提案曾经数次中止，经历了一段曲折的过程。在苏联专家的指导下，中国在1958年就已设计出了2 GeV电子同步加速器，但当时这一设计因"保守落后"被否定。1960年，中国科学家完成了螺旋线回旋加速器的初步设计方案，后又认为该项目对物理工作意义不大。1965年，张文裕等人第四次提出了建造质子同步加速器的方案，又因故暂停。1969年，提出建造强流直线加速器用于探索、研究、生产核燃料的计划，可是在与另两个方案的争论中无疾而终。1972年，张文裕、谢家麟等18位科学家联名上书中央后，国务院批准了"七五三"工程，计划10年内建造一台40GeV质子同步加速器，然而却在1974年底和1975年底两度搁浅。

1977年，"八七"工程诞生，计划首先建造一台30GeV的慢脉冲强流质子环形加速器，到 1987 年时建成 400GeV 质子同步加速器。国家批准"八七"工程建设后，国内外仍不断有反对的呼声。例如，聂华桐等 14 位美籍华裔科学家曾联名致信邓小平等中央领导要求终止该计划。1980 年底，在国民经济调整的大局下，"八七"工程最终被缓建。高能加速器建造项目在 30 余年的时间里前后遭遇七次下马，直到第八次上马北京正负电子对撞机才最终成功。1981 年底，李昌、钱三强致信中央领导，经过反复酝酿、争论，到 1983 年 12 月，中央终于批准北京正负电子对撞机方案，这就是"8312"工程。

BEPC 的建设起步是困难的，有限的资金、匮乏的管理经验、外界的质疑无一不考验着这项工程的参与者。BEPC 最终能建造成功，国家领导人邓小平的一贯支持起到了关键作用。面对实际工程问题，谢家麟、方守贤等人发展并推广了国外对于大科学工程所采用的关键路径法来指导工程进展，有效促进了项目顺利完工。

1988 年 10 月 16 日，BEPC 首次实现正负电子对撞。《人民日报》称这是我国继原子弹、氢弹爆炸成功，人造卫星上天之后，在高科技领域又一重大突破性成就。"8312"工程在短短几年内除完成建设 BEPC 本体外，还相继建成了大型通用探测器——北京谱仪（BES）与北京同步辐射装置（BSRF）。BEPC/BES 的亮度为同能区加速器斯坦福正负电子非对称

图 2-18　北京谱仪
资料来源: 1989 年 9 月，北京谱仪（BES）开始物理实验.http://www.ihep.cas.cn/zt/bepc30/dsj_143138/201809/t20180919_5085334.html[2021-02-04].

环（SPEAR）的 4 倍。为此，美国斯坦福直线加速器中心（SLAC）决定停止 SPEAR 的物理运行，从而使得 BEPC 成为世界上唯一工作在这一能区的正负电子对撞机。BES 被公认为是当代国际同类探测器中最先进的谱仪之一。而 BSRF 是一台可提供较宽波段 X 光的光源，可提供多学科用户开展同步辐射应用研究与实验研究。

2003 年底，国家批准了北京正负电子对撞机重大改造工程（BEPC Ⅱ），工程于 2009 年 7 月通过验收。根据中国科学院高能物理研究所官方资料介绍，BEPC Ⅱ 是一台粲物理能区国际领先的对撞机和高性能的兼用同步辐射装置，主要开展粲物理研究；同时又可作为同步辐射光源提供真空紫外至硬 X 光，开展凝聚态物理、微细加工技术等交叉学科领域的应用研究，达到"一机两用"。

> 电子对撞机是使正负电子产生对撞的设备，它将各种粒子（如质子、电子等）加速到极高的能量，然后使粒子轰击一固定靶。通过研究高能粒子与靶中粒子碰撞时产生的各种反应研究其反应的性质，发现新粒子、新现象。

## 兰州重离子加速器的建成

中国科学院近代物理研究所于 20 世纪 60 年代初建成了 1.5 m 经典回旋加速器，通过轻核反应实验研究，为我国氢弹研制作出了贡献。70 年代初，在国际重离子物理迅猛发展的形势下，该加速器被改建成能加速较轻重离子的加速器，在我国率先开展了低能重离子物理基础研究。

1976 年 11 月，中国科学院近代物理研究所开始设计建造兰州重离子加速器的主加速器系统，主要建设一台大型分离扇回旋加速器及几个重离子加速器是指用来加速比 α 粒子重的离子加速器，有时也可用来加速质子。重离子加速器可以将大量的重离子加速到很高的速度，甚至接近光速，高速的重离子形成重离子束，用于开展重离子物理研究。

实验终端。同时，由中国科学院匹配经费把原 1.5m 经典回旋加速器改建成 1.7m 扇聚焦回旋加速器作为注入器。兰州重离子加速器的主加速器（SSC）和注入器（SFC）于 1988 年建成，其主要技术指标达到当时国际先进水平，1992 年获国家科学技术进步奖一等奖。

为使我国重离子物理研究继续在部分前沿领域保持国际先进水平，在 HIRFL 上扩建多用途的冷却储存环（CSR）工程作为国家"九五"重大科学工程于 2008 年 7 月通过国家验收，正式投入运行。CSR 的投入使用为我国重离子核物理等基础研究，以及航天科技等应用研究提供了先进的实验条件，于 2012 年获国家科学技术进步奖二等奖。

图 2-19　兰州重离子加速器冷却储存环主环隧道

资料来源：兰州重离子加速器冷却储存环 HIRFL-CSR 工程 .http://www.60yq.cas.cn/60nbxzdcgzs/200909/t20090919_2511785.html[2021-02-04].

## 合肥国家同步辐射实验室的建成

20 世纪 70 年代末，中国科学技术大学在国内率先提出建设电子同步辐射加速器。1977 年，同步辐射装置的建造列入全国科学技术发展规划。1978 年 3 月，中国科学院在合肥召开了第一次筹备工作会议，这象征着我国同步辐射事业的正式启动。1983 年，我国第一个国家级实验室——合肥国家同步辐射实验室正式立项，于 1991 年 12 月通过验收。合肥同步辐射加速器的主要性能指标达到了国际上同类加速器的先进水平，已建成的五条同步辐射光束线和五个实验站的主要性能指标基本达到国际水平。

1996 年，国家同步辐射实验室二期工程启动，于 2004 年 12 月通过验收，合肥光源的潜力得到更充分的发挥，作为性能优秀、稳定

> 同步辐射是指速度接近光速的高能电子在环型加速器中回转，沿轨道切线方向发出的一种电磁辐射。这是一种强度大、亮度高、频谱连续、方向性及偏振性好的优异的新型光源，可应用于物理、化学、光刻等众多基础研究和应用研究领域。

图 2-20 合肥同步辐射光源全景
资料来源: 合肥同步辐射装置 .http: //www.bulletin.cas.cn/publish_article/2015/Z2/2015Z2Z2.htm[2021-02-04].

可靠、部分指标相当先进的中低能区同步辐射光源，长期处于国际同类装置的一流水平。

### 中国高能物理的突破与展望

三大加速器自建成运行以来，取得了一系列重要的实验结果，使我国在高能物理领域跻身国际先进行列。其中北京正负电子对撞机在 1992 年获得 τ 轻子测量质量的精确结果，把精度提高了 10 倍，被国际上评价为当年最重要的高能物理实验成果之一。BES 实验还确认了 ξ（2230）粒子的存在，并发现了它的新衰变道，这是胶子球候选粒子的重要证据。2005 年，BES 发现的新型粒子 X1835 开辟了一个国际前沿研究热点领域，在多夸克态寻找和研究等方面作出重要贡献。北京同步辐射装置则使 BES 成为多学科的大型公共实验平台，进行过大量同步辐射专用光实验，包括曾测定严重急性呼吸综合征（SARS）冠状病毒蛋白酶等大批重要蛋白质结构。

兰州重离子加速器合成研究了 20 多种新核素并研究其衰变性质，首次测量 21 种短寿命原子核质量。从 2013 年起，国际原子质量评估工作由中国科学院近代物理研究所承担，终结了国际原子质量评估工作多年来为法国核谱质谱中心"垄断"的历史。依托兰州重离子加速器开展的重离子治疗肿瘤研究，使我国成为继美国、德国、日本之后，世界上第四个实现重离子治疗肿瘤的国家。利用重离子诱变技术培育出的春小麦、甜高粱等作物的优良新品种，以及微生物新菌种和新药，取得了显著的经济效益。

利用合肥同步辐射装置（HLS），我国科学家先后在发动机燃烧反应网络调控理论及方法、大脑神经元代谢研究、非绝热动力学研究等领域取得了具有重要学术意义的突破。

改革开放以来的 40 多年间，以三大加速器的建成运行为代表，中国高能物理研究交出了亮眼的成绩单。近年来，中国高能物理更是勇攀高峰，摘取了诸如发现新的中微子振荡模式等里程碑式的成果。随着第三代光源上海同步辐射光源（SSRF）、中国散裂中子源（CSNS）等新一批重大科学装置先后落成，我们有理由相信，中国高能物理研究很快将迎来又一个辉煌时期。

# 参考文献

《物理教师》编辑部 . 我国第一台专用同步辐射装置合肥同步辐射加速器建成 [J]. 物理教师，1992（2）：21.

丁兆君，胡化凯 . "七下八上" 的中国高能加速器建设 [J]. 科学文化评论，2006（2）：85-104.

李斌，李思琪 . 兰州重离子加速器经济社会效益调研 [J]. 工程研究——跨学科视野中的工程，2015，7（1）：3-15.

施宝华，陈金武 . 北京正负电子对撞机对撞成功 [N]. 人民日报，1988-10-20（1）.

王晓义，白欣 . 北京正负电子对撞机方案的初步提出与确立 [J]. 中国科技史杂志，2011，32（4）：472-487.

夏佳文，詹文龙，魏宝文，等 . 兰州重离子加速器研究装置 HIRFL[J]. 科学通报，2016，61（C1）：467-477.

# 无翼而飞：中国光纤通信工程的建立

　　人类自古以来都在追求稳定、便捷、高效的长距离通信，希望能让信息"无翼而飞"。光纤通信、卫星通信和无线电通信是现代通信网的三大支柱，而其中光纤通信是主体，当前全球 99.6% 以上的国际通信仍通过海底光缆系统进行传输。与漫长的前期探索相比，光纤通信从兴起到产业化只用了短短几年时间，迄今商用光纤通信系统更是已更迭至第五代，可谓日新月异。在任何一个关键节点的落后或者失误都可能导致一个国家错失通信产业升级换代的机遇。通过梳理对比这一领域的整体发展历程及其在中国的起步，可以发现非常难能可贵的是，在相对封闭的历史背景下，中国光纤通信的发展几乎做到了与世界步调一致。选择和坚持了正确的技术路线是其中最为关键的缘由。

## 光纤通信的兴起

　　20 世纪 50~60 年代，电视、电话业务的增长对带宽的要求，促使人们寻找一种更高的频率来承载信号。微波的频率只有 3000MHz（$3×10^9$Hz），而光的频率是 300THz（$3×10^{14}$Hz），因此后者一直被寄予厚望。但是光通信的实用化面临两个难题：一是需要制造高强度的稳定光源；二是光在传输中损耗太大，需要找到一种稳定传输媒介。

　　第一个问题随着半导体激光器的问世得到解决。早在 1916 年，爱因斯坦在《关于辐射的量子理论》一文中就提出受激辐射理论。1958 年，美国物理学家查尔斯·汤斯（Charles H. Townes）和亚瑟·肖洛（Arthur Schawlow）首次报道了微波的受激发射。1960 年，美国物理学家西奥多·梅曼（Theodore H. Maiman）发明了第一台红宝石激光器。激光的优越性使人们认为光通信的曙光已

> 光纤通信是指利用光与光纤传递信息的一种方式，属于有线通信的一种。光经过调制后能携带信息，首先将需发送的信息在发送端输入发送机中，再将信息叠加或调制到作为信息信号载体的载波上，然后将已调制的载波通过传输媒质发送到远处的接收端，最后由接收机解调出原来的信息。光纤通信具有传输容量大、保密性好等多种优点。

经出现。科学家先后攻克半导体材料形成激光、激光器的临界电流密度过高、室温条件下的连续受激激发等难题，在 1970 年初，贝尔实验室成功研制出双异质结 GaAs/AlGaAs 半导体激光器，从此有了实用化的高强度稳定通信光源。

第二个问题在 1966 年由英籍华裔科学家高锟解决了理论上的难点，他在论文《光频率介质纤维表面波导》（"Dielectric-fibre Surface Waveguides for Optical Frequencies"）中提出，光导纤维的损耗小于 20dB/km 就可以利用其进行远距离光信息传输。当时世界上最好的光学玻璃是德国的蔡司照相机镜头，其损失是 700 dB/km，而常规玻璃损失高达上百倍，所以相信高锟的人寥寥无几。但美国康宁公司的科学家受到启发，花了 4 年时间，投入 3000 万美元，对不同特性的玻璃材料进行试验，

最终于 1970 年发明了第一根可用于通信的低损耗光导纤维。

上述两项关键技术的重大突破，使光纤通信从理想变成可能，立即引起了世界各国的重视，各国竞相投入大量人力物力展开研究。1974 年美国贝尔实验室发明的气相沉积（CVD）法将制作的光纤损耗降低到 1dB/km。

> 数据传送速率为单位时间内在数据传输系统中的相应设备之间传送的比特、字符或码组平均数。在该定义中，相应设备常指调制解调器、中间设备或数据源与数据宿。单位为比特 /s（bit/s）、字符 /s 或码组 /s。

1977 年贝尔实验室和日本电报电话公司几乎同时研制成功寿命达 10 万 h 的实用激光器。1976 年，美国贝尔实验室在亚特兰大到华盛顿建立了世界上第一条实用化的光纤通信线路，速率为 45Mbit/s。从此光纤通信走向实用化、商业化。

## 中国光纤通信研究的起步

中国的光纤通信研究始于 20 世纪 70 年代早期。1972 年以中国科学院福建物质结构研究所为首的多个团队启动了"723 机"项目研究大气传输的光通信，但后来因技术路线调整取消。同年底，有激光大气通信实验基础的武汉邮电学院（即武汉邮电科学研究院的前身，简称"武汉院"）成立了光纤通信项目，此后数十年，武汉院都引领着中国光纤通信技术的前进。以赵梓森为首的团队在几乎无法借鉴外界成果的情况下，拟定了"使用石英材料制作光纤，使用半导体激光器作为光源，采用脉冲编码调制（PCM）通信系统"的技术路线，其正确性在后续实践中屡次得到验证。

1974~1977 年，武汉院自力更生，建立了改进的化学气相沉积（MCVD）车床、高温拉丝机及一系列测试仪表和设备。1976 年 1 月，武汉院与中国科学院上海硅酸盐研究所、中国科学院上海光学精密机械研究所联合在武汉进行了国内首次用光纤传输电视的试验，同时还传送单路电话，试验传输的图像清晰、声音洪亮。1977 年，前述实验在全国工业学大庆会议上展出演示，受到领导的重视。1978 年 3 月的全国科学大会上，光纤通信被确定为优先发展的几大新技术之一。

改革开放后，光纤通信的研发速度大大加快。国内科研院所相继成功研制光纤通信用的发光二极管（LED）、可批量生产的实用化的光纤光缆、数字光纤通信系统；武汉院又和美国林肯实验室的激光器专家谢肇金合作，成立武汉电信器件有限公司（WTD），生产通信激光器。这时，建设实用化的光纤通信线路的条件已经成熟，1981 年 4 月，国家科学技术委员会光纤通信专业组召开会议，立项"八二"工程。1982 年 1 月，中国第一条实用化的光纤通信线路在武汉建成，跨越武昌—汉阳—汉口三镇，全长 13.3km，速率 8.448Mbit/s，能够传输 120 路电话，中国的光纤通信也走向了实用化、商业化，1986 年，中国第一条长途光纤通信线路在武汉和荆州之间建成。

## "八纵八横"光缆干线网的建立

通信网是国家基础设施的重要组成部分。自 1936 年在杭州和温州之间开通了国内第一条载波电话明线传输线路后，明线一直到 20 世纪 80 年代都是中国长途线路的主要形式。20 世纪 70 年代后期，同轴电缆开始代替明线，建设了电缆干线 1.8 万 km。1988 年，中国第一条单模光纤通信线路在武汉和汉南之间建成，传输速率为 140Mbit/s，可传输 1920 路电话，光纤通信容量首次超过同轴电缆容量（1800 路）。至此，不论是政界还是产业界，都已经意识到"光纤通信"是通向信息时代的桥梁。1988 年，中国邮电部正式宣布：长途通信不再使用电缆，全部采用光缆。

我国的光缆干线建设始于 1986 年的宁汉光缆工程，最初仅仅是在重点城市间两点一线地敷设光缆，当成果积累到了一定规模的时候，就产生了构造一张通信网的想法。1986~1990 年是光缆建设的技术准备阶段。这五年间虽然只完成了宁汉光缆工程一个项目，但这条不到 1000km 的线路，先后从荷兰、日本、美国、意大利的多家电缆公司引进光缆，又安装了来自日本、荷兰、德国三家公司的光传输设备。通过分析、对比各厂家设备的性能、特点，以及和外方人员一起设计、安装、调测，我国较好地引进、消化、吸收了国外光纤通信技术，培养了一批专业人才。

随着社会经济的发展，光缆建设在 1991~1995 年进入了应急敷设阶段，目的是解决多个区域出现通信紧张状态。有了前期的积累，基本是哪里的通信告急，就在哪里紧急建设。为了缓解长三角到珠三角通信紧张而开展的南沿海光缆工程，仅用了 88 天敷设，13 个月就开通了业务。到了"八五"末期，我国共敷设了 23 条、3.7 万 km 的干线光缆工程，除了拉萨之外的省会城市全部纳入了国家干线光缆网。

到 1995 年时，全国信息基础设施建设仍处于比较落后的状态。此时全国共有电话 5400 万部，话机普及率仅为 4.7%，"打电话"对于普通民众而言既困难又昂贵。因此国家层面提出在"九五"期间通过对已经建成的光缆网进行延伸、加密、沟通、连接，组成一个纵横交错、经纬互织的干线网。1996~2000 年，光缆建设进入合理组网阶段，根据我国城市的布局、信息的流向，确定了"八纵八横"的格局（表2-1）。2000年10月，随着广州—昆明—成都干线实现贯通，历时15年、造价高达170亿元人民币的贯通全国的光纤通信干线网正式建成。"八纵八横"光缆干线网是中国通信发展史上的超级工程，它的建成不仅使中国的通信网络实现了全国省会城市的全覆盖，而且满足了现阶段国家信息化的需要，并为未来积蓄了巨大的网络潜能。

表2-1 "八纵八横"光缆干线网

| "八纵"干线网 | 线路全长 | "八横"干线网 | 线路全长 |
|---|---|---|---|
| 牡丹江—上海—广州 | 5241km | 天津—呼和浩特—兰州 | 2218km |
| 齐齐哈尔—北京—郑州—广州—海口—三亚 | 5584km | 青岛—石家庄—银川 | 2214km |
| 呼和浩特—太原—北海 | 3969km | 上海—南京—合肥—西安 | 1969km |
| 哈尔滨—天津—上海 | 3207km | 连云港—乌鲁木齐—伊宁 | 5056km |
| 北京—九江—广州 | 3147km | 上海—武汉—重庆 | 3213km |
| 呼和浩特—西安—昆明 | 3944km | 杭州—长沙—成都 | 3499km |
| 兰州—西宁—拉萨 | 2754km | 上海—广州—昆明 | 4788km |
| 兰州—贵阳—南宁 | 3228km | 广州—南宁—昆明 | 1860km |

## 光纤通信的重要地位

改革开放初期，中国只有10.6万条长途业务线路，每千人拥有的通信主线条数仅为6条，而美国为508.8条、日本为438.3条，分别是中国的85倍、73倍。上海、武汉到重庆间只有8条长途线路，南京至重庆只有2条长途线路。"八纵八横"光缆干线网竣工以后，全国长途线路总数达400万条，网络规模和技术水平均赶上或超过了部分发达国家。2018年，我国光缆线路总长度达4358万km，居世界第一。

2009年的诺贝尔物理学奖授予了"光纤通信"和"成像半导体电路"两项研究成果，并在颁奖词中称赞它们帮助奠定了当今网络社会的基础。自

1976 年第一代 45Mbit/s 光纤通信系统建成以来，单根光纤的传输容量已经增长到原来的 100 万倍，达到几十 Tbit/s。与此同时，光纤放大器和波分复用技术的发明，使数据得以在百万千米计的光纤中传输。光纤通信技术的发展历史既是应用需求与经济驱动助推科学技术前进的过程，又是尖端科技走向寻常百姓家的过程。短短 60 余年间，光纤通信技术铸就了一个庞大的信息产业集群，为电信工业带来了革命性的改变，对于任何一个想要在信息时代取得更大发展的国家而言，这一领域都应当在未来的战略规划中占据愈发重要的位置。

# 参考文献

郭朝先，刘艳红 . 中国信息基础设施建设：成就、差距与对策 [J]. 企业经济，2020，39（9）：143-151.

《光纤通信五十年》编委会 . 光纤通信五十年 [M]. 上海：上海科学技术文献出版社，2016.

汤博阳 ."八纵八横"干线网筑起中国通信业的脊梁 [J]. 数字通信世界，2008（12）：17-22.

赵梓森 . 光纤通信的过去、现在和未来 [J]. 光学学报，2011，31（9）：99-101.

# 敢为人先：大型数字程控交换机的诞生

1991 年，由中国人民解放军信息工程学院（现中国人民解放军战略支援部队信息工程大学信息系统工程学院）与中国邮电工业总公司联合研制的我国第一台拥有完全自主知识产权的大型数字程控交换机——HJD04（简称"04 机"）诞生。1991 年底，邮电部将 04 机鉴定为"我国电话交换技术上的又一重大突破"。从此，我国成为世界上少数几个能够独立开发大型局用程控交换机的国家，在世界通信高技术领域占有了一席之地。

## 半路出家：通信现代化的迫切需求

20 世纪 80 年代前半期，在我国电话通信网上运行的大多是纵横制交换机，通信条件远远跟不上改革开放和国民经济发展的需要。作为现代通信网核心设备的大容量局用程控数字电话交换机的研制和生产在我国还是个空白。外国程控交换机乘机纷纷打入中国市场，使我国的程控电话通信网被形形色色的外国交换机所垄断。我们的通信网络系统，只能依赖进口，我国的通信枢纽技术处于受制于人的被动境地。国有大中型通信设备生产厂家受到严重冲击，老产品卖不出去，新产品又"无米下锅"，生产难以为继。民族通信工业被推向生死存亡的十字路口。

尽快研制我国自己的大容量程控交换机，用高新技术武装民族通信工业，是当时极为迫切的热点、难点问题。中国人民解放军战略支援部队信息工程大学的邬江兴原来是搞计算机研制开发的，当时他牵头设计每秒 5 亿次运算计算机已经两年，然而项目却因为裁军而下马。面对国产大容量程控交换机的急切需求，邬江兴带领团队果断调整科研方向，"半路出家"，仅用两年多的时间，就研制成功了具有世界先进技术水平的大容量程控交换机，使我国在程控交换机技术上一步跨入世界先进行列，创造了世界通信史上的奇迹。

> 数字程控交换机是随着通信技术和计算机技术的发展而发展起来的。尤其是微处理机技术的飞速发展使交换控制系统中大量采用电子计算机，用预先存储在计算机中的程序来控制交换接续成为可能。

## 核心技术创新：04 机研制成功的关键

这一奇迹很大程度上得益于"半路出家"带来的开发思路的创新。邬江兴从小就对无线电感兴趣，17 岁偶然当上了计算机的纸带穿孔员（即数据录入员）。他这个年纪的人，极少能有幸如他亲睹机械计算机、电子管计算机、晶体管计算机、集成电路计算机、大型集成电路计算机、超大型集成电路计算机整个历史系列。所以，对于程控交换机，别人看成是计算机控制的电话交换机，邬江兴却看成是可以提供电话交换功能的计算机。

本着这样的指导思想，邬江兴团队在研制过程中充分发挥他们计算机与通信相结合的学科优势，在关键技术上大胆创新。在严密地剖析了传统的集中和分散两种控制结构优缺点的基础上，他们创造性地提出了"逐级分布"控制这一崭新概念的交换和控制机制，在同一器件应用水平上取得了数倍于传统控制结构的话务处理能力，并从构造上保证了系统具有很好的可靠性指标。在分布式数字交换网络方面，他们创造性地提出了一种"全分散复制式 T 型"交换网络结构，较传统方式有着可靠性高、结构简单、控制方便、通信方式灵活、便于扩充等优点。

"逐级分布"控制将整个系统分为多个平面和处理机层次，每个层次都包含若干地位相等的处理机，在工作时，采用同级协商、下级服从上级的控制原则。从整体上看具有全分散的特点，但由于同一层面的构成元素数量有限，所以相互间的协商、信息交流不会影响处理机的工作效率。

上述两种结构技术上的创新被国际通信界誉为"中国人对世界交换技术的重要贡献"。此外在微处理机应用水平、数字信号处理技术的使用范围及系统硬件平台的结构简洁性方面，04 机亦领先于国外同期同类型机种。04 机是真正的"中华牌"，其知识产权、核心技术完全掌握在中国人自己手里。据邮电部电信总局反馈的信息，当时在网上运行的 04 机在性能、指标、稳定性等方面毫不逊色于进口机型。

## 第一个"吃螃蟹"：产业化的先驱

在 04 机研制、开发的过程中，坚持与相关企业密切合作，走科技引导企业、推动产业发展之路。早在 20 世纪 70 年代，邬江兴就曾到上海跟着我国第一台军用集成电路计算机研究团队学习维修；曾两次到上海工厂当军代表，监督设计成果投产；曾到洛阳参与开发、生产、使用三方联合项目，这些经历将产、学、研的过程打通了，使他明白科研成果的开发设计、制造工艺、资源配置、成本核算、材料核定、工种投入等"应该在哪儿下爪子"。

在管理方法上，04机的研发彻底打破了科研人员只管研制，生产、销售、服务都由有关企业负责的传统模式，将水平管理与垂直管理相结合，实施研制、生产、销售、开局一条龙服务。在研制开发期间，邬江兴团队先后有一年半多的时间深入车间生产第一线，使开发研制出的高技术产品既能达到设计规定的性能和指标，又适合生产工艺要求，实现研制与生产上的最大匹配。在成果推广期间，他们依靠企业已有的营销网络和服务网络，使04机的生产迅速实现规模化、产业化。

1992年底，04机投入工业化生产，到1994年底就迅速发展为8家整机厂、21家授权生产厂和一些配套部件厂。年生产能力超过400万线，已累计销售300万线以上，开通上千个电话局，总销售额达20亿元人民币以上。使国产局用大型程控交换机在国内市场上的占有率从0上升到1995年的17%，覆盖了除台湾、海南、西藏以外的各个省（自治区、直辖市），成为当时我国同类型中规模最大的电子信息产业。

在国际市场和国际影响方面04机也有了良好的开端，1994年8月，首批出口朝鲜，实现了国产大容量程控交换机出口的"零"的突破。香港星光集团为了给他们研制的"王者之风"传呼网寻找平台，对国际上多种交换机进行了调查研究，认定04机是最理想的平台，最终选择了04机。美国、日本、瑞典、加拿大等国的十几家大公司多次与其联系，寻求合作。04机在国际交换技术领域已经产生了深远的影响。国际交换界同人称之为"中国四号"。

1995年3月2日，巨龙通信设备有限责任公司在北京正式成立。可惜的是，该公司在成立之初就先天不足，与其说它是一家公司，不如说它是一个松散的企业联合体。当年 04 机开发成功后，依托的工厂基本上都隶属于中国邮电工业总公司。20 世纪 90 年代，法人治理结构还不是很明晰，这些分布在全国各地的通信设备厂实际上是各自为政，独立经营。它们不仅很少合作，而且还互相竞争。当时的巨龙通信设备有限责任公司既不直接掌握技术研发，也不直接参与生产与销售，甚至人事权也因为产权复杂而不能完全掌握。尽管有邮电部的大力保护，但是，随着中国通信体制的重大改组和市场化的快速推进，巨龙通信设备有限责任公司的业绩在进入 2000 年之后迅速下滑。尽管后来该公司也进行了各方面的体制改革，但是为时已晚。

图 2-21 大型数字程控交换机
资料来源：HJD04 大型数字程控交换机 .http://world.chinadaily.com.cn/2014-09/16/content_18607051.htm[2021-01-08].

## 04 机研发与市场化过程带来的启示

04 机的研发成功，使我国成为世界上少数几个能够独立开发大型局用程控交换机的国家之一，在世界通信高技术领域占有了一席之地。其研发与市场化历程给现下的我们带来的经验和教训，同样是一笔极其宝贵的财富。

高科技产业的发展离不开关键技术的创新。正是因为邬江兴团队充分发挥出他们将计算机与通信相结合的学科优势，在严密地剖析了传统的集中和分散两种控制结构优缺点的基础上，创造性地提出了"逐级分布"控制这一崭新概念的交换和控制体制；在分布式数字交换网络方面，创造性地提出了一种"全分散复制式 T 型"交换网络结构。也就是说，他们在战略方向跟踪的同时，打破学科之间的壁垒，通过关键技术上的创新实现了产品上的飞跃。由此可见，关键技术的创新正是高科技产业发展的重要动力。

紧密联系企业，加快科技成果转化，使科研单位的技术优势迅速转变为企业的产品和市场优势，是新兴技术产业化的必由之路。在 04 机研制、开发的过程中，邬江兴团队坚持与相关企业密切合作，走科技引导企业、推动产业发展之路。在从方案设计、研制开发到成果推广、扩大生产的整个产业化的过程中，他们尝试让重大项目"沿途下蛋"，中间成果迅速向实用产品转化，市场收益投入再开发，形成了良性循环。因此，中央有关领导称之为"创造了我国具有自主知识产权的高科技成果转化为生产力的成功典范"。

巨龙通信设备有限责任公司最终的"陨落"同样启示我们体制改革对于企业发展的重要性。当时国有企业体制改革尚未深入，巨龙通信设备有限责任公司充其量不过是由各自为政、缺乏协调的弱势企业组成的一个"企业联邦"，号令很难统一，资源也无法共享。虽然有国家政策的强有力支持，而且在市场上有先发优势，但是"先天不足"的巨龙通信设备有限责任公司最终也无法在残酷的市场竞争中获胜。

巨龙通信设备有限责任公司的"陨落"固然令人叹息，但是邬江兴团队毅然"半路出家"，不畏艰难，通过技术上的创新，不仅成功研制出具有世界先进技术水平的大容量程控交换机，而且在科技成果产业化的道路上积累了宝贵的经验，为我国的通信现代化作出了不可磨灭的贡献。

# 参考文献

李鹏 . 路在脚下——访 HJD04 机主设计师、巨龙集团董事长邬江兴 [J]. 通讯世界，1995（4）：42-43.

王钢，李阳 . 邬江兴 通信行业的"将军院士" [J]. 创新科技，2006（9）：22-24.

邬江兴 . 04 机科技与企业结合的硕果 [J]. 中国科技产业，1995（7）：9-11.

张贯京 . 华为四张脸：海外创始人解密国际化中的华为 [M]. 广州：广东经济出版社，2007.

朱丽兰，张登义，黎懋明，等 . 全国科学技术大会文献汇编（上）[M]. 北京：科学技术文献出版社，1995.

# 万象峥嵘："风云"系列气象卫星

中国自 1970 年 4 月 24 日成功研制并发射第一颗人造卫星"东方红一号"至今，已初步形成了遥感、通信广播、气象、科学探测与技术实验、地球资源和导航定位等六大卫星系列。"风云"系列气象卫星包括"风云一号"太阳同步轨道气象卫星和"风云二号"地球静止轨道气象卫星两类，太阳同步轨道气象卫星又称极轨气象卫星。"风云"系列气象卫星在中国天气预报和气象研究方面发挥了重要作用。

我国于 1977 年开始研制"风云"系列气象卫星。1988 年、1990 年和 1999 年，先后发射了 3 颗第一代太阳同步轨道气象卫星（简称极轨气象卫星），即"风云一号"A、B 和 C 气象卫星，1997 年和 2000 年又先后发射了 2 颗"风云二号"地球静止轨道气象卫星（简称静止气象卫星），组成了中国气象卫星业务监测系统，中国成为世界上继美国、俄罗斯之后同时拥有两种轨道气象卫星的国家，这也是我国 30 多年坚持不懈地奋斗和自主创新的结晶。

## "风云"系列卫星

在种类繁多的人造卫星中，有一种专门用于在外层空间监测地球风云变幻的卫星，那就是气象卫星。气象卫星可以在太空拍摄地表云图等照片，经处理后发送到地面。气象部门根据卫星云图和其他气象信息资料进行综合分析，便可对未来天气的变化做出预测。我国于 1988 年 9 月 7 日成功发射了第一颗试验型极轨气象卫星"风云一号"。至今，我国已相继成功发射了多颗"风云"系列气象卫星。气象卫星在轨运行期间，向地面发回了大量珍贵的卫星气象资料。

气象卫星按其运行轨道，一般分为极轨气象卫星和静止气象卫星两类。日常气象业务运用一般是将极轨和静止两类气象卫星资料相互补充，配合使用。对于某一地区的局域性天气预报，一般以静止气象卫星云图资料为主。例如大家常在电视天气预报节目中看到的云图，就是静止气象卫星发送的红外云图。

我国的气象卫星事业起步于 20 世纪 60 年代末。经过近 20 年的艰辛努力，1988 年 9 月 7 日 5 时 30 分，我国第一颗试验型极轨气象卫星"风云一号"，用"长征四号"火箭在太原卫星发射中心顺利发射升空。当天早晨，乌鲁木齐气象卫星地面站首先接收到了"风云一号"发送的第一张卫星云图照片。卫星在轨正常运行了 39 天。

科研部门在总结和改进第一颗"风云一号"卫星的基础上，于 1990 年 9 月 3 日，再次成功地将第二颗"风云一号"卫星发射升空，卫星准确入轨，观测图像效果好于第一颗"风云一号"。该卫星在轨正常运行了 162 天。在发展极轨气象卫星的同时，我国的静止气象卫星"风云二号"也投入研制。

1997 年 6 月 10 日 20 时 01 分，"风云二号" 气象卫星从西昌卫星发射中心顺利发射升空。6 月 17 日，卫星在东经 105° 赤道上空定点成功。2000 年 6 月 25 日 19 时 50 分，第二颗"风云二号"气象卫星再次顺利升空，并顺利定点于东经 105° 赤道上空。7 月 6 日下午，北京气象卫星地面站接收到了"风云二号"B气象卫星发回的第一张可见光云图。"风云二号"静止气象卫星可以覆盖以我国为中心约 1 亿 km² 的地球表面,可以观测和提供我国及邻国的大气、风场、水汽等气象要素及天气系统的动态信息资料,对中短期、短时天气预报和台风、寒潮、旱涝等灾害性天气的监测预报具有十分重要的作用。"风云二号"气象卫星在轨正常运行期间,向地面发送了大量的红外、可见光和水汽云图资料,图像清晰,其质量达到了国外 20 世纪 90 年代在用的静止气象卫星的先进水平。

## 卫星产品及其应用

在 20 世纪 90 年代,发展中长期天气预报对于我国国民经济,特别是农业生产具有重大意义。中期数值预报系统的建设已列为我国气象现代化的一个重点项目。同时,当前对人类生存环境、对气候变化的研究,不仅是世界科学家十分关注的主要课题,也成为各国政府和全世界人民关心的重大问题。例如,大气温室效应、南极臭氧空洞、厄尔尼诺现象、全球气候变暖等已成为许多人的热门话题。显然,这些问题关系到国家建设、社会发展、人民生活以至人类命运,并且已十分紧迫。

然而,要研究这些问题

### 如何人工影响天气?

人工影响天气是指用人为手段使天气现象朝着人们预定的方向转化,如人工增雨、人工防雹、人工消云、人工消雾、人工削弱台风、人工抑制雷电、人工防霜冻等。其是在一定的有利时机和条件下,通过人工催化等技术手段,对局部区域内大气中的物理过程施加影响,使其发生某种变化,从而达到减轻或避免气象灾害目的的一种科技措施。

将涉及多学科领域中的问题，并且必须从整体上研究大气、海洋和陆地三者之间的相互联系和作用。对于这种具有极大的现实意义和科学价值的工作，没有气象卫星获取的全球资料是很难进行的。由于从国外气象卫星资料中只能获取局地资料，因此发展我国的极轨气象卫星是我国获取这种全球资料的唯一途径。

"风云一号"C气象卫星扫描辐射计具有国际先进水平，由于它具有10个通道，比美国现有的诺阿卫星多5个通道，所以其成像观测能力优于20世纪90年代国际上气象卫星的类仪器，首次实现了用我国气象卫星获取全球资料，在中长期天气预报、天气预测、全球环境变化研究、航空、航海及军事气象等诸多方面具有重要的应用价值。

在我国的短期天气预报，特别是台风、暴雨等强对流天气的预报中，气象卫星资料是不可缺少的。在这方面，由于静止气象卫星观测频次高，可在1h或更短的时间间隔获得一次观测资料，有利于监视天气系统的快速变化，因而具有独特的作用。然而，由于"风云一号"卫星轨道高度低、辐射计的通道多、空间分辨率高、探测精度高，因而可更细致地显示出中小尺度和强对流云系的结构。如果将其和静止气象卫星的云图结合使用，取长补短，无疑可在中小尺度天气系统的研究和短时天气预报中发挥作用。例如，用"风云一号"资料制作的北京地区的局地云图，图像清晰鲜明，曾经在亚运会的天气预报服务中起到了很好的作用。

气象卫星除了获取气象云图，以提高大气探测和天气预报的能力以外，还在灾害监测、农业和海洋等非气象领域有重要的应用，譬如对于森林火灾、水灾面积、沙漠流沙监测；对于农作物长势的观测，以提供农作物的大面积精确的估产。气象卫星的资料在海洋领域的应用成果令人瞩目，尤其是在为海洋学理论研究提供资料和在海洋渔业捕捞、海洋灾害性天气监测等方面的应用。"风云"除了具有国外气象卫星的基本作用外，还增加了以海洋水色试验为目的的海洋观察通道，这更有利于海洋领域的应用。

图 2-22 中国风云气象卫星
资料来源：周云."叱咤风云"全新特展描绘中国风云气象卫星壮丽征程. http://news.sina.com.cn/o/2017-11-28/doc-ifypapmz5797224.shtml[2021-01-08].

### 新时代有新星

我国气象卫星发展的目标是建立新一代"风云三号"极轨气象卫星和新一代"风云四号"静止气象卫星，最终建成长期稳定运行的气象卫星业务监测系统。

第二代极轨气象卫星"风云三号"的发展："风云三号"卫星是我国第二代极轨气象卫星。20世纪90年代初期，中国气象局便开始研究与该卫星建造有关的工作。该项目1993年3月列入国家航天计划；1996年8月通过总体方案可行性研究报告；1998年10月基本完成卫星关键技术预研攻关，确认具备条件进入工程研制；2000年9月经国务院批准正式立项研制。

"风云三号"卫星将提供全球温、湿、压、云和辐射等参数，实现中期数值预报；监测大范围自然灾害和生态环境；探测地球物理参数，支持全球气候变化与环境变化规律研究；为航空、航海和军事等提供全球任意区域的气象信息。

"风云三号"是我国气象卫星工程建设中一种重要的业务应用卫星，将实现全球、全天候、多光谱和三维定量遥感。它的建造具有重要战略意义，可缩短与国外的差距，能较好地满足我国经济建设和国防建设的需要。

> **气象卫星怎么进行天气预报？**
>
> 气象卫星是从太空对地球及其大气层进行气象观测的人造卫星，是卫星气象观测系统的空间部分。卫星所载各种气象遥感器，接收和测量地球及其大气层的可见光、红外和微波辐射，以及卫星导航系统反射的电磁波，并将其转换成电信号传送给地面站。地面站将卫星传来的电信号复原，绘制成各种云层、风速风向。经进一步处理地表和海面图片，得出各种气象资料。

第二代静止气象卫星"风云四号"的发展："风云四号"是中国气象局和中国人民解放军总参谋部气象水文局军民用户共用的新一代静止气象卫星，将按照"军民综合应用"的原则进行设计，还要充分考虑海洋和农、林、水利以及环境、空间科学等领域的需求，实现综合利用。1999年1月，国家卫星气象中心召开了第二次"风云四号"使用要求专家研讨会，提出了"风云四号"的初步使用要求。它采用三轴稳定姿态控制方案，主要探测仪器为十通道扫描成像仪、干涉型大气垂直探测器、闪电成像仪、电荷耦合器件相机和地球辐射收支仪。

从国外第二代静止气象卫星发展的趋势看，重点是扩展探测谱段，加强三维探测，提高时间、地域和光谱分辨率，并增加新颖的探测仪器，以获取更多的信息。静止气象卫星采用三轴稳定控制方案的优点是很明显的，可大大提高卫星的观测效率，对有效载荷的发展也是有利的。由于对地观测有较长的驻留时间，所以可提高遥感器的探测灵敏度，改善地面分辨率，有利于增加观测通道，实现大气垂直探测。由于卫星始终对地定向，具有对地凝视功能，所以可实现小区域快速观测，增加观测的灵活性，为使用电荷耦合器件（CCD）相机和闪电成像仪提供条件，增强卫星的观测能力，也为装载微波辐射成像仪等仪器提供了可能性。但是，静止气象卫星采用三轴稳定控制方式，技术难度大，研制周期也长。

根据我国卫星研制周期一般比较长的现实状况，如果"风云四号"采用三轴稳定控制方式，其研制周期可能较长。按照"风云二号"3颗业务卫星工作到2010年的计划安排，"风云四号"有可能赶不上与"风云二号"在轨衔接。因此，必须加快"风云四号"的预先研究和立项工作。根据我国卫星发展的技术能力，可以逐步增加遥感器的种类和卫星的功能，最终使"风云四号"卫星达到或接近国外静止气象卫星的先进水平。外国同行专家也建议，星载仪器可以逐步发展，先研究三轴稳定加成像仪，取得成功后再增加垂直探测器。由于分析充分，所以缩短了卫星的研制周期，降低了成本，卫星的业务管理也相应简化。

我国气象卫星历经40多年的建设，已经建立了极轨和静止两种气象卫星系列，包括相应的地面应用系统，并已取得初步成效，未来将迎来新的发展。由新一代极轨气象卫星和新一代静止气象卫星组成的气象卫星业务监测系统的建立和投入运营，不仅将为我国天气预报、气象科学和环境遥感科学研究提供重要工具，也将为国际气象卫星观测网提供一种重要的卫星系统，受到世界气象组织和世界各国的关注，在国际气象合作中发挥重要作用。我国气象卫星将对国民经济和国防建设以及全球气象观测作出重要贡献，成为我国社会效益和经济效益最显著的对地观测卫星系列之一。

# 参考文献

方宗义，江吉喜.风云一号气象卫星在气象和农业遥感中的应用 [J]. 红外研究，1990（2）：156-162.

李建云.话说"风云"[J]. 四川气象，2001，76（5）：44.

孟执中，李卿.中国气象卫星的进展 [J]. 中国航天（英文版），2001（5）：7-17.

张国富，郑尚敏.中国卫星技术三十年 [J]. 中国航天，1996（9）：20-25.

# 国有王选：汉字激光照排系统的创新

20 世纪 80 年代汉字激光照排系统问世，使汉字焕发出新的生机与活力。那么，激光照排系统究竟创造了什么？王选院士这样回答："我们一开始定的目标就是要使中国甩掉铅字，实现激光照排，用创新技术改造传统出版印刷行业。"人类通过文字来传播知识与信息已经历了漫长的历史。考古学家告诉我们，现存的许多甲骨文都是镌刻或写在龟甲和兽骨上的文字。随着人类社会的发展与进步，尤其是对于阅读与知识传播需求的与日俱增，人类必须提高传播与印刷文字的效率。对中国人而言，印刷术的发明、发展和应用，无不彰显中华民族为了文化传承所做的努力和贡献。

## 汉字照排的种种难题

1974 年 8 月，在周恩来总理的亲自关怀下，我国确定准备设立"汉字信息处理系统工程"，简称"748 工程"。这个工程共包括三个子项目：汉字精密照排系统、汉字情报检索系统、汉字远传通信系统。1975 年，时年 38 岁的北京大学计算机研究所王选教授听说了这个工程，拥有良好数学背景的他开始思考中文汉字计算机输入和输出问题。他被其中的子项目"汉字精密照排系统"的巨大价值和难度所吸引，开始进行自行设计和研究。1976 年 9 月，"748 工程"领导部门正式将"汉字精密照排系统"的研制任务下达给北京大学。

　　王选首先对当时所面临的技术难题做了充分而详细的调研。他选择邻国日本以及欧美等国家和地区所采用的印刷方式进行分析。他发现，日本当时流行的是光学机械式二代机，采用机械方式选字，不但体积大，而且功能差。而欧美流行的是阴极射线管式三代机，所用的阴极射线管是超高分辨率的，对底片灵敏度要求很高，当时我国的国产底片还不易过关。王选敏锐地注意到，英国人正在研制激光照排四代机，但其尚未成为商品。反观国内，当时我国有五家科研班子在研制汉字照排系统，分别选择了二代机和三代机方案，并采用模拟方式存储汉字字模，但一直没能取得实质性突破。

　　在这样的背景下，王选与他的科研团队开始了技术攻坚战。首先，王选改进了汉字字形信息的高倍率压缩技术。汉字字形信息十分庞大（数千兆字节），当时国产计算机容量极为有限（不足 7 兆字节），必须攻破难以存储这一难关。为此王选发明了"轮廓＋参数"的高压缩比信息压缩技术：对横、竖、折等规则笔画，用起点、长度、宽度和头、尾、肩等描述笔画的特征参数来表示。对于撇、捺、点等不规则笔画，用折线轮廓表示，后来又改为曲线描述。这一方法不但使信息量大大减少，同时能保证缩放后的文字质量，只存入一套字号的字模，就能产生各种大小的字号，从而使汉字信息总体压缩达到原来的 1/500~1/1000，达到当时世界最高水平。其中，使用控制信息（参数）描述笔画特性，以保证字形缩放和变形后质量的方法属世界首创，比西方提前 10 年左右。

## 激光照排的横空出世

　　王选团队所使用的这种方法巧妙地解决了汉字信息如何存入计算机的难题；王选改进了汉字字形信息高速复原技术。他先后发明了适合硬件实现的、失真最小的高速还原汉字字形算法，并编写微程序予以实现。此后，王选又设计加速字形复原的超大规模专用芯片。在当时的硬件条件下，王选和他的科研团队创造了每秒生成710字的世界最快速度，并具有强大的、花样翻新的字形变化功能。

王选带领团队成员克服技术上的重重困难，通过艰苦的努力，终于取得了突破性的进展与成果。1979年7月27日，王选团队用汉字激光照排系统输出了第一张报纸样张《汉字信息处理》。1980年9月15日，他们又成功地排出了第一本样书《伍豪之剑》，北京大学把样书呈送中共中央政治局。方毅副总理在同年10月20日给予批示："这是可喜的成就，印刷术从火与铅的时代，过渡到计算机与激光的时代，建议予以支持。"5天后，邓小平同志批示了简短而又有力的四个字："应加支持。""748工程"专题小组综合有关方面技术力量，多方调查、钻研、试验，经历了8年之久的分析、对比，最后确定了王选教授研发的第四代激光照排技术方案。1979年7月，我国自主研发的"华光Ⅰ型排版系统"试验成功。1985年4月，"华光Ⅱ型排版系统"作为当时中国为数不多的高新技术成果，参加了在日本筑波举行的世界博览会。1985年5月，"华光Ⅱ型计算机激光汉字编辑排版系统"通过国家经济委员会主持的国家级鉴定和新华社用户验收，成为我国第一个实用照排系统。它也标志着排版系统正式迈出实验室，从而走上了实用化道路。

世界博览会是一项由主办国政府组织或政府委托有关部门举办的有较大影响和悠久历史的国际性博览活动，参展者向世界各国展示当代文化、科技和产业上正面影响各种生活范畴的成果。

1987年下半年，经过无数次的实验，"华光Ⅲ型

图 2-23　王选在指导青年科技工作者进行新技术开发
资料来源：新华社."当代毕昇"——王选 .http://www.gov.cn/test/2009-09/22/content1423291.htm[2021-01-08].

排版系统"的运行越来越顺利，效益也极大提高。同年 10 月，中国共产党第十三次全国代表大会在北京召开，大会工作报告全文 34 000 多字，《经济日报》在收到新华社电讯稿之后，立即使用华光系统进行计算机排版，整个过程仅用 20 分钟，而其他的大报则召集一批最熟练的铅字排版工人，苦战了三四个小时才完成同样的任务。相比较而言，激光照排的威力充分显示出来，并因此名扬天下。

1993 年，国内 99% 的报社和 90% 以上的书刊印刷厂都采用了国产激光照排系统。这样就使得我国延续上百年的铅字印刷行业得到彻底改造，这也表明我国走完了西方经历 40 年才完成的技术改造道路。截至 20 世纪末，激光照排系统累计产值达 100 亿元，创利 15 亿元，出口创汇 8000 万美元，产生了极大的经济效益和社会效益。2002 年 6 月 28 日，原国务委员、国家经济委员会主任张劲夫在《人民日报》上刊登了《我国印刷技术的第二次革命》一文，其中指出："汉字激光照排技术在改造我国传统的印刷业中发挥了巨大作用。如果说从雕版印刷到活字印刷是我国第一次印刷技术革命的话，那么从铅排铅印到照排胶印就是我国第二次印刷技术革命。"

## 当代毕昇

从 1946 年开始，西方人发明了第一代手动式照排机，到 40 年后的 1986 年才开始推广应用第四代激光照排技术。王选的发明，使我国从铅排和铅印直接跨入激光照排时代，一步跨越了西方走过的 40 年。现在，中国人能够清楚与便利地阅读大量新出版的中文书籍与报刊，王选与他的科研团队厥功至伟。王选带领科研团队研制成功汉字信息处理与激光照排系统，实现了核心技术的突破。更重要的是，王选及其团队实现了科研成果市场化和产业化，进而掀起了我国"告别铅与火、迎来光与电"的印刷技术革命，由此树立了中国印刷技术发展史上继雕版印刷术和活字印刷术后的第三座里程碑。

王选及其团队取得的科研硕果产生了巨大的影响：一方面，使来华销售的国外厂商全部退出中国；另一方面，他们将最新的产品出口至日本、欧美等发达国家和地区，使我国拥有自主知识产权、技术和品牌的产品大规模进入国际市场，并为汉字迈入计算机信息时代奠定了重要基础。这为信息时代汉字和中华文化的传承与发展创造了条件。

> 国家科学技术进步奖是国务院设立的国家科学技术奖五大奖项（国家最高科学技术奖、国家自然科学奖、国家技术发明奖、国家科学技术进步奖、国际科学技术合作奖）之一。

这项技术曾两次获得国家科学技术进步奖一等奖。

1991 年，王选任北京大学计算机研究所所长，他曾以计算机研究所为依托建立文字信息处理技术国家重点实验室、电子出版新技术国家工程研究中心，这两个部门均由王选担任主任。同年，王选当选为中国科学院院士。翌年，他又当选为第八届全国政协委员。2001 年，王选获国家最高科学技术奖，他也被誉为"当代毕昇"。2008 年，经国际小行星命名委员会批准，将国际编号为 4913 号的小行星命名为"王选星"。

王选团队研制激光照排的过程，正值我国改革开放、国民经济从计划经济向社会主义市场经济过渡和转变的时期。他在当时科研条件十分简陋、外国厂商大举进军中国市场，以及许多人自信不足、崇尚引进的困难挑战下，紧跟我国科技体制改革的时代步伐，带领团队攻坚克难，一步步实现了颠覆性技术创新、应用创新、自主创新和体系创新，走出了一条产学研结合的成功之路，成为创新驱动发展的时代典范。王选院士曾多次强调：实现一切创新理念的基础，是要有一种"十年甚至十五年磨一剑"的精神，看准方向和目标并有了正确的技术路线和方案后，需要忍受各种不适当的、急功近利的评估方法和干扰，始终坚定决心和信心，锲而不舍地奋斗下去。

2018 年 12 月，在中共中央、国务院召开的"庆祝改革开放 40 周年大会"上，王选院士被授予"改革先锋"称号，获得"科技体制改革的实践探索者"的高度评价。他的科学精神、创新思想和宝贵实践，在我国当前转变经济增长方式、建设创新型国家的过程中具有重要的现实意义和深远的历史意义。

# 参考文献

丛中笑 . "当代毕昇"与我国第二次印刷技术革命——王选的创新思想与
实践对建设创新型国家的示范意义（一）[J]. 人民论坛，2018（12）：
119-123.

科日 . 共和国印刷技术的沧桑巨变 [J]. 今日科苑，2009（1）：42-44.

李金雨 . 简述我国排版技术发展史 [J]. 沈阳大学学报（社会科学版），2017，
19（6）：716-719.

王立建，李君，马雪君，等 . 肖建国：忆恩师王选，谈拼搏之路 [J]. 印刷工
业，2018（5）：124-125.

张方方 . 特立独行的"技术控"——"汉字激光照排"创始人、计算数学专
家王选 [J]. 中国科技奖励，2016（9）：29-35.

# 独出机杼：丙纶级聚丙烯树脂的成功研制

在中华人民共和国成立后相当长的时期内，中国城乡居民都需要凭票购买棉布。1949 年时，中国仅具备每年生产总量 18.9 亿 m、人均 3.5m 棉布的能力，连基本的纺织品需求都无法满足。1983 年 12 月 1 日，以商业部通告全国"敞开供应棉布，取消布票"为标志，纺织工业成为率先告别短缺经济，最先由卖方市场转变为买方市场的经济领域。面对"人多耕地少""粮棉争地"的困境，仅仅依靠天然农产品来解决中国人吃饱穿暖问题是不现实的，化纤工业的建设发展是我国解决穿衣问题的关键。丙纶（聚丙烯纤维的商品名）是涤纶、锦纶、丙纶、腈纶和维纶五大化学纤维中我国唯一自主研究开发成功的产品。丙纶的成功研制反映了中国化纤工业从无到有的历史轨迹，意味着中国具备了化纤生产能力，还具备了化纤研发实力。

## 新中国化纤工业的建立

新中国成立以前，中国仅有棉纺织行业具有一定基础，毛纺织、麻纺织、丝绸和针织等其他行业的规模都非常小，化学纤维工业更是一片空白。20 世纪 50 年代后期，中国的化学纤维年产量还不足 1 万 t，因而在全球经济统计中被"忽略不计"。化学纤维又分为两大类，一类是以竹子、木材等天然高分子化合物为原料制造的人造纤维，另一类则是主要以石油为原料纯化学合成的合成纤维。1953 年，纺织工业部提出"天然纤维与化学纤维并举"

的方针，并基于我国棉短绒资源丰富的国情，率先发展黏胶纤维。

旧厂恢复和改造、引进国外先进技术、由纺织系统自行建设新厂三项工作，奠定了中国化纤工业的基础。严格来说，1957年可以算作新中国化纤工业的起始点。这一年，我国逐渐恢复重建了两个重要的化纤厂：丹东化学纤维厂（当时称为安东化学纤维厂）和上海化纤四厂（当时称为安乐人造丝厂），上述两个化纤厂在1958年复工扩建工作完成后，年产能达到5000t，成为中国黏胶短纤维生产的起点。

旧厂改建期间，纺织工业部同时提出应引进国外先进技术来加快化纤工业的发展。1956年，经周恩来总理批准，从民主德国成套引进黏胶长丝技术，于1960年7月建成保定化纤厂，引进尼龙长丝技术，于1957年建成北京合成纤维实验厂。到1960年时，中国化学纤维的年生产能力已达年产量1.06万t，开始被纳入"世界化纤产量统计"。同时，由于保定化纤厂使用的是民主德国较为先进的技术装备，掌握了比较完整的生产技术、企业管理和建设方面的经验，它还成为中国化纤领域专业人才的培养基地。

## 中国化纤工业的规模化建设

20世纪60年代初，棉花连续减产使化学纤维的重要性进一步得到凸显。中央建议采用棉短绒和木浆粕为原料，继续建设一批黏胶纤维厂，所需设备由国内自行设计、自行制造。1961年初，第一套国产黏胶短纤维设备研制成功并在安达第一棉纺织厂化纤分厂安装试生产。随后南京、新乡、杭州、吉林等地陆续建立了一批黏胶企业，使我国初步具备化纤量产能力。

20世纪50年代以后，发达国家相继实现了聚乙烯醇缩甲醛纤维、聚丙烯腈纤维、聚酯纤维等合成纤维品种的工业化。得益于国际石油化工业的发展，合成纤维产量于 1962 年超过羊毛产量，于 1967 年超过人造纤维，在化学纤维中占据主导地位，成为仅次于棉的主要纺织原料。根据当时世界化纤技术发展的趋势，纺织工业部在 1963

> 合成纤维是将人工合成的、具有适宜分子量并具有可溶（或可熔）性的线型聚合物，经纺丝成形和后处理而制得的化学纤维。与天然纤维和人造纤维相比，合成纤维生产不受自然条件的限制。

年进一步明确了中国纺织工业应当实行人造纤维和合成纤维并举并以合成纤维为主的发展路线。我国先后从日本和英国引进了年产 1 万 t 的维尼纶设备和年产 8000t 的腈纶设备，分别于 1965 年建成北京维尼纶厂和兰州腈纶厂，实现了合成纤维的量产。

20 世纪 60 年代末 70 年代初，大庆油田的开发以及中国恢复联合国合法席位，从工业原料和国际经贸合作两方面为引进成套石油化纤设备提供了前提条件。1972 年 1 月，时任轻工业部部长的钱之光组织起草《关于充分利用我国石油、天然气资源，发展化纤和化肥的报告》，得到中央批准。轻工业部内成立了成套设备进口办公室，国家集中资金，引进世界先进技术装备，先后建成了上海石油化工总厂、辽阳石油化纤厂、天津石油化纤厂和四川维尼纶厂"四大化纤"基地，总规模达 35 万 t/a，其中涤纶 18 万 t/a、腈纶 4.7 万 t/a、锦纶 4.5 万 t/a、维纶 7.8 万 t/a。其中上海石油化工总厂的投建，使我国有了第一批涤纶纤维，虽然当时的产能仅有 2.2 万 t/a，却为全国提供了国产"的确良"面料的生产原料。至此，中国化纤工业初具规模。

## "降温母粒法"的发明

随着我国石油化学工业的发展，作为副产品的丙烯产量迅速增长。丙纶具有密度小、熔点低、高强力、耐酸碱等特点，被广泛应用于服装、装饰和产业等方面。同时，由于原料单一、能源消耗少、纺丝过程简单，所以丙纶的成本较其他种类的合成纤维低。结合实际情况，1974年中国科学院化学研究所将"研究开发穿着用聚丙烯纤维（丙纶）"列为重点课题，目标是将以前只能用于制造编织袋、无纺布等低值产品的聚丙烯发展成为一个高附加值的化纤品种，为实现国家提出的"化纤代棉"的战略目标作出贡献。

> 丙纶是以石油精炼的副产物丙烯为原料制得的合成纤维的中国商品名，又称聚丙烯纤维。丙纶原料来源丰富，生产工艺简单，产品价格相对其他合成纤维低廉。这种纤维的物理机械性能特点是强度高，湿强度和干强度基本相同，比重小，耐磨损，耐腐蚀。

在研发的初始阶段，中国科学院面临两大难题：一是国外厂商对丙纶技术的严密封锁，二是聚丙烯本身存在纺丝性能差、易老化和着色难的问题。丙纶纺丝温度过高是所有的技术问题中最难解决的。1974年，由钱人元院士领导的研究小组从高分子物理的角度对聚丙烯熔体在高温下的化学变化、熔体流变性能与分子结构的关系，以及纺丝过程中结构变化等进行了系列研究，终于找到了这一问题的根本原因在于所用的聚丙烯分子量过大。

1978年，研究小组在大量实验的基础上找到了"有机过氧化物"这一类优秀的分子量调节剂，提出了采用国产有机过氧化物控制降解以改善聚丙烯树脂的纺丝性能。此后，研究小组又提出了将降解促进剂以母粒的形式加入商品聚丙烯树脂中进行丙纶纺丝，即"降温母粒法"。"降温母粒法"在工业生产中的应用使丙纶纺丝温度降低了 50℃，大幅度提高了纤维的生产效率，带来显著的经济效益。该研究成果于 1980 年获得国家技术发明奖三等奖。

## 丙纶级聚丙烯树脂的成功研制

中国的丙纶研究虽然在 20 世纪 70 年代末取得了重大突破，但丙纶产量直到 1981 年还仅有几千吨，难以满足国家经济建设的需要。丙纶级聚丙烯树脂的制造属于丙纶生产中最为核心的专利技术，在成功自主研发此项制造技术之前，外商甚至从来不肯把类似规格的树脂卖给我国。开发适用的新型丙纶级聚丙烯树脂新牌号是从根本上解决丙纶工业化生产的突破口。

1982 年，中国科学院化学研究所与辽阳石油化纤公司化工三厂提出采用化学降解法联合研制新型丙纶级树脂，首先生产出高熔融指数的树脂新牌号，紧接着又成功开发了两种丙纶级树脂新牌号（70218 和 70226），新树脂完全适用于当时国内大部分丙纶厂纺丝设备的要求，各项质量指标达到了同期国际同类产品的先进水平，彻底解决了丙纶生产欠稳定和质量欠均匀等问题。该产品的成功研制促进了丙纶工业在我国的迅速发展，我国丙纶工业进入国际先进行列，这一成果获得 1987 年中国石油化工总公司科技进步一等奖。此后，丙纶稳定纺丝新工艺等系列技术也陆续完成开发，"聚丙烯纺丝中结构与性能关系的研究"获中国科学院 1989 年度自然科学奖一等奖；"丙纶级聚丙烯树脂的研制、工业化生产和应用"成果获得 1988 年中国科学院科技进步奖一等奖、1989 年国家科学技术进步奖一等奖。

在上述基础上，中国科学院化学研究所又进一步开发出系列适合高速纺和细旦化的合金化丙纶专用树脂和纺丝新技术，并研制出系列功能性细旦丙纶织物，在我国实现了细旦、超细旦丙纶长丝工业化生产零的突破，于1996年获得中国科学院科技进步奖一等奖。至此，我国在科学的基础上建立了较为完善的丙纶生产工业。

图 2-24　丙纶级聚丙烯专用树脂和细旦、超细旦丙纶长丝
资料来源：丙纶级聚丙烯树脂的研制、工业化生产和应用. http://www.60yq.cas.cn/60nbxzdcgzs/200909/t20090919_2511848.html[2021-01-08].

## 中国化纤工业发展展望

据日本化纤协会预计，世界人均纤维消费将从 20 世纪初的 1kg 增长至2030 年的 16kg，支撑这一数据变化的正是化学纤维的迅速增产。与世界总体趋势相仿，中国化纤工业的跨越式发展使得穿衣问题成为"衣食住行"四大民生问题中解决得最早最好的一个。

1995 年以前，中国化纤工业是国家在市场总量供应严重不足、处于卖方市场的情况下，以国家为主投资建设发展起来的。20 世纪 90 年代中期，中国逐渐开始引领世界化纤制造业，在 1996 年反超美国位居世界化纤产量首位；其后 20 年，中国化纤工业仍保持高速发展，到 2010 年中国化纤产量已是美国的 10 倍。经过多年的努力，中国化学纤维工业不但在生产能力和产量上从无到有，而且产品的品种由少而多、质量由低而高。在纺织科学中，新材料的研发和应用是世界各国抢占市场份额的重要前提，"研究开发穿着用聚丙烯纤维（丙纶）"是一项技术含量高、时间跨度长的系列科研项目，它的成功为我国合成纤维行业增加了一个化纤大品种，这无疑具有相当深远的战略意义。

# 参考文献

樊洪业 . 中国科学院编年史（1949~1999）[M]. 上海：上海科技教育出版社，1999.

季柳炎 . 技术革新推动中国化纤 70 年变迁 [J]. 纺织科学研究，2019（11）：38-43.

沈静姝，李兰，徐端夫，等 . 本体聚合聚丙烯的共混改性研究 [J]. 塑料工业，1988（2）：40-43.

周启澄，赵丰，包铭新 . 中国纺织通史 [M]. 上海：东华大学出版社，2017.

# 三、科教兴国

## 高峡平湖：国之重器三峡工程

2020 年入汛以来，中国南方发生多轮强降雨过程，导致多地发生严重洪涝灾害。截至 2020 年 6 月，根据水利部发布的信息：全国 16 个省（自治区、直辖市）198 条河流发生超警戒以上洪水，多于常年同期；重庆綦江上游干流及四川大渡河支流小金川更是发生了超历史洪水。长江上游洪水频发，直接威胁武汉等中下游城市的安全，因此三峡水利枢纽工程（简称三峡工程）的定海神针之能再次跃入民众眼帘。2020 年，长江中下游干流即将全面退出警戒。此次顺利度汛，三峡工程当记一功。

### 三峡大坝有多大？

三峡工程大坝长 2335m，底部宽 115m，顶部宽 40m，高程 185m，正常蓄水位 175m。大坝坝体可抵御万年一遇的特大洪水，最大下泄流量可达约 10 万 $m^3/s$。

三峡水利枢纽工程位于中国湖北省宜昌市三斗坪镇境内，距下游葛洲坝水利枢纽工程 38km，是当今世界上最大的水力发电工程。三峡水利枢纽工程分为主体建筑物及导流工程两部分，全

图 2-25 三峡
工程全景
资料来源：视觉
中国

长约 3335m，坝顶高程 185m，工程总投资为 954.6 亿元人民币。1994
年 12 月 14 日正式破土动工修建，2006 年 5 月 20 日全线修建成功。三峡
水电站 2018 年发电量突破 1000 亿 kW·h，创单座电站年发电量世界新
纪录。

## 伟人大手笔

中华民族五千年的文明史也是一部治水史。兴水利，除水害，历来被视
为治国安邦的大事。一个世纪以来，三峡工程承载了中华民族治水强国的梦
想。1918 年，中国民主革命先行者孙中山先生最早提出了兴建三峡工程的
设想。20 世纪三四十年代，在抗日战争最为艰难的时期，国民政府利用中
外技术力量，对三峡水力资源进行了初步勘测、设计和研究。中华人民共和
国成立后，鉴于长江防洪的严峻形势和经济发展的迫切需求，党和政府迅速
着手开展长江流域规划和综合治理，三峡工程被提上了议事日程。

1953 年初，中共中央决定在 6 月召开全国经济工作会议，提出了第一

个五年计划。为了掌握制定相关战略和政策的第一手资料，毛泽东主席决定沿长江对武汉至南京段进行考察，沿途听取相关负责人的汇报和建议。在确定这次考察的行程时，毛泽东明确指示巡视三峡。毛泽东的这一决定，既是为了视察海军，更是为了重点考察长江水利工作，其间初步擘画出三峡工程的宏伟蓝图。

1958 年 1 月，毛主席在南宁主持会议，听取专门汇报；3 月，成都会议通过《中共中央关于三峡水利枢纽和长江流域规划的意见》。1958 年 3 月 30 日，毛主席再次亲临视察长江三峡。三峡工程规模巨大，经济社会效益显著，对国民经济和生态环境影响深远，因此国家对三峡工程决策始终抱着审慎、科学的态度；12 月 30 日，葛洲坝工程开工建设。葛洲坝是万里长江第一坝，也是三峡工程的试验坝。1988 年，葛洲坝工程整体完工，实践证明三峡建坝可行。

**三峡工程创造的世界纪录**

三峡水电站共安装 32 台 70 万 kW 水轮发电机组，其中左岸 14 台、右岸 12 台、地下 6 台，另外还有 2 台 5 万 kW 的电源机组，总装机容量 2250 万 kW，远远超过位居世界第二的巴西伊泰普水电站。截至 2014 年 12 月 31 日 24 时，三峡水电站全年发电量达 988 亿 kW·h，创单座水电站年发电量新的世界最高纪录。

改革开放的总设计师邓小平同志就三峡工程正式上马问题，拍板下了决心。1992 年 4 月 3 日，全国人大七届五次会议表决通过《关于兴建长江三峡工程的决议》。1994 年 12 月 14 日，三峡水利枢纽工程正式开工。1997 年 11 月 8 日，江泽民、李鹏、曾庆红、罗干等党和国家领导人出席了三峡工程大江截流仪式。

## 精工细作出大坝

三峡工程位于长江西陵峡中段三斗坪，河谷开阔，花岗岩基岩坚硬完整，具有修建混凝土高坝的优越地形、地质和施工条件，被世界水电界称为"天然坝址"。作为世界上最大的混凝土重力坝，三峡工程混凝土浇筑总量达 2800 万 $m^3$，是葛洲坝工程的 2.5 倍。

如何利用好坝址，解决"无坝不裂"的难题，成为重要挑战。针对气泡、错台、漏浆、蜂窝等这些大坝混凝土浇筑的"常见病"，三峡工程建设者多措并举，细化改进，确保浇筑"内实外光"、精细至极。其间专门研究提出高性能混凝土配合比设计新理念，形成大坝混凝土配制新技术，得到高耐久、高抗裂且施工性能优良的高性能混凝土，相关综合技术措施被纳入行业标准。在验收现场，质检专家组不住感叹：三峡工程的建设者们创造了奇迹——大坝右岸连发丝般的裂缝都没有，二期浅层裂缝经修补没有留下任何隐患，创造了大坝浇筑"天衣无缝"的世界奇迹。

三峡大坝浇筑采用个性化和智能精细化温度控制，首次实施全过程混凝土温控防裂关键技术，提出了大仓面 3~4.5m 厚层浇筑施工技术，解决厚浇筑层散热难题，突破浇筑层厚和层间间歇期的限制，克服了国内外水电建设中"无坝不裂"的顽症。浇筑施工中，现场预埋温度测量管监测混凝土浇筑温度，为大坝外侧盖上"保温被"。同时，在混凝土重力坝、大型地下洞室、土石坝、碾压混凝土坝、沥青心墙等建筑物内埋设监测仪器 16 252 支，时刻监测大坝浇筑中的每一个数据，严密保护着每一方混凝土。

作为世界上最大的水电站，三峡工程总装机容量 2250 万 kW，相当于 20 座百万千瓦级电站。三峡工程的 70 万 kW 机组中 14 台是具有自主知识产权的全国产化机组。三峡工程首创机组快速安装技术：在三峡左岸电站，创造了在同一电站年装机投产 210 万 kW 和 70 万 kW 机组安装工期 290 天两项新纪录；在右岸电站，创造了一年内安装投产 4 台全国产化 70 万 kW 机组的世界纪录，8 台巨型机组仅用两年时间就实现了全部投产。

一系列新纪录诞生的背后，是三峡工程建设者的智慧与匠心。例如快速装机新技术，突破了原有技术复杂、工程量大、施工强度高的不利影响，先后创新机组轴线测量调整、定位筋精确快速安装、机坑外联轴同镗等新技术，首创底环倒装法、顶盖三次安装法、下机架二次安装法等新工艺，形成的新技术、新工艺，为以后的水利工程建设创造了巨大的经济效益和社会效益。

另外，水轮发电机组总装调整技术直接影响到机组运行的稳定性和使用寿命，对工程人员提出了严峻挑战。三峡工程建设者为此提出了一整套先进计算理论和计算程序，变静态数据调整方法为动态数据调整方法，提高机组稳定性，开创了我国大型水轮发电机组安装调试理论的先河，其成果居世界领先水平。

还有定子"无尘、恒温、恒湿"下线技术，对施工质量和机组运行影响极大。为此专门首创设计了定子下线无尘、恒温、恒湿下线设施，通过内置除湿机、空调机及吹风除尘装置，保证恒定的温度、湿度、洁净度，同时设计环形电动起吊装置胶轮运输台车，可完成线棒全方位运输。

上述发明创造和工艺创新，不仅提高了三峡机组安装调试的质量和速度，还被运用到溪洛渡、锦屏二级、龙开口以及巴基斯坦 Neelum-Jhelum 水电站工程等国内外大型水电站建设，为中国水电走向世界，服务"一带一路"

图 2-26 三峡
工程局部
资料来源：视觉
中国

倡议作出了突出贡献。

## 大工程大效益

2018 年 4 月 24 日，习近平总书记视察三峡工程时做出重要指示，大大激励了广大三峡水利人。三峡工程建成后，江汉平原最薄弱的荆江河段防洪标准从十年一遇提高到百年一遇，可有效保护 1400 万人口和 2300 万亩（注：1 亩 ≈ 666.67m$^2$）耕地。洞庭湖地区防洪能力也获得明显提升，保护了当地 1.6 万 km$^2$ 土地和 2340 万人口的生命财产安全。

三峡水利枢纽运行以来，多次进行防洪调度，成功发挥了拦洪错峰作用。2012 年汛期，三峡水利枢纽经历了成库以来最大洪峰流量 71 200m$^3$/s，经水库削峰后仅以 40 000m$^3$/s 下泄，确保了长江中下游防洪安全。2012 年汛期累计拦蓄洪水 228.4 亿 m$^3$。相比之下，1998 年洪峰流量仅为 63 300m$^3$/s，2010 年和 2012 年洪峰流量均远大于 1998 年。若未建三峡水库，防汛形势将比 1998 年更为严峻。

三峡水电站年发电量近 1000 亿 kW·h，已经累计发电超过 1 万亿 kW·h，分送华东、华中及南方电网，为经济发展提供强大动力，为节能减排作出重大贡献，取得显著的调峰节能、储能节能效益。

2011 年，北半球多个国家和地区发生罕见旱情，中国长江中下游部分地区更是遭遇了百年一遇的大面积干旱。其间三峡水库累计向下游供水 220 亿 m³，有效改善了中下游生活、生产、生态用水和通航条件，为缓解特大旱情发挥了重要作用。

三峡工程蓄水后，改善航道里程 650km，万吨级船队可从上海直达重庆，船舶运输成本降低 1/3 以上，能耗降低近 2/3；库区水上交通事故减少 2/3，重大交通事故是蓄水前的 1/17，长江成为名副其实的黄金水道。自 2003 年蓄水通航以来，长江航运业蓬勃发展，年货运量已经突破 1 亿 t，是三峡蓄水前平均年货运量的 10 倍，促进了东西部经济协调发展。

三峡水库运行后，通过实施生态调度，为发展渔业、改善环境、增加就业和提高民众生活质量带来积极影响。三峡工程蓄水后，原有自然景观更为美丽，同时又增添了高峡平湖等人文景观。三峡坝区已经成为广大中外游客重要的旅游目的地，游客数量连年攀升。截至 2018 年共接待国内外游客 2704 万余人次，大大促进了长江黄金旅游带的形成。展望未来，三峡库区将进一步优化产业结构，推动服务业发展，增加当地居民就业，成为名副其实的富民工程。

一代代水利人砥砺前行，将三峡工程这个国之重器由梦想变为现实。三峡工程是世界上承担综合功能任务最多、工程规模最大、装机容量最大的水电项目，是一项承载百年治水强国梦想的民族工程，是一个惠及千秋、国运所系的民生工程，也是中华民族伟大复兴、屹立东方的标志性工程。

# 参考文献

陈飞 . 三峡工程：承载百年治水强国梦 [N]. 中国水利报，2019-11-21
　（6）.

葛宣 . 科技争先 匠心报国——长江三峡枢纽工程高质量铸造历程 [J]. 施工企
　业管理，2020（5）：108-110.

郭振英 . 三峡工程是长江经济带建设的重要支撑 [N]. 人民长江报，2020-
　05-02（5）.

# 基因蓝图：我国参与的人类基因组绘制完成

1953 年 4 月 25 日，克里克（Francis Harry Compton Crick，1916—2004）和沃森（James Dewey Watson，1928—　）合作在《自然》杂志上发表了一篇题为《核酸的分子结构——DNA 的一种可能结构》的论文。他们的论文被誉为是"生物学的一个标志，开创了新的时代"。在此基础上，克里克进一步分析了脱氧核糖核酸（deoxyribonucleic acid，DNA）在生命活动中的功能和定位，提出了著名的中心法则，由此奠定了整个分子遗传学的基础。

## 三足鼎立

基因是控制生物性状的基本遗传单位，是产生一条多肽链或功能 RNA 所需的全部核苷酸序列。基因支持着生命的基本构造和性能，储存着生命的种族、血型、孕育、生长、凋亡等过程的全部信息。环境和遗传的互相依赖，演绎着生命的繁衍、细胞分裂和蛋白质合成等重要生理过程。生物体的生、长、衰、病、老、死等一切生命现象都与基因有关。它也是决定生命健康的内在因素。因此，基因具有双重属性：物质性（存在方式）和信息性（根本属性）。带有遗传信息的 DNA 片段称为基因，其他的 DNA 序列，有些直接以自身构造发挥作用，有些则参与调控遗传信息的表现。

事实上，早在 19 世纪 60 年代，奥地利遗传学家格雷戈尔·孟德尔就提出了生物的性状是由遗传因子控制的观点，但这仅仅是一种逻辑推理。20

世纪初期，遗传学家摩尔根通过果蝇遗传实验，认识到基因存在于染色体上，并且在染色体上呈线性排列，从而得出染色体是基因载体的结论。1909年，丹麦遗传学家约翰逊（W. Johannsen，1857—1927）在《精密遗传学原理》一书中终于正式提出"基因"概念。

进入20世纪30年代，许多生物学家已经意识到，像蛋白质这样的高分子很有可能是基因的基础物质。但是，蛋白质只是结构性和功能性的高分子，并且很多又是酶。20世纪40年代中期，生物学家已经开始发现另一种高分子——脱氧核糖核酸，这是染色体另一个重要的结构，有可能是基因的根源。

### 什么是DNA？

脱氧核糖核酸是核酸的一种，因分子中含有脱氧核糖而得名。DNA携带有合成RNA和蛋白质所必需的遗传信息，是生物体发育和正常运作必不可少的生物大分子。DNA是由脱氧核苷酸组成的大分子聚合物。脱氧核苷酸由碱基、脱氧核糖和磷酸构成。其中碱基有4种：腺嘌呤（A）、鸟嘌呤（G）、胸腺嘧啶（T）和胞嘧啶（C）。

### 什么是遗传密码?

遗传密码是一组规则，将三个核苷酸为一组的密码子转译为蛋白质的氨基酸序列，以用于蛋白质合成。密码子由mRNA上的三个核苷酸[如异亮氨酸（ACU）、谷氨酰胺（CAG）、苯丙氨酸（UUU）]的序列组成，每三个核苷酸与特定氨基酸相关。

可是也有证据说明DNA和生物学家的目标无关；DNA可能只是给更重要的蛋白质分子提供基本的框架而已。正在这时，克里克在1949年开始利用

X 射线来研究蛋白质结晶。

1951年，克里克与威廉·科克伦（William Cochran）及范德（Vladimir Vand）一起推出了螺旋形分子的 X 射线衍射的数学理论。从这个数学理论得出的结果和认为含有 α 螺旋的蛋白质的 X 射线实验结果正好吻合。1951年，沃森来到剑桥与克里克共事，他们都对分子结构如何储存遗传信息这个问题很感兴趣。

1951年11月，威尔金斯提供给沃森和克里克一项非常重要的实验结果，即 DNA 的 X 射线衍射的实验结果表明 DNA 的结构必定是螺旋形的。同时，富兰克林发现：DNA 里亲水的磷酸盐应该位于螺旋表面，而疏水的碱性部分应该位于螺旋内部；而在他们的模型中，磷酸盐位于螺旋的内部，显然是不正确的。克里克请威尔金斯与富兰克林继续帮助研究 DNA 的分子结构。威尔金斯向他们提供了最新的、还没有发表的 X 射线衍射图像；富兰克林也在 1952 年向他们提供了对这些图像所做的分析。

1953 年 4 月 25 日，沃森及克里克在《自然》上公布研究结果。1962年，沃森、克里克及威尔金斯因为 DNA 研究被授予诺贝尔奖。

图 2-27 双螺旋结构：詹姆斯·沃森（左）与弗朗西斯·克里克
资料来源：黄月 . 89 岁沃森来华：发现过 DNA 双螺旋，拿过诺奖，写过一部毁誉参半的回忆录 . https://www.jiemian.com/article/1213355.html[2021-01-08].

## 人类蓝图

DNA双螺旋结构的发现是20世纪最为重大的科学发现之一,与相对论、量子力学一起被誉为20世纪最重要的三大科学发现。也是继爱因斯坦发现相对论之后的又一划时代发现,该发现标志着生物学研究进入了分子层次。

所谓人类基因组计划(human genome project,HGP)是一项规模宏大、跨国跨学科的科学探索工程。其宗旨在于测定组成人类染色体(指单倍体)的核苷酸序列,从而绘制人类基因组图谱,并且辨识其载有的基因及其序列,达到破译人类遗传信息的最终目的。人类基因组计划在研究人类过程中建立起来的策略、思想与技术,构成了生命科学领域新的学科——基因组学,可以用于研究微生物、植物及其他动物。人类基因组计划与曼哈顿原子弹计划和阿波罗计划并称为三大科学计划,是人类科学史上的又一个伟大工程,被誉为生命科学的"登月计划"。

选择人类的基因组进行研究是因为人类是在"进化"历程上最高级的生物,对它的研究有助于人认识自身、掌握生老病死规律、诊断和治疗疾病、了解生命起源。人类基因组DNA草图需要测出人类基因组DNA的30亿个碱基对的序列,发现所有人类基因,找出它们在染色体上的位置,破译人类全部遗传信息。在人类基因组计划中,还包括对5种生物基因组的研究——大肠杆菌、酵母、线虫、果蝇和小鼠,称为人类的五种"模式生物"。HGP的目的是解码生命、了解生命的起源、了解生命体生长发育的规律、认识种属之间和个体之间存在差异的起因、认识疾病产生的机制以及长寿与衰老等生命现象、为疾病的诊治提供科学依据。

健康相关研究是HGP的重要组成部分,人们1997年相继提出"肿瘤基因组解剖计划""环境基因组计划"。人类疾病相关的基因是人类基因组中结构和功能完整性至关重要的信息。对于单基因病，采用"定位克隆"和"定位候选克隆"的全新思路，导致了亨廷顿病、遗传性结肠癌和乳腺癌等一大批单基因遗传病致病基因的发现，为这些疾病的基因诊断和基因治疗奠定了基础。心血管疾病、肿瘤、糖尿病、神经精神类疾病（阿尔茨海默病、精神分裂症）、自身免疫性疾病等多基因疾病是疾病基因研究的重点。

现代制药产业很大程度上依赖于有效的药物靶来开发新的治疗手段。掌握人类的全部基因和蛋白质信息，将极大地扩展合适药物靶的寻找。虽然仅仅人类的小部分基因可以作为药物靶，但可以预测这个数目将在几千之上，这个前景将导致基因组研究在药物研究和开发中的大规模开展。

## 中国挑战

人类基因组计划由美国科学家于 1985 年率先提出，1990 年正式启动。发达国家和我国科学家共同参与了这一预算达 30 亿美元的大型国际科技合作攻关计划。按照这个计划的设想，要把人类基因的密码全部解开，同时绘制出人类基因的图谱。截止到 2003 年 4 月 14 日，人类基因组计划的测序工作已经完成。其中，2001 年人类基因组工作草图的发表被认为是人类基因组计划成功的里程碑。

国际 HGP 研究的飞速发展和日趋激烈的基因抢夺战已引起了中国政府和科学界的高度重视。在政府的资助和一批高水平生命科学家的带领下，中国已建成了一批实力较强的国家级生命科学重点实验室，组建了国家人类基因组北方研究中心、国家人类基因组南方研究中心。我国由此有了研究人类基因组的条件和基础，并引进和建立了一批基因组研究中的新技术。中国的HGP 在多民族基因保存、基因组多样性的比较研究方面取得了令人满意的成果，同时在白血病、食管癌、肝癌、鼻咽癌等易感基因研究方面也取得了较大进展。

　　中国是世界上人口最多的国家，有 56 个民族和复杂多样的病种资源，并且在个别地区，受地理环境与生活习俗影响，形成了较为罕见的族群和遗传隔离群，一些多世代、多个体的大家系具有典型的遗传性状，这些都是克隆相关基因的宝贵材料。但是，由于中国的HGP 研究工作起步较晚、底子薄、资金投入不足，缺乏一支稳定的、高素质的青年生力军，中国的 HGP 研究工作与国外近年来的惊人发展速度相比，差距还很大，并且有进一步加大的危险。因此，我们在这场基因争夺战中必须坚守住自己的阵地，否则在 21世纪的竞争中我们又将处于被动地位：我们不能自由地应用基因诊断和基因治疗的权利，我们不能自由地进行生物药物的生产和开发，我们也不能自由地推动其他基因相关产业的发展。

图 2-28　第一个亚洲人基因组图谱成果论文在《自然》上发表
资料来源：全景商学院．敢叫板苹果？手中的遗传密码是华大基因最大的底气 .http://www.p5w.net/kuaixun/201707/t20170714_1877913.htm[2021-01-08].

# 参考文献

牛顿 . 詹姆士·沃森与法兰西斯·克里克：DNA 结构发现者 [M]. 张国廷，
   译 . 北京：外文出版社，1999.

蒋功成 . 克里克·1953 年 [M]. 上海：少年儿童出版社，2008.

切尔法斯 . 人类基因组 [M]. 周辉荣译 . 北京：生活·读书·新知三联书店，
   2003.

# 荣"花"富贵：转基因抗虫棉

在棉花传入与普及前，中国古人主要穿麻葛、丝绸、皮裘等。经历一个漫长的传入与推广期之后，棉花极大地改善了中国人的衣着材料，有效增强了其应对寒冷的能力，推动了中华民族的发展、繁衍与进步。如今，棉花是中国种植业生产中产业链最长的大田经济作物，其商品率高达 95% 以上，但棉花产业尚存在许多不足之处。因此不断加大对棉花生产的科研投入，努力提高中国棉花的单产水平和总产量，是不断满足国内纺织行业对棉花需求并缩小国内棉花供需缺口的有效手段。

澳棉、美棉已经成为全球优质棉的代名词。由于澳棉质量优异、与其他品种有时间差、出口到亚洲的运费低，澳棉对其他品种的高溢价仍将继续保持。国产棉花

## 棉花怎样改变中国服饰史？

中国古代服饰长期以麻类作物中的苎麻以及丝绸为原材料。棉花传入之前，麻类是中国广大民众所选择的最重要衣着材料。百姓被称为布衣，原因就是衣着麻布制成的服饰。宋末元初，棉花传入中国。棉花在中国的普及，起关键作用的一个人物就是黄道婆。黄道婆少年时曾流落到已经广泛种植棉花的海南岛。掌握了各种加工工具的使用后，黄道婆回到江南，棉制品也在整个中国推广开来。

大而不强，面对澳棉、美棉的夹击，国产优质棉花能够突出重围吗？中国棉业怎么做才能有所作为？

## 转基因棉发展现状

看似深奥的基因，对研究人员来说则是一系列具体可观、实在可操作的明确标的。华中农业大学作物遗传改良国家重点实验室棉花团队已经在棉花基因编辑系统研究方面取得系列突破，通过实施精准打靶，他们的新系统能成功敲除棉花基因中的"奸细"，为高品质棉花生产保驾护航。早在 2013 年，该团队尝试将水稻、拟南芥的 CRISPR 编辑体系引入棉花，没有获得成功。后经不断尝试，团队根据棉花的生物学特性，把调控元件改为棉花自身元件，第一套棉花基因编辑系统于 2017 年创建，编辑效率达 85%。科研攻关持续进行，棉花基因编辑系统第二套、第三套和第四套相继成功。

作为现代生物工程的重要手段，许多发达国家和发

> **棉花怎么来到中国的？**
>
> 棉花的原产地是印度和两河流域。在棉花传入中国之前，中国只有可供充填枕褥的木棉，没有可以织布的棉花。宋朝以前，中国只有带丝旁的"绵"字，没有带木旁的"棉"字。"棉"字是从《宋书》起才开始出现的。可见棉花的传入，至迟在南北朝时期，但是多在边疆种植。棉花大量传入内地，当在宋末元初，关于棉花传入中国的记载是这么说的：宋元之间始传种于中国，关陕闽广首获其利，盖此物出外夷，闽广通海舶，关陕通西域故也。由此可见，棉花的传入有海陆两路。泉州的棉花是从海路传入的，并很快在南方推广开来。

展中国家都在大力研究、开发和推广转基因技术。我国转基因作物研究始于20世纪80年代，是开展这项新技术研发最早的国家之一。2008年的中央一号文件首次提出，启动转基因生物新品种培育科技重大专项。当年10月党的十七届三中全会决定强调，实施转基因生物新品种培育科技重大专项，尽快获得一批具有重要应用价值的优良品种。转基因重大专项实施以来，我国建立起涵盖基因克隆、遗传转化、品种培育、安全评价等全链条的转基因技术体系。克隆具有重要育种应用价值的抗病虫、抗逆等性状的关键基因252个，部分重要基因已开始应用于转基因新材料创制。这些成果打破了发达国家和跨国公司基因专利的垄断。总体上，在转基因技术研究方面明显缩小了与发达国家的差距。

转基因是一项应用型技术。对此，我国一直积极稳慎地推进科研成果产业化应用。优质、高效的转基因新品种，要科学评估、依法管理，做好科学普及，在确保安全的基础上推进产业化。我国转基因品种应用最广泛的是棉花，我国已成为仅次于美国的第二个拥有自主知识产权的转基因棉花研发强国。截至2019年底，转基因专项共育成转基因抗虫棉新品种176个，累计推广4.7亿亩，减少农药使用70%以上，国产抗虫棉市场份额达到99%以上。目前，我国批准种植的转基因作物主要有抗虫棉和抗病番木瓜。我国还批准了转基因棉花等5种国外研发的转基因农产品作为加工原料进入国内市场。

## 转基因技术释惑

"转基因"，简单来说就是将人们希望的基因转入生物体。人们司空见惯的作物杂交育种本质上就是两个亲本各拿出一半的基因转给下一代，然后再经过对杂交后代的不断选育，培育作物新品种的育种方法，因此杂交育种其实就是大规模的"转基因"。传统意义上的"转基因"，则专指将某一特定基因，通过现代分子生物学手段转入其他物种，使其获得新性状的技术。例如，大家耳熟能详的转基因抗虫棉，就是将苏云金芽孢杆菌（Bt）的基因转入棉花中，使棉花可以产生对害虫有毒的 Bt 蛋白，从而获得具有抗虫害特性的棉花品种。此外，随着近年来"基因编辑"技术的进步，通过导入基因编辑载体对生物体原有基因进行定点修饰或敲除，获得的基因编辑生物也被称为转基因生物。

自古以来人类对动植物的驯化培育过程，本质上就是在不断地将对人类有益的基因通过杂交等方法转入驯化的动植物中，从而获得动植物新品种的过程。但是，传统育种基本只能在同物种或近缘物种中进行基因的转移，这样可以利用的基因资源范围就很窄。而转基因技术的出现则打破了这一限制，动物、植物、微生物等的基因均可导入动植物中，使得基因资源的利用范围大大拓宽。此外，转基因技术是"有的放矢"，对单个基因进行有目的的定向操作，根据基因的功能直接"一步到位"，通俗来说就是"缺什么转什么""哪里不好敲哪里"，这就大大提高了培育动植物新品种的效率。另外，通过转基因技术对动植物基因进行改良，还可以拓宽动植物利用的范畴。基于此，目前农业转基因生物的目标性状主要包括"多抗高效""高产优质""专用增殖"，从而可以减少农药用量，提高水肥利用率，改善作物的产量和品质，达到生态安全、食品安全和农业增收的效果。

总而言之，转基因本就是自然界中存在的一种自然现象，同其他科学技术一样，转基因技术也是在认识和了解自然现象的基础上，对其进行改造和利用，并不是什么人工捏造出来的特殊"邪术"。科研工作者不但要继续发展和研究转基因技术，也有责任向大众普及转基因食品安全性的真相，同时转基因作为一种生物技术，也必将不断发展，为认识和利用自然、造福人类发挥巨大的作用。从这个意义上说，在当今世界耕地面积减少、人口增长的背景下，转基因无疑会给人类带来福音。

## 安全又高效

棉花是遭受虫害最为严重的作物之一。棉田害虫种类繁多，其中以棉铃虫、棉蚜、棉红铃虫等危害最为广泛。20世纪80年代，棉铃虫逐渐成为危害棉花花蕾的第一大害虫，20世纪90年代开始，棉铃虫在我国北方棉田连年大面积暴发，多种防治方法均不易控制。棉花生产亟须抗虫品种，而传统育种方法选育的抗虫品种抗虫能力仍显不足。1994年，我国培育出第一批具有自主知识产权的转基因抗虫棉材料，为抗虫棉品种的选育带来了希望。选育和推广转基因抗虫棉品种是解决棉花虫害问题经济有效的手段，抗虫棉成为唯一大规模应用的转基因农作物。

目前转基因棉花中应用的抗虫基因主要包括来源于植物的昆虫蛋白酶抑制剂基因和植物凝集素基因等。以Bt基因为例，其产生的苏云金芽孢杆菌杀虫晶体蛋白，100多年来一直作为微生物类杀虫剂。Bt杀虫蛋白只针对特定种类的害虫起作用，而不能对人体产生伤害。棉花作为重要的天然纤维作物，其主要产品是棉纤维及棉短绒，主要副产品棉籽油和棉粕用于工业及用作肥料，显然不受转基因食品安全问题的困扰。同其他转基因作物的管理相同，棉花转基因产品从基因转化到产品上市也必须遵循科学严格的技术规范、检验程序及审批流程，因而其食品安全性和环境安全性也有科学保障。

　　科学家也一直关注种植转基因作物是否会对生物多样性和生态环境造成影响。例如，转基因作物的花粉会传播给非转基因作物或者杂草，造成外源基因"污染"或者产生超级杂草。这种目标基因向附近野生近缘种的自发转移现象称为"基因漂移"，在自然界广泛存在，并不是转基因作物所特有。生产中在转基因作物与非转基因作物间设置一定距离的安全隔离，就可以将发生基因漂移的频率降至国际或国家标准以下。转基因作物会对生长环境中生态系统多样性、土壤养分等造成影响，但这种影响不会产生严重的生态破坏，因而种植转基因作物的环境安全性较高。事实上，与种植转基因棉花的环境安全隐患相比，转基因抗虫棉大面积推广以来带来的经济和生态效益都是巨大的。据统计，我国推广具有自主知识产权的转基因抗虫棉 2.2 亿亩，农药使用量减少 80% 以上，增收节支 200 亿元，减施农药带来的生态效益更是难以估量。

图 2-29　我国转基因抗虫棉成果论文在《科学》杂志上发表
资料来源：中国农业科学院植物保护研究所 . 我所吴孔明科研团队首次发表 *Science* 杂志封面论文 .http://www.ippcaas.cn/yw/73081.htm[2021-01-08].

## 重塑中国农业

农业农村农民问题是关系国计民生的根本性问题。农业强不强、农村美不美、农民富不富，决定着亿万农民的获得感和幸福感，决定着中国全面小康社会的成色和社会主义现代化的质量。中共十八大以来，习近平总书记坚持把解决好"三农"问题作为全党工作的重中之重，不断推进"三农"工作理论创新、实践创新、制度创新，推动农业发展取得历史性成就、发生历史性变革。

国产转基因品种十年磨一剑，意味着今后还有一大批转基因品种将有可能获得安全证书。许多举步维艰，甚至难以为继的高技术种业公司可能起死回生，中国农业生物技术产业将进入一个新的快速发展时期。首先发展非食用的经济作物，其次是饲料作物、加工原料作物，再次是一般食用作物，最后是口粮作物。如果转基因应用逐步放开，种业行业技术门槛大大提升，竞争格局的重塑成为必然，龙头企业将快速提高市场份额。中央财政支持育繁推一体化企业牵头，联合转基因研发、生物安全评价等科研单位，共同构建起上中下游一条龙实施机制，促进科技与经济的紧密结合，提高转基因专项重大产品的研发应用效率，有利于加快培育壮大生物育种龙头企业，有利于重塑中国农业、参与国际竞争。

# 参考文献

李志亮，黄丛林，刘晓彬，等 . 转基因植物及其安全性的研究进展 [J]. 北方园艺，2020（8）：129-135.

卢秀茹，贾肖月，牛佳慧．中国棉花产业发展现状及展望 [J]．中国农业科学，
　2018，51（1）：26-36.

张曦，刘祎，李俊兰．转基因抗虫棉的安全性研究 [J]．现代农村科技，2020
　（5）：113-114.

# 天下粮仓：中国科学家率先绘制出水稻基因图谱

受新冠肺炎疫情影响，粮食安全问题引起海内外广泛关注。联合国粮食及农业组织发出警示，疫情的扩散致使劳动力短缺和供应链中断，可能影响一些国家和地区的粮食安全。我国是资源大国，却是人均资源贫乏的国家。经过努力，我国用只占世界 9% 的可耕地面积养活了世界近 20% 的人口。特别是近几年，我国粮食产量实现了喜人的"连年丰"，让人们不用再为粮食安全问题紧张；但也存在人均耕地少、优质耕地少、粮食单产持续提高难度大等现状。

水稻是最重要的粮食作物之一，也是世界一半以上人口的主食，与其相关的遗传学和分子生物学研究一直备受研究者重视。水稻基因组数量在禾谷类作物中最小且易于进行遗传操作，并与其他禾谷类作物存在共性，已经成为遗传学和基因组研究的模式植物。至 2002 年，籼稻、粳稻两个亚种全基因组工作框架图的测定和粳稻基因组全长序列的测定相继完成。这不仅有利于探明水稻基因功能，而且有利于阐明更大和更复杂的禾谷类基因组研究。水稻基因组测序的研究成功将有助于为全人类的食物安全提供基本保障。

## 兵马未动粮草先行

1998 年，国际水稻基因组测序计划（international rice genome

sequencing project，IRGSP）正式启动，中国与日本、美国、法国、韩国、印度等成为这一国际计划成员。每个国家根据自身的经济实力，除日本承担6条染色体的测序外，其他国家或地区大都只承担1条染色体的测序。根据国际水稻基因组织的协议，其成员必须将测序的所得数据提供给公共基因库，同时也可以分享他人的数据以及有关这一领域的先进技术与成果。

这一工程浩大的水稻基因图谱被称为"基因天书"，为了破译"天书"，10个国家的32个科研机构进行了长达5年的努力，而中国科学家功不可没。2002年4月5日，《科学》以14页的篇幅发表《水稻（籼稻）基因组的工作框架序列图》。此次公布的水稻基因组"精细图"是第一张农作物的全基因组精细图。对基因预测、基因功能鉴定的准确性以及基因表达、遗传育种等研究而言是一个质的飞跃。2002年5月28日，江泽民主席在两院院士大会上的讲话中将其列为近代中国生命科学对世界的三个主要贡献之一。

他们完成了迄今为止最精确、最完整的水稻全基因组序列，被许多人看作解决世界粮食问题的重要一步。了解水稻的遗传密码会使科学家研制出产量更高的新水

**为什么我们需要国际合作？**

参与国际水稻基因组测序计划意味着，中国水稻基因的测序研究只需奉献10%的工作量，就拥有了分享另外90%成果的资格。在测序过程中，需要大量的探针，中国暂不具备成熟的产品。而日本从1992年就开始研究，探针的技术与产品已相当完备和成熟。根据协议，国家基因研究中心因此获得了最好的探针，提高了测序的准确性。

稻品种，维持地球上越来越多人口的生活。作为可与破译人类基因组相媲美的重要成果，水稻基因图谱被认为是破解了人类饮食的一个重大难题。因为通过对水稻基因组进行全序列分析，人类能获得大量的水稻遗传信息和功能基因，为培育高产、优质、美味的水稻品种打下基础，并有助于了解小麦、玉米等其他禾本科作物的基因组，从而带动整个粮食作物的基础与应用研究。

国际水稻基因组测序计划已提前 3 年完成，得出的基因序列结果已经被用于辨别控制植物生长基本过程的基因，比如控制开花的基因。稻米和大麦的相似性，已使科学家确认，哪些基因可以使大麦避免罹患主要农业病害，比如大麦粉霉病和茎锈病。项目协调人、日本科学

### 何为"国际水稻基因组测序计划"？

自动化测序技术的发展为解码生物基因组密码提供了契机。继"人类基因组计划""拟南芥基因组计划"提出之后，各国科学家为抢夺下一个生物学科研究前沿，将水稻基因组计划提上日程。1991 年日本将水稻基因组制图列入研究规划。我国于 1990 年开始研讨水稻基因组测序，并于 1992 年正式宣布开展水稻基因组测序，同时在上海成立了中国科学院国家基因研究中心。历时 4 年，中国在国际上率先完成了水稻（籼稻）基因组物理图的构建，为水稻基因组测序提供了材料基础。1997 年 9 月，日本和中国作为主要参与国牵头发起"国际水稻基因组测序计划"。1998 年 2 月，IRGSP 正式启动，主要内容是进行水稻遗传图和物理图的绘制，完成基因组序列的测定及基因序列的注释分析等工作。

家佐木卓治指出：这是继人类基因组计划之后，科学家完成的又一项重要测序工作。相比 3 年前的"草图"，中国科学家新绘制的"精细图"覆盖率达到 95.3%，误差率不超过万分之一，并首次在高等动植物中完成了对着丝粒的测序。

## 水稻基因组研究的科学意义

任何一个生物的全基因组序列都蕴藏着这一生物的起源、进化、发育、生理等重要信息。研究表明，水稻共有 12 条染色体，它们记录着与水稻的高产优质、美味香色以及生长期、抗病抗虫、耐旱耐涝、抗倒伏等所有性状相关的遗传信息。因此，解析水稻基因组序列，是改进水稻品质、提高水稻产量的前提和基础。

国际水稻基因组测序计划破译了水稻遗传的"密码本"，科学家可以根据测序得到的精确序列，对水稻中影响产量、口感、香味、抗病虫害等重要农业性状的基因进行鉴定，并采取措施提高水稻的产量和质量。这些将给水稻育种带来革命性的影响。

水稻基因数目也再次表明，生命的复杂性远远超乎人类的任何预先设计和想象，而任何一次科学进步，都将使人类更加接近真理，接近事物的真相。随着水稻基因组奥秘的初步揭示，我国科学家惊奇地发现，水稻的基因数竟然约为人类基因组基因数目的两倍，这打破了普遍认为的生命越高级、基因数越多的认识误区。

水稻基因组中基因的总数为 46 022~55 615 个，70% 以上的水稻基因出现重复现象，这种基因的大量重复可能是植物长期适应性进化所需蛋白质多样性的原因。目前，10 000 多个新基因的功能已被基本确定。

## 稳稳端住子孙后代的饭碗

21 世纪初研究预测表明，如果全球人口在未来 20 年继续按现有趋势增长，那么谷物产量必须在 1990 年基础上提高 80% 才能满足需要，而城市化、土壤退化等造成的耕地面积的速减，将使全球粮食安全形势更为严峻。农作物产量必须大幅度提高，这必然要求在传统技术不断改进的基础上，创造可用于农业的新技术。

从 20 世纪 80 年代初至今，农业生物技术的发展可概括为两项主要技术，即基因转移、基因剔除。自 70 年代末，转基因技术的建立为作物基因改良提供了动力。通过将希望得到的优良性状基因转移到目标植物中，使其在目标植物中进行表达，并且展示了培育带有某些希望得到的性状的转基因植物的可行性，如转入抗虫、抗除草剂、抗病毒及其他病原微生物基因以增强植物的抗性。

目前，一些国家将转基因技术运用于农业，取得了很大的成绩，1997 年全世界转基因作物的播种面积为 1100 万 $hm^2$，1998 年便上升到 2810 万 $hm^2$，增幅接近 160%。美国是转基因技术应用最广泛的国家，转基因作物种植面积达 2000 万 $hm^2$，占全球的 70%。

解析水稻基因组序列是改进水稻品质、提高水稻产量必不可少的前提和基础。尤为重要的是，这一研究为第二次绿色革命即基因革命储备了绿色基因资源。其中，包括如磷、氮、钾等资源高效利用基因，耐盐碱、耐旱等环境改良基因，抗虫、病的防御基因，以及杂种优势、数量性状位点（QTL）和高光效高产基因等。

目前，主要采用两种生物技术用于生产抗虫植物。第一种是利用苏云金芽孢杆菌中一个编码昆虫毒性蛋白的基因；第二种是利用了一个编码蛋白酶抑制因子的基因，从食物消化的角度限制害虫的生长。这两种基因已被转入多种农作物中，包括 Bt 棉花和 Bt 玉米。事实证明，这种转基因作物能有效地抵御虫害的侵袭。

杂草的侵害使每年的世界粮食总产量减少 10%，应培育抗除草剂的作物使作物萌芽后仍可利用除草剂对杂草进行控制。植物病毒使作物严重受害并显著降低产量。可惜目前还没有有效的化学药剂能够防治病毒感染。1986 年，比奇（R.N.Beachy）的研究小组发现，仅通过表达烟草花叶病毒的包被蛋白基因，就可使转基因植物获得显著的抗烟草花叶病毒能力。

解读水稻基因组序列，有望发现和寻找到新的抗虫、抗植物病毒基因，通过构建上述抗性基因的高效表达载体，利用农杆菌介导水稻及其他农作物的基因转移，以增加农作物的抗病能力，达到提高产量的目的；利用水稻基因组新发现的磷、氮、钾等资源高效利用基因，可增强农作物对土壤中磷、氮、钾的吸收，减少化肥的用量，不仅可降低农作物的生产成本，而且能保护环境；耐盐碱、耐旱等基因转移，又可增强农作物的抗盐碱、抗旱能力。

另外，应用植物分子生物学和转基因技术可以使转基因植物的一个基因的产物 mRNA 或蛋白减少以至完全消失，从而获得希望得到的作物生产性能或特性。这种剔除过程需要使用反义技术来完成。例如，人们通过反义技术抑制参与成熟过程的激素乙烯的合成来改变番茄的成熟期。同样使用反义技术抑制在果实软化过程中起降解细胞壁作用的多聚半乳糖醛酸酶，可以获得比普通番茄在茎蔓上保持更长时间不软化的番茄。

总之，通过对水稻基因组序列新基因功能的深入研究，人们可以有目的地调控水稻、小麦、玉米等粮食作物的基因组成，增强高产及优良品质基因的表达，同时运用反义技术抑制其不良性状基因的表达，以获得产量高、营养构成合理、色香味俱全、广受人们欢迎的绿色食品。

# 参考文献

符德保，李燕，肖景华，等 . 中国水稻基因组学研究历史及现状 [J]. 生命科学，2016，28（10）：1113-1121.

海燕 . 我国科学家率先绘制出水稻基因图谱 [J]. 山东农业（农村经济版），2002（5）：44.

罗志勇，胡维新 . 水稻基因图谱绘制成功对世界粮食和环境问题的意义 [J]. 湖南医科大学学报（社会科学版），2002，4（3）：66-68.

# 华夏超算：中国超级计算机的崛起

超级计算机（简称"超算"）是指能够执行一般性的个人电脑无法处理的大量高速运算的电脑。这种电脑主要用在国家高科技领域和尖端技术研究领域，是一个国家科技实力的重要体现。超级计算机的发展对于一个国家的安全、经济和社会发展都具有举足轻重的作用，也是一个国家整体科技实力的标志，被世界各国公认为高新技术的制高点和 21 世纪最重要的科学领域之一。随着"天河一号""天河二号""神威·太湖之光"等中国超级计算机崭露头角，我国超级计算机行业经历了从进口到自造，再到掌握核心技术的快速发展历程，走出了一条令国人扬眉吐气的道路。

## 从"银河"白手起家

新中国成立后，我国在计算机领域可谓一片空白，但我国很早就意识到计算机在国防军事、国民经济建设与社会发展中的重要性。1952 年，时任中国科学院数学研究所所长的华罗庚就提出中国要发展计算机的建议。1956 年，国务院制定的《1956—1967 年科学技术发展远景规划纲要》将计算机列为六个重点项目之一，采取紧急措施以保证其发展，并筹建中国科学院计算技术研究所。两年后，中国在苏联的帮助下试制出 103 型通用数字电子计算机。1959 年，第一台大型通用电子计算机 104 机研制成功。1967 年 9 月，聂荣臻元帅提议研制更高水平的计算机，以满足发展尖端武器、增强国防实力的迫切需要。

众所周知，20 世纪 60 年代中国依靠自己的力量研制成功"两弹一星"，极大地提高了国防实力和国际地位。但当时中国的尖端科技也遇到了明显的发展瓶颈，

> 103 型通用数字电子计算机是我国第一台电子计算机（俗称电脑），是我国第一台大型通用数字电子计算机，平均每秒运算 1 万次，接近当时英国、日本计算机的指标。

有些重要理论研究和模拟实验，尤其是第二代核武器的发展、核动力装置的研究、航空航天飞行器的设计、军事情报分析和卫星图片判读等，需要解决大量的计算问题才有可能取得新的突破，因此迫切需要运算速度极高的计算机。没有超级计算机就没有第二代尖端武器，就不能进行准确的中长期天气预报、有效的能源开发和石油勘探等。

因此，研制超级计算机对加强中国的国防实力、发展国民经济、促进科学技术的进步等，都有十分重要的意义。而对于高性能的超级计算机，西方国家对中国实行严格的技术封锁，自主研究和开发是唯一的出路。在这样的历史背景下，我国"超算"事业从 20 世纪 70 年代悄悄起步。1972 年 10 月，国防科学技术工业委员会（简称"国防科工委"）向中央建议将巨型计算机的研制列入国家重点工程项目计划。1978 年 3 月 4 日，邓小平决定把中国第一台巨型计算机的研制任务交给长沙工学院，由慈云桂担任总设计师。此后，国防科工委组织召开论证会，"785"工程任务正式启动。

经过 5 年的艰苦努力，1983 年 12 月，中国研制出第一台亿次巨型计算机，并且顺利通过国家鉴定，时任国防科工委主任的张爱萍亲自为其题名"银河"。"银河"亿次巨型机成为当时中国运算速度最快、存储容量最大、

功能最强的计算机系统，其主要技术指标为"具有国内先进水平，某些方面达到国际先进水平"，打破了美国对中国长期的技术封锁。中国成为继美、日、法、英、德之后能够独立设计、制造巨型机的国家。中国继续加大在巨型机研究方面的投入，国防科技大学相继推出"银河"系列巨型机和仿真计算机，成为我国战略武器研制、航天航空飞行器设计、国民经济的预测和决策、能源开发、天气预报、图像处理、情报分析，以及各种科学研究的强大计算工具。在"银河-I"之后我国又相继研制出不同量级的"银河"系列巨型机，逐渐将我国巨型机研制水平推向世界前列。

## "天河"的脱颖而出

"银河"系列计算机的成功表明我国已经逐步迈入独立设计和制造巨型机的国家行列，但却因为核心处理器等关键部件与技术的短板只能受制于人，这直接导致了我国虽然是国外超级计算机的"大买家"，却无法拥有匹配的"议价权"。在科技强国的大道上，只有攻克核心技术才能有真正的出路！

2006年，科学技术部将高性能计算机作为国家发展战略予以实施，"天河"高性能计算机工程正是在这一背景下应运而生的。"天河一号"作为中国高技术研发计划的一个重大项目，是在国防科技大学"银河"系列超级计算机的基础上研制而成的。2009年10月29日，国防科技大学成功研制出峰值性能为每秒1206万亿次运算的"天河一号"超级计算机，使中国成为继美国之后，全世界第二个能够研制千万亿次算力超级计算机的国家。

在"天河一号"的基础上，"天河二号"还增加了应用广与性价比高的优点，代表中国超算继续前行。2013年下半年，它在国家超级计算广州中心投入运行，其先导系统已开始为生物医药、新材料等领域用户提供服务。此前，中国二氧化碳排放对大气的影响只能依据其他国家模拟测定的数据来判断。自从有了自主知识产权的"天河"系列计算机，中国不仅拿出了自己的气候影响依据，而且数据计算方法模型还成为国际标准，为中国赢得了气候变化谈判的话语权。

"天河二号"落户国家超级计算广州中心之后就与中山大学联姻。为此，中山大学成立了国内首个超级计算学院，培养目前紧缺的超级计算机专业人才。"天河二号"仍然使用英特尔公司的芯片，但是中国自主研发的芯片已经达到了 4000 块左右，这说明我国超级计算机对国外技术的依赖已经减弱。值得注意的是，"天河二号"的前端机系统采用了 4096 个中国国防科技大学自主研发的 FT1500 中央处理器，它所采用的操作系统是国防科技大学自主研发的麒麟 Linux 操作系统。美国电影《阿凡达》的动漫制作动用了美国的超级计算机资源，总共耗时 1 年多才完成。同样的工作量，"天河二号"只需要 1 个月的时间就可以完成。

## "神威"令中国超级计算机脱胎换骨

2015 年 4 月，美国政府宣布把与超级计算机相关的 4 家中国机构列入限制出口名单。"禁售"非但没有封锁科学技术的发展，反而使我国加快了自主研发核心处理器的步伐。2016 年 6 月 20 日，第 47 次全球超级计算机会议在德国法兰克福召开，会议期间 500 强榜单正式发布，中国的"神威·太湖之光"取代"天河二号"登上榜首。最令人振奋的是，与使用英特尔芯片的"天河二号"相比，"神威·太湖之光"使用的是中国自主知识产权的芯片，由中国自主开发，而且速度更快、更节能！此次中国跻身 500 强的"超算"总数量也达到史无前例的 167 台,首次超过美国,位列第一。

"神威·太湖之光"是国内第一台全部采用国产处理器构建的世界第一的超级计算机,它是根据科学技术部"863 计划"研制的,研制周期用了近三年。基于"神威·太湖之光"的"千万核可扩展全球大气动力学全隐式模拟"应用,获得 2016 年度戈登·贝尔奖(Gordon Bell Prize),实现了我国在世界高性能计算应用领域这一最高奖项上的"零的突破"。国家超级计算无锡中心主任杨广文介绍"神威·太湖之光"

戈登·贝尔奖设立于 1987 年,主要颁发给高性能应用领域最杰出的成就,通常会由当年 500 强排行名列前茅的计算机系统的应用获得。

时这样评价:这个世界第一的超级计算机采用的中央处理器,是自主设计生产的国产芯片——申威 26010 众核处理器。

图 2-30 "神威·太湖之光"超级计算机

资料来源:"神威·太湖之光"取代"天河二号"成为全球最快超算 .http://www.gov.cn/xinwen/2016-06/20/content_5083829.htm[2021-02-05].

## 中美超级计算机之间的"你追我赶"

进入 21 世纪第二个十年，中国的超级计算机在激烈竞争的世界"超算"舞台上崭露头角。这也意味着，在世界顶尖的超算领域内中美超算之间的"你追我赶"是相当长一段时间内的焦点话题。而中美超算之间的竞争主要体现在"质"与"量"两个方面。

首先，对于世界第一运算能力的争夺趋于白热化。从 500 强榜单上榜首的变化就可看出。2010 年 11 月，经过技术升级的中国"天河一号"登上榜首。2013 年 6 月，"天河二号"从美国的超级计算机"泰坦"手中夺得榜首位置，并在此后 3 年"六连冠"，直至 2016 年 6 月被中国的"神威·太湖之光"取代。2018 年 11 月的 500 强榜单在美国达拉斯发布，美国超级计算机"顶点"蝉联冠军。中美超算之间形成了你追我赶的态势。

其次，数量上的实力对比也在悄悄发生变化。由 2018 年 11 月的 500 强榜单就可初见端倪。中国超级计算机上榜总数仍居第一，数量比上期进一步增加，占全部上榜的超算总量的 45% 以上。此次榜单显示：中国上榜的超算数量继续快速增长，从半年前的 206 台增加到 227 台，已占 500 强中的 45% 以上。在美国安装的超算数量则下降至 109 台，创历史新低。但在总运算能力上，美国占比 38%，中国占比 31%，表示美国的超级计算机平均运算能力更强。另一个值得关注的趋势是，中国的超算制造商在国际舞台上扮演日益重要的角色，十大超算生产商中有 4 家中国企业。

随着计算技术创新进入新一轮加速期，以 E 级计算、智能计算、类脑计算、量子计算等为代表的先进计算理念与模式纷纷涌现，先进计算平台已成为各国把握新一轮科技革命与产业变革的关键切入点。以"神威·太湖之光"为代表的超级计算机会百尺竿头，更进一步，为中国实现科技强国的战略目标继续前行。

# 参考文献

李白薇 . 天河二号：重回超级计算机之巅 [J]. 中国科技奖励，2013（11）：21-24.

刘瑞挺，王志英 . 中国巨型机之父——慈云桂院士 [J]. 计算机教育，2005（3）：4-9.

司宏伟，冯立昇 . 中国第一台亿次巨型计算机"银河－I"研制历程及启示 [J]. 自然科学史研究，2017，36（4）：563-580.

王伟健 . "神威"如何显神威 [J]. 南方企业家，2017（7）：80-81.

张云泉 . 2018 年中国高性能计算机发展现状分析与展望 [J]. 计算机科学，2019，46（1）：1-5.

赵阳辉，陈方舟，温运城 . 国之重器："天河"高性能计算机发展历程 [J]. 科学，2016，68（3）：50-53.

# 粲然可观：中国高清电视产业的发展

2008 年 8 月 8 日 20 时，北京奥运会开幕式于国家体育场(鸟巢)隆重举行，全球超过 10 亿观众通过电视观看了这场盛大壮观的开幕式，创下了人类历史上电视节目收视的最高纪录。北京奥运会中国首次实现高清电视信号的全程转播，全球范围内收看北京奥运会比赛的观众达到了 47 亿人，较雅典奥运会增长了 21%，这一纪录与中国高清电视产业的发展有着紧密联系。

## 高清电视的诞生及其在中国的起步

关于高清电视（HDTV）最早的试验性工作开始于 1968 年，由日本放送协会领头 HDTV 的研制与开发，并于 1980 年前后完成了高清晰度电视系统以及 MUSE 传播卫星制式，发布了第一个 HDTV 视频信号标准——1125/60 制式，于 1986 年向国际无线电协商委员会提交整套计划，希望将 1125/60 制式作为世界电视唯一标准。这一标准的推行受到了美国的支持，但同时也遭到了欧洲国家的强烈反对，这是由于当时欧洲采用的是 50Hz 显示器刷新频率，开发和更迭 60Hz 的系统需要较高成本，且 20 世纪 80 年代初在录像机制式领域，代表欧洲的飞利浦电子公司输给了日本胜利公司，导致了欧洲消费类电子工业迅速日本化，这使得欧洲各国在高清电视产业的决策上更为谨慎，继续推行 1250/50 制式的发展。而美国内部也有一些反对该标准的声音，部分美国制造商不愿意向日本支付高额的特许费，因此想自立门户开展 HDTV 系统研发，而在美国政府意识到 HDTV 的潜在巨大市场后，高清电视产业不仅是技术与商业问题，而且成为一个政治问题。经过美国参议院、众议院两院的多次听证会，《1988 年美国综合贸易法案》得到通过，其中就包含了一系列应用知识产权限制国外 HDTV 贸易和促进美国国内 HDTV 技术发展的法规条例。

1987 年，美国联邦通信委员会成立高级电视业务顾问委员会（ACATS），对美国国内既有的 HDTV 系统进行测试与比较，将其中最优的作为美国标准。在选拔的初期模拟系统与数字系统平分秋色，而 1990 年美国全球通用仪器有限公司在电视转播信号数字压缩技术上的突破使得数字系统占据了上风，而当时 4 家数字系统各有优劣，难以从中择一，因此高级电视业务顾问委员会于 1993 年提议组建全数字 HDTV 大联盟，集四家之长形成统一的美国国家 HDTV 标准。经过三年的硬件研发与测试，美国基于全数字系统地面传输的先进电视制式委员会（ATSC）高清电视标准于 1996 年发布，这使得尚处于模拟系统时代的日本与欧洲无法再与美国站在同一高度竞争，美国成为 HDTV 第二轮制式竞争的胜者。欧洲放弃了正处于开发过程的 HD-MAC 计划，转向发展数字视频广播（DVB）技术，通过卫星广播开展数字有线电视业务，通过 DVB 技术与 ATSC 开始进行第三轮竞争，而日本由于已经在模拟系统中投入了巨额资金积重难返，只能妥协性地寻找模数系统的兼容方法，实质上退出了 HDTV 制式的竞争。

中国对 HDTV 的关注始于"八五"时期，1993 年国家科学技术委员会组织成立了"高清电视发展战略专家组"，1994 年国务院成立"高清电视协调小组"并任命"高清电视专家组"和"高清电视总体组"，在叶培大院士的领导下开始开展对国外 HDTV 技术发展的跟踪研究，这一时期国内对 HDTV 的研究主要着眼于信源编码和信道编码的软件模拟，以及对中国自主开发 HDTV 的可行性进行论证。1998 年中国首台高清电视地面数字样机完成，并且国务院根据 "高清电视协调小组"的最终报告，批准以国家计划委员会牵头，六部委联合成立"国家数字电视研发与产业化领导小组"，由时任国家计划委员会主任曾培炎担任组长。1999 年国家发展和改革委员会（简称"国家发改委"）设立了数字电视研发与产业化专项，地面数字电视相关研究转入标准研发和产业化工作，并且通过与日本索尼公司在高清转播车方面开展合作，对国内自主研发的 HDTV 试验播放系统进行不断的测试与完善工作。1999 年 10 月 1 日，中央电视台成功为中华人民共和国成立 50 周年庆典进行了高清电视地面广播实况转播测试，这也标志着中国高清电视技术迈入了实用化阶段。

### 两种方案的融合：中国高清电视国标的确立

高密度数字视频光盘（DVD）产业是中国发展 HDTV 产业的前车之鉴，由于核心专利与技术标准全被外企掌握，中国生产的 DVD 要向其支付高额专利使用费，这使得国内企业难以从 DVD 产业中获取足够收益。为了避免 HDTV 走上 DVD 的老路，中国需要坚持走自主创新道路，把专利和技术标准掌握在自己手里。

2001 年国家数字电视研发与产业化领导小组委托国家广播电视总局在全国范围内征集地面数字电视广播传输标准方案，该决策在一定程度上借鉴了高级电视业务顾问委员会组建美国全数字 HDTV 大联盟的方法，整合全国 HDTV 的研究资源取长补短，旨在建立属于中国自己的高清电视传输标准。此次传输标准征集共收到六种方案，分别是清华大学的 DMB-T 方案、上海交通大学的 ADTB-T 方案、国家广播电视总局广播电视科学研究院的 TiMi 方案、电子科技大学的 OFDM 方案以及高清电视总体组的 VSB 方案和 COFDM 方案。2002 年 4 月，全国广播电影电视标准化技术委员会对这六种方案进行了测试，但结果不尽如人意，六种方案及其被测设备的整体性能与制定中国地面数字电视传输标准的要求尚有相当的差距。为了解决这一问题，国家数字电视研究开发及产业化领导小组组织国内产学研和使用部门联合研究，针对拥有中国自主知识产权的系统及其设备进行重点攻关。通过对比与检索相关文献以及国内外专利，国家知识产权局于同年 8 月对六种方案中的多项专利进行了知识产权评估，于 9 月 30 日形成了《数字电视地面传输技术方案专利评估报告》。报告认为清华大学设备及上海交通大学设备的性能均达到中国地面数字电视传输标准的基本需求，在总体性能上清华大学系统优于上海交通大学系统，在技术创新点上也是清华大学系统具有更大优势。

DMB-T 方案是清华大学和北京凌讯华业科技有限公司针对 ATSC 制式、DVB 等传统 HDTV 标准在频谱效率以及系统灵活性方面的不足进行改进，从而设计出的适合中国国情的地面数字电视传输方案。ADTB-T 方案是上海交通大学和上海奇普科技公司攻克了单载波技术不支持移动接收和单频网组网的技术难题，从而形成传输效率国际领先的方案。

2003 年 10 月，国家发改委设立地面数字电视传输标准研发项目，由邬贺铨院士领导清华大学、上海交通大学、国家广播电视总局广播电视科学研究院等 11 家高校及科研单位成立数字电视地面传输国家标准特别工作组，旨在清华大学 DMB-T、上海交通大学

ADTB-T、国家广播电视总局广播电视科学研究院 TiMi 三个标准方案的基础上共同研发形成多载波和单载波融合方案。2004~2006 年，工作组通过时域单载波和频域多载波融合的调制方式，利用其多载波帧体为数据信号且可以分别加载到多个子载

> DTMB 标准与 ATSC、DVB 等标准相比，有着更高的频谱利用率、信息传输容量以及更好的移动接收性能，这是我国科学家充分利用后发优势，对现行标准不足进行自主创新的成果，DTMB 标准也于 2011 年被国际电信联盟认定为第四个地面数字电视标准。

波上的性质，实现了单载波和多载波作为参数选项在同一系统内承载，从而实现了清华大学与上海交通大学方案融合。这一标准不仅为单、多载波系统融合提供了技术基础，同时还为多媒体信息广播预留了时频二维分割的功能扩展空间。2006 年 8 月 18 日，国家标准化管理委员会正式批准《数字电视地面广播传输系统帧结构、信道编码和调制》标准成为强制性国家标准，简称"中国地面数字电视传输标准"（DTMB），标准编号"GB20600—2006"，并于 2007 年 8 月 1 日正式实施。

## 高清电视在中国的推行及发展

2008 年 1 月 1 日上午 9 时，中央电视台免费地面数字高清电视正式开播，一曲气势磅礴的《长江之歌》拉开了中国地面高清电视的序幕，标志着中国地面数字电视国标实质性启动。同年 5 月 1 日，北京电视台奥运高清频道开播，奥运会期间还在上海、天津、青岛、沈阳、秦皇岛等奥运城市以及广州、深圳开始转播中央电视台高清频道，并且每个城市都开通了一

个地面数字电视免费高清频道，这批高清频道播出采用的核心设备全部国产化，基本全部采用地面数字电视单载波模式及相关设备。高清电视在中国的发展借助了奥运会的契机，收到了良好的效果，据相关数据统计，截至 2009 年 3 月，全国已有 229 个城市进行了有线电视数字化整体转换，数字电视用户达 4528 万户，较 2007 年同比增长近 70%，其中高清电视用户突破 50 万，北京用户占比超过 60%，开设北京电视台奥运高清频道的效果显著。

高清电视通过 2008 年北京奥运会推广的成功更加坚定了国家广播电视总局发展高清电视的决心：抓住模拟电视向数字电视转换的战略时期，推进高清电视节目的策划与制作。事实上如果只进行高清电视机和高清电视机顶盒的研发，而忽视推进高清电视节目的发展，会使得高清电视无用武之地。因此在模拟向数字过渡时期，在保证标清电视与高清电视同播的基础上，积极引导广大观众完成高清电视的更新换代是当时电视业界的主流想法，到 2009 年底已经有 9 家卫视开始播放高清电视节目。相关电视厂商也在调整生产线，加快生产高清电视机以及高清机顶盒，在完善高清接口、音频、版权保护等标准的基础上推进中国高清电视健康加速发展。

图 2-31 北京奥林匹克转播有限公司的转播主控制机房
资料来源：李紫恒. 北京奥运会首次全部提供高清电视信号转播. http://news.cctv.com/china/20080729/103147.shtml[2021-02-05].

在高清电视逐渐普及的同时，电视产业的下一轮升级换代也悄然而至。2012 年 6 月 6 日，"十二五"国家高技术研究发展计划信息技术领域主题项目《新一代数字电视关键技术研究及验证》启动会议在北京召开。该项目旨在进一步推进"内容与网络的协同""广播网与互联网的互动""新型无线覆盖网设计"等方面的技术突破，并由此形成自主创新的全链路技术构架、新型超高清与交互网络的原型系统，为中国开展超高清数字电视及媒体网络标准的研究提供系统技术方案基础，也为中国电视工业的发展提供技术动力。如同数字电视取代模拟电视，高清电视取代标清电视，超高清电视也将在此之后取代高清电视，高清电视也就此开始逐渐退出历史舞台。

# 参考文献

杜百川.数字电视与高清晰度电视 [C]// 中国科学技术协会.中国科协首届学术年会论文集.北京:中国科学技术协会，1999.

惠特克.数字电视技术:高清晰度数字视频原理与应用 [M].曹晨，杨作梅，等译.3 版.北京:电子工业出版社，2002.

李岚.电视产业发展格局与新媒体传播创新 [EB/OL]. http: //www.scio. gov.cn/wlcb/llyj/ Document/479967/479967.htm[2021-02-05].

马晓艺.中国电视的数字化生存 [D].北京:中国艺术研究院博士学位论文，2010.

# 生命之问：克隆技术

"多莉"是运用细胞核移植技术将哺乳动物成年体细胞培育出来的新个体，是第一只通过现代生物工程技术创造出来的雌性绵羊，也是人类第一只成功克隆产生的人工动物。因此，多莉被英国广播公司和《科学美国人》杂志等媒体称为世界上最著名的动物。多莉的诞生为"克隆"这项生物技术的进一步发展奠定了基础，并因此引发了公众对于克隆人的想象，所以该技术在受到赞誉的同时也引起了颇多争议。

## 生命复制

克隆是英文"clone"一词的音译，一般意译为复制或转殖，是利用生物技术由无性生殖产生与原个体有完全相同基因组后代的过程。科学家把人工遗传操作动物繁殖的过程叫克隆，而这门生物技术就叫克隆技术。其本身的含义是无性繁殖，即由同一个祖先细胞分裂繁殖而形成的纯细胞系，该细胞系中每个细胞的基因彼此相同。自然界的无性生殖则指的是不经过两性生殖细胞结合，由母体直接产生新个体的生殖方式，具有缩短生长周期、保留母本优良性状的作用。

罗伯特·布里格斯和托马斯·金是使克隆技术首次变为现实的伟大科学家。从汉斯·施佩曼提出这一设想到由布里格斯和金完成这个著名的实验，其间经过了十多年的时间，饱含了许多科学家的共同努力。

在 1968 年，首次使用两栖类动物爪蟾进行的一项实验取得了较好的结果：有些经过处理的卵未分裂；有些卵发育一段时间变成了畸胎；但有一部分卵却完成了胚胎发育，长成了完整的爪蟾个体。20 世纪 80 年代中期，哺乳动物的细胞核移植因为其他技术领域的成果而开展起来。这些技术包括胚胎移植、胚胎体外培养、细胞融合技术等。在 1986 年，人类首次成功地利用早期胚胎细胞核无性繁殖出了绵羊。提供细胞核的不是成体动物的体细胞，而是未分化的早期胚胎细胞。用此技术克隆出的动物不是任何一个已经存在的成体动物的克隆复制品，而只是对胚胎的克隆。

从克隆结果上看，类似于生产动物的同卵双胞胎或多胞胎。随后，用相似的方法，科学家相继克隆了小鼠、猪、牛、兔、山羊和猴。在多种物种中克隆成功表明了动物早期胚胎细胞生产克隆动物的巨大潜力。1997 年 2 月 27 日，英国科学家宣布世界上第一只由完全分化的成体动物细胞克隆出的哺乳动物"多莉"诞生了。这标志着克隆技术登上了一个新的高度。

---

### 我国为什么反对克隆人？

克隆人已经不是科幻小说里的梦想，而是呼之欲出的现实。目前，根据新闻报道已有多个国外组织正式宣布其将进行克隆人实验。由于克隆人可能带来复杂的后果，一些生物技术发达的国家，现在大都对此采取明令禁止或者严加限制的态度。我国也明确表示反对进行克隆人研究，而是主张把克隆技术和克隆人区分开来。科学从来都是一把双刃剑。克隆技术确实可能和原子技术一样，既能造福人类，也可以祸患无穷。但"技术恐惧"的实质，是对错误运用技术的恐惧，而不是对技术本身的恐惧。克隆人被复制的只能是遗传特征。

## 克隆的意义

与以往的胚胎移植培养不同,多莉作为世界上第一只用成体细胞发育成的哺乳动物,具有深远的意义。

多莉的诞生证明高度分化成熟的哺乳动物乳腺细胞,仍具有全能性,还能像胚胎细胞一样完整地保存遗传信息,这些遗传信息在母体发育过程中并没有发生不可恢复的改变,还能完全恢复到早期胚胎细胞状态。最终仍能发育成与核供体成体完全相同的个体。

以往的遗传学认为,哺乳动物体细胞的功能是高度分化了的,不可能重新发育成新个体。与这一理论相反,多莉终于被克隆出来了。它的诞生推翻了形成了上百年的上述理论,实现了遗传学的重大突破,为开发新的哺乳动物基因操作提供了动力,是一个了不起的进步。

一批欧洲科学家几乎同时成功地找到了供体核与受体卵细胞质更加相容的方法。过去,高度分化细胞的核移植不能成功的原因,是供体核与受体卵细胞周期的不兼容性,可能发生额外的 DNA 复制,导致早熟染色体聚合成非整倍体或者发生异常。克隆多莉的实验解决了高度分化了的体细胞核移植成功的关键性技术,居于世界领先地位。

以往用于基因移植的方法比较原始,仅能插入一个基因并且很不精确。而克隆多莉的方法可使移植的细胞在成为核供体之前诱发精确的遗传变化,又能精确地植入基因。然后选择技术帮助准确地挑选出那些令人满意变化的母细胞来作为核供体,这样就能用同一个体的许多细胞繁殖出遗传表现完全相同的动物个体。

应用克隆技术,可以繁殖优良物种。常规育种周期长还无法保证 100%

的纯度；用克隆这种无性繁殖，就能从同一个体中复制出大量完全相同的纯正品种，且花时少、选育的品种性状稳定，不再分离。

采用克隆技术，可先把人体相关基因转移到纯系猪中，再用克隆技术把带有人类基因的特种猪大量繁殖，产生大量适用器官，且能同时改变器官的细胞表面携带人体蛋白和糖分特性，当猪的器官植入患者体内时，免疫排异反应减弱，成功率提高，使用也更加安全。

图 2-32 克隆动物畅想
资料来源：视觉中国

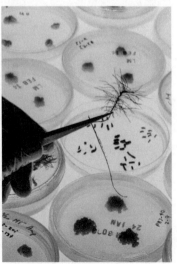

图 2-33 克隆植物畅想
资料来源：视觉中国

克隆技术还可以拯救濒危动物，保护生态平衡，人为地调节自然动物群体的兴衰，使之达到平衡发展。

## 克隆技术在中国

作为 21 世纪最令人注目的尖端科学，克隆技术以其巨大的经济价值和社会价值吸引着人们的关注。而作为世界上最大的发展中国家，中国一直在致力于前沿科学的研究。早在 1965 年，我国著名生物学家童第周就对金鱼、鲫鱼进行细胞核移植，克隆出一种既有金鱼特征又有鲫鱼性状的鱼。

1999 年，中国科学家周琪在法国成功培育出卵丘细胞克隆小鼠，在国际上首次验证了小鼠成年体细胞克隆工作的可重复性，又于 2000 年 5 月用胚胎干细胞克隆出小鼠"哈尔滨"，并于 2000 年 10 月获得第一只不采用"多莉羊"专利技术的克隆牛；中国科学院动物研究所研究员陈大元领导的小组将大熊猫的体细胞植入去核后的兔卵细胞中，成功地培育出了大熊猫的早期胚胎。

2000 年，我国生物胚胎专家张涌在西北农林科技大学种羊场接生了一只雌性体细胞克隆山羊"阳阳"。"阳阳"在自然受孕的条件下产下一对混血"儿女"，"阳阳"的生产证明体细胞克隆山羊和胚胎克隆山羊具有与普通羊一样的生育繁殖能力。

据目前的状况来看，克隆作为新兴的技术在中国得到了前所未有的关注并取得了不错的成绩：2002 年 5 月 27 日，中国农业大学与北京基因达科技有限公司和河北芦台农场合作，通过体细胞克隆技术，成功克隆了国内第一头优质黄牛。这头体细胞克隆黄牛经权威部门鉴定，部分克隆技术指标已经达到国际水平。冀南牛是我国特有的优良地方黄牛品种，分布在我国河北等省份，主要特点是耐寒、肉多脂少。但目前数量急剧减少，已濒临灭绝。此次成功克隆，对保护我国濒危物种具有深远影响。

## 克隆技术的争议

多莉出现后，世界便处于流言和误解之中，以为可以简单复制一个人，这个人从头到脚、从里到外、所思所想、举手投足都和"原版人"一模一样。事实上，永远不可能通过克隆技术创造出完全相同的人。即使是同卵双胞胎这一自然的克隆体也并非完全相同。

此外，用动物细胞克隆说起来简单，但操作起来非常困难。因为羊的乳腺组织细胞容易培养，同样的实验用兔子等动物就没有成功，至于人就更困难了。

生物技术也受立法限制。美国已明令禁止政府资金用于人体克隆试验，日本也以立法手段禁止公共经费用于克隆人类的研究。英国、德国、法国、意大利等国纷纷出台类似的规定，巴西甚至禁止进行克隆动物研究。

科学家也指出，人类高等动物的两性繁殖方式是生物经过几十亿年进化的结果，是最适合人类的繁殖方式。来自父亲和母亲的遗传物质相互融合可产生基因变异，形成更适应生存环境的后代。两性繁殖还可取长补短，其后代更为健康。

遗传就其实质来说是对环境的适应，如果无性生殖复制品单一化、同化，人群将无力对付某一自然环境的变化或侵袭，结果将是一有不幸就全体同归于尽。生物天然需要多样性，人类同样需要多样性。如果人类都"优生"成为所谓理想之人，很可能一种怪病毒就可导致灭顶之灾。

中国克隆之父：童第周

　　童第周是中国实验胚胎学的主要创始人、中国海洋科学研究的奠基人、生物科学研究的杰出领导者，开创了中国"克隆"技术之先河，被誉为"中国克隆之父"。他通过对两栖类和鱼类的研究，揭示了胚胎发育的极性现象；通过研究文昌鱼的个体发育和分类地位，在对核质关系的研究中取得重大成果。1963年，童第周首次完成鱼类的核移植研究，为20世纪七八十年代国内完成鱼类异种间克隆和成年鲫鱼体细胞克隆打下基础。

　　科学家也告诉我们，现有克隆人的技术条件并不成熟。首先，生物间的发育机制并不完全一样，极少量动物克隆的成功并不意味着人们已掌握了克隆人的技术。其次，多莉是克隆277个绵羊胚胎后唯一的"硕果"，而最乐观的估计，克隆人的成功率也不足5%。最后，还有关于克隆生物个体尚存缺陷、早衰现象等争议。许多科学家担心，技术上如今还没有解决的这些问号，将直接威胁克隆人的生命。

　　克隆技术确实可能与历史上的原子能技术等一样，既能造福人类，也可祸患无穷。但"技术恐惧"的实质，是对错误运用技术的人的恐惧，而不是对技术本身的恐惧。人类社会自身的发展也告诉我们，当人类面对伦理道德的危机时，应该理性正视现实。历史上输血技术、器官移植等，都曾经带来极大的伦理争论。而当首位试管婴儿于1978年出生时，更是掀起了轩然大波，但现在全世界已经有300多万试管婴儿。某项科技进步最终是否真正有益于人类，关键在于人类如何对待和应用它，而不能因为暂时不合乎情理就因噎废食。

# 参考文献

刘海军. 动物克隆技术 [M]. 天津：天津科技翻译出版公司，2010.

罗振. 生命科学的复印机——克隆技术 [M]. 长春：吉林人民出版社，2014.

王建. 酷科学·解读生命密码 奇妙的克隆 [M]. 合肥：安徽美术出版社，
　　2013.

# 猛龙冲天：自主研制歼-10战斗机

2001年4月1日8时55分，美国海军的EP-3型侦察机在中国海南岛东南70n mile的中国专属经济区上空，与王伟驾驶的歼-8Ⅱ战斗机发生碰撞，歼-8Ⅱ战斗机坠毁。此次中美撞机事件中，美国军机蛮横撞毁中国战斗机，致使飞行员王伟牺牲。事件发生后，全国各族人民以各种方式表达对海空卫士安危的牵挂之情，强烈谴责美方侵犯中国主权的霸道行径，体现了中华民族的伟大凝聚力。与此同时，每一个热血沸腾的中国人也不禁扼腕叹息，中国自主研究的先进战斗机究竟何时可以飞上蓝天保卫祖国？

## 枕戈待旦

当今世界军事领域正进行着一场规模空前、影响广泛而深远的军事变革，也称新军事变革或信息化军事变革。这场军事变革是继金属兵器变革、火器变革和机械化变革之后，人类军事史上第四次大的军事变革。

这场变革萌芽于20世纪60年代的越南战争后期，20世纪90年代初的海湾战争后加速发展，科索沃战争和阿富汗反恐战争中初步显示其威力，2003年的伊拉克战争标志着这场变革又进入一个新的发展阶段。战争方式由传统的高投入、高耗费的"高耗型战争"向力求以最快的速度、最低的成本达成战略目标的"效果型战争"转变，作战方式由以往的"武器平台中心战"向未来的"网络中心战"转变，军队信息化建设向网络化、智能化和太空化的方向发展，军队组织结构向规模轻便化、一体多能化和指挥体制扁平化的方向发展。

苏联解体、东欧剧变之后，为了维护和强化自己的世界霸主地位，美国从冷战期间谋求对于苏联的相对军事优势战略转变为谋求对于世界其他国家的绝对军事优势战略。为此，美国积极利用科技发展的成果，大力促进军事变革。2003年的伊拉克战争是美国十多年来新军事变革成果的一次全面检验，是冷战结束以来最有代表性的高科技战争，震惊了整个世界。面对美国所具有的强大的空军优势和对别国实施军事打击的门槛不断降低的严峻形势，中国空军迫切需要一款自主研发的先进战斗机。

> **中国制造并装备空军的第一种高亚音速喷气战斗机**
>
> 歼-5战斗机是我国在20世纪50年代仿制的单座单发战斗机，也是制造并装备空军的第一种高亚音速喷气战斗机。该机参照苏联米格-17型战斗机研制，采用机头进气的后掠式中单翼气动布局。飞机全金属结构，体积小、重量轻、低空机动性能好，装配中国仿制涡喷-5型发动机。歼-5的研制装备，标志着中国成为当时世界上能够成批生产喷气战斗机的国家之一。

## 猛龙神威

歼-10战斗机是成都飞机工业（集团）有限责任公司从20世纪80年代末开始自主研制的单座单发第四代战斗机。该机采用大推力涡扇发动机和鸭式气动布局，是中型、多功能、超音速、全天候空中优势战斗机。中国空

军赋予其编号为歼 –10，对外称 J–10 或称 F–10。2004 年 1 月，中国人民解放军空军第 44 师 132 团第一批装备歼 –10。

歼 –10 战斗机是中国自主研制的新一代多用途战斗机。它的研制成功，实现了中国军机从第三代向第四代的历史性跨越。2007 年 1 月 6 日，中央电视台《今日关注》节目播出"解密歼 –10 战斗机四大关键技术突破"节目，解读了歼 –10 战斗机克敌制胜的法宝。

歼 –10 采用了全新电子系统、电传操作等大量新设计、新技术和新工艺。在紧急短距起飞、空中机动、超低空突防、对地攻击等方面超过西方第四代战斗机。歼 –10 战斗机已经批量装备部队，成为 21 世纪中国空军和海军航空兵的主要装备之一。歼 –10 战斗机拥有比歼 –7、歼 –8 战斗机更优良的作战性能，可以和歼 –8 II、FC–I、苏 –27SMK、苏 –30 战斗机及防空导弹系统高低搭配，构成大密度、大纵深、高中低空互为重叠的立体防空网。

20 世纪 80 年代初，第四代战斗机开始在全世界大量装备使用。这一代战斗机采用了翼身融合、隐身等高技术，并开始采用第四代中距拦截导弹、近距格斗导弹，装备了全向、全高度、全天候火力控制系统。其代表机型有美国的 F–14、F–15、F–16、F–18、F–117A，俄罗斯的米格 –29、米格 –31、苏 –27，法国的幻影 2000 和欧洲国家联合研制的"狂风"等。歼 –10 战斗机总设计师宋文骢表示，歼 –10 的性能已具有国际先进水平。

《航空杂志》资深研究员宋心之介绍说：歼 –10 具有四个特点，一是布局着眼于中低空的机动性；二是利用涡升力来增加升力；三是发动机采用小涵道比的涡扇发动机；四是机载电子设备开始一体化，开始大量使用计算机、数据总线，开始以导弹作为它的主要空战武器。此外，歼－10还可以通过空中加油能力，扩大作战半径。

《世界军事》杂志主编陈虎表示：歼－10的电传操作技术已经实现突破，即通过计算机帮助飞行员操纵。试飞过歼－10的飞行员普遍的描述就是两个字"好飞"。《解放军报》曾有报道，在实战演练中，两架歼－10战斗机和四架模拟的敌机进行了一次对抗较量。结果，歼－10都是先敌发现、先敌锁定、先敌开火，取得了4：0的骄人战绩。

## 壮志凌云

2009年中华人民共和国成立60周年盛大国庆阅兵典礼上，新一代多用途战斗机歼－10编队越过天安门城楼，沸腾了国人的热血，引来了世界的赞叹。此时，在观礼台上和人们一起分享这一盛况的中国工程院院士、歼－10战斗机总设计师宋文骢格外感慨。

抗美援朝的战斗打响时，年仅21岁的宋文骢从空军航校毕业，成为一名志愿军战士。战斗中，他目睹了由于飞机故障等原因，我军一些英勇的飞行员在执行任务时光荣牺牲。这让他立下了献身航空事业、为国家研制新一代歼击机的宏伟志向。1959年，在哈尔滨军事工程学院修完学业的宋文骢踌躇满志，开始了他的航空设计生涯。

早在20世纪60年代初，宋文骢就和同志们一起创立了中国飞机设计的第一个气动布局业组并担任组长，开始对飞机新式气动布局深入研究。坚持创新，走前人没有走过的路，是宋文骢的一大特点。他和他的团队经历无数繁重的设计实验，大胆设想，小心求证，使我国新机研制能力提高了一大截。

20 世纪 80 年代中期，56 岁的宋文骢被任命为国家重点型号工程歼 -10 飞机总设计师。他看准飞机发展方向，再次制定了创新的发展战略。1982 年 2 月 16 日，宋文骢参加在北京召开的新机研制方案评审论证会，在会上提到世界歼击机现状、飞机空中格斗能力、鸭式气动布局等新概念，引起与会专家和部队领导的兴趣。宋文骢在第二次新歼方案论证会上介绍了新式布局的飞机模型，为第四代歼击机歼 -10 的雏形。之后的两年时间里，经过多次论证、研究和评审，新的方案被确定为中国新一代战斗机歼 -10 的总体方案，歼 -10 飞机项目被列为国家重大专项，宋文骢被任命为歼 -10 飞机总设计师。

1984 年 4 月 26 日，经过三次新歼选型会和发动机选型会的反复研究，宋文骢提出的鸭式气动布局被选为最终方案进行发展，歼 -7C 飞机完成首飞。歼 -7C 的研制成功，使中国跨入能完全独立自主研制第三代歼击机的国家行列。1985 年，宋文骢主持组建了中国第一个航空电子系统研究室，突破数字综合航空电子系统的国内研究空白，完成了国内从未设计过的腹部进气道、国内独一无二的水泡式座舱，是中国第一个具有国际先进水平的数字式电传飞控系统铁鸟试验台、国内第一个高度综合化航电武器系统动态模拟综合试验台设计等。

1998 年 3 月 23 日，歼 -10 飞机成功实现首飞，在首飞完成后，宋文骢特意将自己的生日改为 3 月 23 日。2001 年，宋文骢等人在《中国工程科学》08 期发表了著名的《一种小展弦比高升力飞机的气动布局研究》论文，对全新一代战斗机的预研工作起到了开创性的重要作用，文中所提出的气动布局方案奠定了歼 -20 隐身战斗机的基础。

2003 年 3 月 10 日，歼 -10 飞机正式交付空军。2004 年 4 月 13 日，

歼-10飞机最终通过国家相关机构的设计定型审查。2016年3月22日13时10分，宋文骢因病在北京301医院逝世，享年86岁。

几十年来，为了国家的最高利益，宋文骢长期隐遁幕后，甘于寂寞，默默奉献，将全部精力投入祖国航空工业腾飞的伟大事业之中。他的严谨，他的创新，他的技术造诣和强烈的爱国情怀，激励着一代又一代航空人。"宋文骢"这三个字，将与歼-10飞机一起闪耀在中国航空工业的光辉史册上。

### 中国自己的隐身战斗机：歼-20

歼-20是成都飞机工业（集团）有限责任公司研制的一款具备高隐身性、高态势感知、高机动性等能力的隐形制空战斗机，是解放军研制的最新一代双发重型隐形战斗机，用于接替歼-10、歼-11等歼击机的未来重型歼击机型号，该机将担负我军未来对空、对海的主权维护任务。2019年10月13日，歼-20战斗机列装中国人民解放军空军王牌部队。

图2-34　歼-10战斗机

资料来源：高文权.2008年珠海航展.http://cdn.feeyo.com/pic/20081109/200811090946227377.jpg[2021-01-08].

　　自主研制先进战斗机，实现了四大目标——打造跨代新机、引领技术发展、创新研发体系、建设卓越团队。打造跨代新机，是按照性能、技术和进度要求，在此基础上研制开发我国自己的新一代隐身战斗机。引领技术发展，是指通过自主创新实现强军兴军的目标。新一代先进战斗机在态势感知、信息对抗、协同作战等多方面取得了突破，这是中国航空工业从跟跑到并跑，再到领跑的必由之路。创新研发体系，是指建设最先进的飞机研制条件和研制流程。通过一大批大国重器的研制，我们建立了具有我国特色的数字化研发体系。建设卓越团队，是指通过型号研制，锤炼一支爱党爱国的研制队伍，这些拥有报国情怀、创新精神的优秀青年是航空事业未来发展的生力军。

　　未来，我们将在战斗机的机械化、信息化、智能化发展征程上不断前行。

# 参考文献

《现代兵器》杂志社 . 龙之翼——中国歼 10 战斗机全传 [J]. 现代兵器，
　　2006，增刊 .

张杰伟，舒德骑 . 宋文骢传 [M]. 北京：航空工业出版社，2014.

# 四、自主创新

## 神舟飞天：遨游苍穹的中华航天梦

航天梦是中国梦的重要组成部分，也是一个国家综合国力的象征。航天事业的腾飞，是中国快速崛起的关键一步。1986 年，我国制定了"863计划"，把航天技术列为中国高技术研究发展的重点之一。至 20 世纪 80年代末，我国已经研制并发射了 20 多颗应用卫星，积累了大量关于连续发射并且成功回收应用卫星的经验，为我国进入载人航天领域奠定了坚实的基础。

### 从"无人"到"有人"

中国第一种载人航天器名为"神舟号飞船"。它是中国自行研制、具有完全自主知识产权、达到或优于国际第三代载人飞船技术的飞船。"神舟号飞船"采用三舱一段，即由返回舱、轨道舱、推进舱和附加段构成，由 13个分系统组成。"神舟号飞船"与国外第三代飞船相比，具有起点高、具备留轨利用能力等特点。"神舟"系列载人飞船由专门为其研制的"长征二号 F"火箭发射升空，发射基地是酒泉卫星发射中心，回收地点在内蒙古中部的四子王旗航天着陆场。

1992 年 9 月 21 日，中共中央政治局常委会批准实施载人航天工程，并确定了三步走的发展战略：第一步，发射载人飞船，建成初步配套的试验性载人飞船工程，开展空间应用实验；第二步，

> "长征"系列运载火箭是中国自行研制的航天运载工具。"长征"运载火箭起步于 20 世纪 60 年代，1970 年 4 月 24 日"长征一号"运载火箭首次发射"东方红一号"卫星成功。

在第一艘载人飞船发射成功后，突破载人飞船和空间飞行器的交会对接技术，并利用载人飞船技术改装、发射一个空间实验室，解决有一定规模、短期有人照料的空间应用问题；第三步，建造载人空间站，解决有较大规模、长期有人照料的空间应用问题。

从 1992 年深秋开始，中国"神舟"的每一次飞行都在刷新一个纪录，每一次飞行都牵动国人的心。1999 年 11 月 20 日，"神舟一号"飞船于北京时间 6 点 30 分成功发射升空。次日凌晨 3 点 41 分顺利降落在内蒙古中部地区的着陆场，在太空中共飞行 21 个小时。"神舟一号"发射成功的重要意义在于，它实现了天地往返重大突破，也是中国载人航天工程的首次飞行，标志着中国在载人航天飞行技术上有了重大突破，是中国航天史上的重要里程碑。

在"神舟一号"飞船试验过程中，运载火箭和试验飞船性能良好、飞行正常、动作准确，主要关键技术取得突破性进展，发射场设施设备和"三垂"测发模式经受住了实战考核。新建的载人航天测控通信网工作协调，数据处理正确，指挥、控制无误。载人航天发射组织指挥关系初步确立，运转正常。我国选择在世纪之交发射"神舟一号"，也预示着中国将在 21 世纪向科技

强国的目标发起冲击，而"神舟一号"的发射成功更加增强了国人的信心，为 21 世纪的到来献礼喝彩。

2001 年 1 月 10 日，"神舟二号"无人飞船发射成功，在太空飞行 6 天零 18 小时 /108 圈，并于 1 月 16 日在内蒙古中部地区成功着陆。"神舟二号"在太空中的飞行时间比"神舟一号"延长很多，这就为飞船能在太空中进行更多的科学研究提供了保障。"神舟二号"是第一艘无人实验飞船，由轨道舱、返回舱和推进舱三个舱段组成，其技术状态与载人飞船基本一致。它的发射完全是按照载人飞船的环境和条件进行的，凡是与航天员生命保障有关的设备，基本上都采用了真实件。

2002 年 3 月 25 日，"神舟三号"发射成功，这次飞行搭载的是模拟人。与第一艘无人飞船"神舟二号"相比，"神舟三号"飞船的发射在运载火箭、飞船和发射测控系统上，采用了许多新的先进技术，进一步提高了载人航天的安全性和可靠性。这是一艘正样无人飞船，除没有航天员以外，飞船技术状态与载人状态完全一致，它也标志着中国载人航天工程取得了新的重要进展。2002 年 12 月 30 日，"神舟四号"发射搭载的也是模拟人。此次"神舟四号"在经受了 -29℃低温的考验后，成功地突破了中国低温发射宇宙飞船的历史纪录。"神舟四号"是我国载人航天工程第三艘正样无人飞船。"神舟四号"的成功返回，为我国发射"载人航天器"吹响了号角。

## 从"一人一天"到"多人多天"

2003 年 10 月 15 日是值得所有中国人纪念的一天。中国第一艘载人飞船"神舟五号"成功发射，它搭载着中国第一位航天员杨利伟。"神舟五号"21 小时 23 分钟的太空行程，标志着中国已成为世界上继俄罗斯和美国之后第三个能够独立开展载人航天活动的国家。"神舟五号"载人航天飞行任务主要是全面考核载人环境，获取航天员空间生活环境和安全的有关数据，全面考核工程各系统工作性能、可靠性、安全性和系统间的协调性。飞船搭载一名航天员，飞行约 1 天时间，在绕地球飞行的第 14 圈时返回地面。这里需要强调的是，载人飞船与人造卫星最大的区别在于"飞船要保证航天员的绝对安全"。"神舟五号"完成历史性的首飞返回，杨利伟走出返回舱时说的第一句话是："我为祖国感到骄傲！"

　　在实现了成功发射与返回载人航天器之后，中国的航天事业继续前行。2005 年 10 月 12 日，"神舟六号"搭载两名航天员费俊龙与聂海胜升空，一共在太空中运行了 4 天 19 小时 32 分。"神舟六号"是中国第二艘搭载太空人的飞船，也是中国第一艘执行"多人多天"任务的载人飞船。这也是人类的第 243 次太空飞行。飞船进行了中国载人航天工程的首次多人多天飞行试验，完成了中国真正意义上有人参与的空间科学实验。此后，"神舟七号"载人航天飞船于 2008 年 9 月 25 日 21 时 10 分从中国酒泉卫星发射中心载人航天发射场搭载"长征二号 F"火箭发射升空。

> 　　空间站又称太空站、航天站，是一种在近地轨道长时间运行，可供多名航天员巡访、长期工作和生活的载人航天器。空间站分为单模块空间站和多模块空间站两种。在空间站中要有人能够生活的一切设施，空间站不具备返回地球的能力。

　　2011 年 11 月 1 日，"神舟八号"搭载模拟人在太空中运行了 18 天。此次飞行"神舟八号"虽然没有搭载真人，却执行了一次更艰巨的任务。"神舟八号"相比之前的飞船进行了较大的技术改进，它发射升空后，与"天宫一号"对接，成为一个小型空间站。组合体运行 12 天后，"神舟八号"飞船脱离"天宫一号"，并再次与之进行交会对接试验，这标志着我国已经成功突破了空间交会对接及组合体运行等一系列关键技术。2011 年 11 月 16日 18 时 30 分，"神舟八号"飞船与"天宫一号"目标飞行器成功分离，返回舱于 17 日 19 时许返回地面。

## 从"太空漫步"到"万里穿针"

2012 年 6 月 16 日，执行我国首次载人交会对接任务的"神舟九号"载人飞船，在酒泉卫星发射中心发射升空，顺利将三名航天员景海鹏、刘旺、刘洋送上太空，刘洋成为中国第一位飞向太空的女性。6 月 24 日 12 时许，"神舟九号"航天员驾驶飞船与"天宫一号"目标飞行器顺利对接，我国首次空间"手控"交会对接试验成功。这是中国首次在太空尝试"人工"控制飞行器运动姿态。"神舟九号"与"天宫一号"手控对接的顺利完成，标志着中国全面掌握了交会对接技术，成为中国航天事业的又一个里程碑。

2013 年 6 月 11 日，"神舟十号"搭载聂海胜、张晓光与王亚平三名航天员飞向太空，在轨飞行 15 天。"神舟十号"又一次载着三名航天员与"天宫一号"相会，主要使命和任务有四项：一是为"天宫一号"在轨运营提供人员和物资天地往返运输任务，进一步考核交会对接、载人天地往返运输系统的功能和性能；二是进一步考核组合体对航天员生活、工作和健康的保障能力；三是开展航天器在轨维修等实（试）验和科普教育活动；四是进一步考核执行飞行任务的功能、性能和系统间协调性，验证有关改进措施的有效性。这次飞行的最大亮点是，我国首次开展中国航天员太空授课活动。

2016 年 10 月 17 日，"神舟十一号"搭载景海鹏与陈冬升空，这次升空是持续时间最长的一次载人飞行任务，总飞行时间长达 33 天。"神舟十一号"飞船由中国空间技术研究院总研制，飞船入轨后经过 2 天独立飞行，完成与"天宫二号"空间实验室自动对接形成组合体。"神舟十一号"是中国载人航天工程三步走中从第二步到第三步的一个过渡，为中国建造载人空间站做了积极准备。中国人离三步走的最终目标也越来越近了！

从"无人"到"有人"，从"一人一天"到"多人多天"，从"太空漫步"到"万里穿针"，"神舟家族"的成长史就是一部当代中国航天史的缩影，更是中国人奔向科技强国目标的实践史与奋斗史。中国梦连着科技梦，科技梦助推中国梦。一个国家要强盛，一个民族要复兴，科技进步是其根本支撑。每一次"神舟"翱翔太空的背后都是无数科学技术专家和许多默默无闻的工作人员长达几十年的辛勤付出，这更展现出几代中国人要实现科技强国梦的愿景！

# 参考文献

佚名 . 从"神一"到"神十"的创新接力——神舟飞船系统创新发展纪实 [J]. 科技传播，2013（6）：20-21.

黄震，朱光明 . 从神舟飞天看我国国防知识产权保护 [J]. 重庆工学院学报（社会科学版），2009，23（2）：47-54.

翟边 . 创新成就神舟飞天梦 [J]. 国防科技工业，2013（6）：24-25.

海屿 . 从神舟到天宫——中国以令世界惊诧的速度飞向太空 [EB/OL]. http://www.china.com.cn/ news/space/2011-09/29/content_25130596_2.htm[2021-02-05].

陈晓丽 . 国家有特殊需要时要有特殊精神——专访我国首任神舟飞船总设计师戚发轫院士 [J]. 中国航天，2016，（3）：3-8.

郭兆炜，付毅飞 . "神舟"拉动千亿元产业链：解读航天技术的"辐射效应" [J]. 今日科苑，2013，（6）：12-16.

# 蛟龙探海：中国挺进深蓝之路

"可上九天揽月，可下五洋捉鳖。"毛泽东重回井冈山革命根据地时写下了这句诗，不仅表达了革命前辈们"世上无难事，只要肯登攀"一往无前的精神与斗志，也体现了中华民族对上天入海、探索未知的追求与梦想。近年来，中国在深海探测领域取得了长足的进展，形成了以"蛟龙号"和"向阳红09"试验母船为核心的深海科考体系，那么我们为何对深海如此向往，要花费大量的人力物力进行深海探测呢？

## 深海，资源的宝库

如今，资源短缺已经成为人类不可忽视的问题，探索和开发海洋资源似乎是解决这一难题最为现实的办法。按照《联合国海洋法公约》的规定，海底区域的权利属于全人类，国际海底区域及其自然资源是全人类的共同继承财产。在深海海底开展的科学考察和资源勘探，有助于解决陆地资源短缺问题，服务于全人类的共同利益。

深海海底蕴藏着丰富的多金属结核、富钴结壳、多金属硫化物等矿产资源，开发和利用的潜力巨大。多金属结核又称锰结核，是由包围核心的铁、锰氢氧化物壳层组成的深海固体矿产，多以贝壳、珊瑚片、岩屑等为核心，广泛分布在深度为4000~6000m的海洋盆地中。富钴结壳又称铁锰结壳，是生长在海底岩石表面的皮壳状铁锰氧化物，主要分布于深度在

1000~3000m 的海山和海台表面。多金属结核和富钴结壳都富含锰、铁、钴、铜和稀土等多种金属资源，有着极高的资源开发价值。多金属硫化物主要分布于深度约为 2500m 的板内火山与大洋中脊，富含铜、锌、铅、金和银等多种金属资源，也有着极高的资源利用价值。

早在 20 世纪 80 年代，中国就已经开始进行深海矿产的资源调查。1990 年，中国大洋矿产资源研究开发协会经国务院批准成立，促进了中国深海高新技术产业的形成与发展。2001 年，中国大洋矿产资源研究开发协会与国际海底管理局签订了中国首个深海矿产勘探合同，获得了东太平洋 7.5 万 km² 的多金属结核勘探合同区的专属勘探权和优先商业开采权。此后，中国又获得西南印度洋 1 万 km² 的多金属硫化物勘探合同区以及西北太平洋 3000km² 的富钴结壳勘探合同区。2017 年，中国五矿集团有限公司获得了东太平洋 7.3 万 km² 的多金属结核勘探合同区，就此中国初步形成了 3 种资源、4 个合同区的深海矿产勘探开发格局。

除了矿产资源，能源资源也是深海资源开发的重点研究方向。海底蕴藏着大量的石油和天然气资源，目前全球已有 60 多个国家和地区在深海区域进行油气勘探和开发活动，深海油气资源将成为油气资源开发的重要领域。海底蕴藏着大量天然气水合物，被称为可燃冰，根据《中国矿产资源报告（2018）》初步预测，中国海域天然气水合物资源量达到 800 亿 t 油当量，是未来能源开发的重点对象。

深海中基因和微生物等生物资源也不容忽视，深海生物由于长期生存在黑暗、低温和高压的极端环境中，会在生长和代谢过程中产生一些具有特殊生理功能的活性物质，这使得深海成为创新药物和功能性保健食品的原料来源，也被公认为基因资源的宝库。深海极端环境中蕴藏丰富的极端微生物，如嗜热菌和嗜冷菌等，这些微生物为生物技术产业的发展提供独特资源。目前，深海生物资源开发在低温生物催化剂以及抗冻剂等方面已经取得了长足的进展。各类深海极端微生物及其基因资源在工业催化、日用化工、绿色农业、新药开发等领域的开发已取得了突破性进展，形成了数十亿美元的产业。

## "蛟龙号"的探海历程

2002年，中国科学技术部将深海载人潜水器的研制列为"第十个五年计划""863计划"海洋领域重大专项，启动"蛟龙号"载人潜水器的自主设计和研发工作。在国家海洋局所属中国大洋矿产资源研究开发协会办公室的统一组织下，国内约百家科研单位与企业参与了联合攻关。其中潜水器系统由中国船舶重工集团公司第702研究所牵头研发，多个研究所负责子模块设计，比如中国科学院声学研究所负责潜水器声学通信系统、中国科学院沈阳自动化研究所负责潜水器自动控制系统等。中国船舶重工集团公司第701研究所负责水面支持系统，国家海洋局北海分局负责"向阳红09"试验母船的修理、管理与保障工作。在各科研单位与企业的共同努力下，"蛟龙号"载人潜水器于2007年底研制完成。

载人潜水器由于其工作环境的特殊性，无法在陆地实验室对潜水器本体以及各种设备的性能进行测试与验证。根据美国、俄罗斯等国的研发经验，"蛟龙号"需要到海上进行试验。海上试验的目的一是在实际海洋环境下，对潜水器各系统和设备进行功能调试、考核和验收；二是对潜水器的总体性能，与水面支持系统之间的工作匹配度进行考核与验收；三是培养锻炼潜航员和潜水器各岗位操作人员，形成与完善各项系统设备操作规程，制定维护手册与应急情况处理办法。在海上试验发现问题、解决问题，"蛟龙号"就这样一步步逐渐完善。

　　按照"由浅入深、循序渐进、安全第一"的原则，"蛟龙号"的试验海水深度分别设定为 50m、300m、1000m、3000m、5000m 和 7000m。在试验过程中，首先由现场验收专家组随"向阳红 09"试验母船对 313 个试验项目进行现场验收。在每个阶段的试验结束后，由技术咨询专家组对现场验收结果进行评估，指出需要改进和完善的问题，有关技术责任单位再进行技术攻关，最后由海试领导小组决定是否进入下一阶段试验。2012 年 6 月 27 日，在 7000m 级海试的第五次试潜中，潜航员唐嘉陵驾驶"蛟龙号"在

　　　　"蛟龙号"在试潜过程中实现多次坐底，并在一次下潜中实现了"蛙跳"式坐底，利用机械手成功完成了插国旗、取水样、布放"龙宫"标志物等作业内容，此外"蛟龙号"还拍摄了大量海底照片，并录制了数小时的近底生物视频。

马里亚纳海沟创造了 7062m 的载人深潜纪录，这也是同类型作业型潜水器最大下潜深度纪录。6 月 30 日，"蛟龙号"顺利完成了 7000m 级海试的第六次试潜，这也标志着"蛟龙号"海上试验阶段已经结束，可以开始转向试验应用阶段。

图 2-36　蛟龙号

资料来源：张旭东 ."蛟龙号"载人深潜 7000 米级海试进行首演 . https://www.chinanews.com/tp/hd2011/2012/06-01/105879.shtml 〔2021-02-05〕.

2013年，"蛟龙号"进行了3个航段的试验性应用。第一航段历时59天，6月10日从江苏江阴起航，完成了潜水器对超短基线定位系统的标定、冷泉区与海山区科学考察等相关任务，取得了丰富的生物地质样品与数据，深潜队伍也借此机会积累了经验，为第二航段和第三航段打下了坚实基础。第二航段历时23天，8月8日于厦门起航，主要任务是履行与国际海底管理局签订的《中国五矿集团公司与国际海底管理局多金属结核勘探合同》义务，同时完成结核试采区沉积物工程力学参数测量、海底结核分布规律研究和诱捕巨型底栖生物。第三航段历时20天，主要任务是对比和研究采薇海山区不同深度底栖生物和结壳的分布特征，为今后中国参与该地区的环境管理提供技术支撑。自2014年开始，"蛟龙号"主要在西印度洋进行试验下潜任务，取得了丰富的生物、矿产、沉积物、海水等珍贵的深海样本。

"蛟龙号"作为中国自主设计和研发的载人潜水器，拥有四大技术优势：一是在同类型作业型潜水器中具有最大的下潜深度7062米，这意味着"蛟龙号"可以探测绝大部分深海区域；二是具有稳定的悬停能力，这是"蛟龙号"完成高精度作业任务的可靠保障；三是配备了多种高性能作业工具，确保其能够在复杂极端的深海环境中完成复杂任务；四是拥有先进的微地貌探测和水声通信能力，可以高速传输图像与音频数据，能够对海底的微小目标进行识别和探测。

深潜万米深渊的"大头鱼"长啥样
资料来源：中国科学院声学研究所

## 中国深海探测的发展现状

除了"蛟龙号"载人潜水器，中国还研制了"海龙二号"缆控潜水器和"潜龙一号"自治潜水器，三个潜水器组成的"三龙"深海探测体系是当前中国深海探测的主要力量。

"海龙二号"缆控潜水器是一种遥控无人潜水器,作为一种无人有缆潜水器,有以下三点优势:一是"海龙二号"不用考虑潜航员的生存问题,较"蛟龙号"有更大的设计空间,能够应对更极端的深海环境;二是操作者能够通过电缆向"海龙二号"提供动力能源,使其在海底的作业时间不受能源的限制;三是操作者能够直接在水面上控制"海龙二号",人为的介入能够更好地应对复杂多变的海底环境。"潜龙一号"自治潜水器是一种自主式水下机器人,作为一种无人无缆潜水器,"潜龙一号"没有电缆的限制,活动范围大、机动性好,而且不怕电缆缠绕,可进入复杂结构中,不像"海龙二号"一样需要庞大水上支持。但"潜龙一号"的续航能力较差,且只具备观察和测量功能,不具备深海作业能力。

"蛟龙号"、"海龙二号"和"潜龙一号"是我国自行设计和研发,具有自主知识产权,在深海勘查领域应用最为广泛的三类典型的潜水器。目前"蛟龙号"的新母船"深海一号"正在建造中。届时新母船可同时搭载"蛟龙号"、"海龙二号"和"潜龙一号"潜水器开展同船协同作业,实现"三龙一体"同船作业。"七龙探海"立体深海探测体系就是在原有"三龙探海"的基础上,增加了深海钻探的"深龙号"、深海开发的"鲲龙号"、海洋数据云计算的"云龙号"以及作为立体深海科考支撑平台的"龙宫号"。"七龙"

自 2020 年 10 月 10 日起,中国自主研发的"奋斗者"号潜水器赴马里亚纳海沟开展万米海试,成功完成 13 次下潜,其中 8 次突破万米。11 月 10 日,"奋斗者"号创造了 10 909m 的中国载人深潜新纪录,标志着我国在大深度载人深潜领域达到世界领先水平。

探南海，指日可待。

中国对深海的科学考察以及资源勘探并不是以霸占海洋资源为目的，而是通过对深海环境与资源的保护与研究，更积极地参与到全球海洋安全的维护工作中，这样中国才能在国际海洋事务中更有话语权，从而更好地为全人类和平利用海洋资源作出贡献。

中国蛟龙怎样炼成"千里传音"
资料来源：视频由中国科普博览授权免费使用

# 参考文献

高岩，李波．我国深海微生物资源研发现状、挑战与对策 [J]．生物资源，2018，40（1）：13-17．

刘永刚，姚会强，于淼，等．国际海底矿产资源勘查与研究进展 [J]．海洋信息，2014（3）：10-16．

宋祖锋．蛟龙新母船明年上半年交付"三龙"有望同船作业 [EB/OL]．http：//www．dzwww．com/shandong/sdnews/201810/t20181017_17953298.htm[2020-12-01]．

陶晓玲．海洋资源开发利用必须从战略层面统筹谋划 [EB/OL]．http：//aoc．ouc.edu．cn/33/ff/c9824a209919/page.htm[2020-12-01]．

# 因地制宜：西气东输工程的决策历程

进入 21 世纪，一条西起新疆塔里木盆地，东至上海黄浦江畔，横贯十个省（自治区、直辖市），全长近 4000km 的输气管道成为神州大地的能源大动脉，源源不断地将天然气送到中原、华东、长江三角洲等地区，将中国西部蕴藏的丰富天然气资源转化为中国东部广大地区的万家灯火。西气东输的一线工程从酝酿决策到筹备实施花费了长达 4 年的时间，而从开工建设到商业运营只用了 2 年多的时间，复杂的建设环境是前期准备工作耗时较长的主要原因。

## 西气东输工程的建设环境

西气东输管道沿线的自然环境和人文环境差异较大。总的来说，西部地广人稀，自然环境较为恶劣，缺少基础设施支持，属于经济欠发达地区；东部人口稠密，自然环境较好，基础设施建设情况良好，属于经济发达地区，东部与西部自然和人文环境的复杂多变给工程的施工带来了很大的难度。而且管道沿线途经许多国家及省级自然保护区，如塔里木胡杨国家级自然保护区、罗布泊野骆驼国家级自然保护区、河南太行山自然保护区，也会穿过以古长城为首的众多古迹遗迹，给工程的施工带来了一些挑战。

西气东输工程地域范围广阔，管线先后经过塔里木盆地、鄂尔多斯高原、黄土高原、华北平原、淮阳丘陵，最后进入长江中下游平原。地形总体来说有着西高东低的特点，以太行山为界，西部地区的地势起伏较大，东部地区的地势开阔平缓。从新疆、甘肃的荒漠戈壁地带到宁夏、陕西的黄土高原地带，再从山西、河南的吕梁山及太行山山地到东部冲积平原地带，每个地貌都有独具特色的微地貌，也会有沙丘、黄土塬、深谷、沼泽等不良地质段。

西气东输工程从内陆盆地到东海之滨，各地区的气候类型也不尽相同。以吕梁山为界，西北部地区为内陆地区，其大陆性气候特征十分显著，主要特点为冬长夏短、干旱少雨、昼夜温差大等；东南部主要受海洋性气候影响，主要特点是日照充足、雨量充沛、昼夜温差较小。西气东输工程途经中国几大主要水系，以兰州为界，西部主要是内陆河流域，而东部主要是外陆河流域。内陆河水量随季节变化，夏季有洪水而冬季干枯，春秋两季水量较小；外陆河水量较大，水量亦受季节影响，冬季一般流量较小，而夏季由于降雨等缘故，河水水位暴涨，容易造成水灾。

西气东输工程管道西部与东部有着截然不同的地形地貌、气候水文、土壤植被等条件，给施工带来了很多难题。而且当时中国西部与东部发展水平差距较大，由于政治、经济、文化等原因，西部的基础设施建设较为缓慢，有些地区的交通状况都成问题，建设管道有许多工作要从零开始。中国投入

图 2-37　西气东输三线东段通气
资料来源：罗洪啸. 西三线东段通气中亚天然气首入闽. http://finance.takungpao.com/q/2016/1212/3402388.html [ 2021-02-05 ].

大量人力物力，开展西气东输工程主要有三大原因：一是落实西部大开发战略；二是促进经济发展；三是改善能源结构。

## 西气东输工程的决策背景

2000年10月，为了缓解中国东西部发展不平衡的问题，中共十五届五中全会通过《中共中央关于制定国民经济和社会发展第十个五年计划的建议》，建议强调："实施西部大开发战略，加快中西部地区发展，关系经济发展、民族团结、社会稳定，关系地区协调发展和最终实现共同富裕，是实现第三步战略目标的重大举措。"在后续的落实过程中，以西气东输、西电东送、青藏铁路为代表的国家重点工程拉近了西部与东部的距离，西气东输工程作为西部大开发系列工程中的先行者，起到了至关重要的作用。

1998年7月，江泽民总书记到新疆塔里木油田视察，时任中国石油天然气集团有限公司总经理马富才向江泽民总书记报告新疆石油及天然气工业的发展情况，汇报中提到了塔里木油田有着大量的天然气资源亟待开发，在开采石油的过程中也会伴随有大量天然气产生，由于技术原因，这些伴生气被直接放空烧掉。江泽民认为天然气资源的闲置是一种极大的浪费，与陪同考察的国家计划委员会主任曾培炎及在场的专家对塔里木油田天然气的开发利用问题进行了详细的探讨。同年8月，国土资源部向国务院提交报告，建议将西气东输工程列入国家重点基础建设项目之中。朱镕基总理做出批示：抓紧西气东输的前期研究，争取在2000年着手实施。

西气东输工程推动了经济发展，首先是能够加快新疆地区的经济发展。工程使塔里木油田成为中国最大的天然气开采基地，将新疆闲置的天然气资源输送到东部地区，促进了新疆经济和社会的发展；工程可以带动当地天然气副产品加工利用以及相关产业的发展，创造新的就业岗位；工程对基础设施的改善提高了当地居民的生活水平以及与东部地区交流的便利程度。其次，西气东输工程也拉动了国民经济的整体增长，管道工程是连接中国东西部的能源纽带，工程的建设扩大了内需，增加了就

> 工程需要大量的钢材、建材以及配套设备，国务院想要通过西气东输工程促进国民经济增长，带动相关产业发展，所以要求在选用工程所需材料以及设备时充分考虑国产化的可能性，凡是能用国内企业生产的，一律由国内企业供货，最终在西气东输工程中，国产钢管的重量和长度比例都超过了 50%。

业岗位，而且改善了沿线人们的生活质量。最后，西气东输工程也带动了相关行业的技术发展和进步。

西气东输工程改善了中国的能源结构。随着经济的发展，以煤炭为主的能源消费结构使中国的环境污染问题十分严重。工业燃煤会产生大量二氧化硫、二氧化碳、一氧化碳和烟尘，使大气污染问题日益严重。为了实现可持续发展，国家把开发天然气资源作为优化能源结构、改善大气环境的重要举措。燃烧天然气与煤炭相比，二氧化硫和烟尘的排放几乎可以忽略不计，二氧化碳和一氧化碳的排放也大幅度减少。西气东输工程将中国西部地区闲置的天然气输送到能源缺口极大的东部地区，一方面使西部地区的资源优势转化为经济优势；另一方面又满足了东部地区对天然气的迫切需求。

## 西气东输工程的立项过程

关于西气东输工程是否可行，国家对其进行了项目论证、市场论证和管

道工程论证。项目论证包括"五大评估",即地质灾害评估、活动断裂带评估、水土保持评估、环境影响评估、劳动安全卫生预评估。前两项评估主要是考察管道沿线的地理情况是否理想,防止地质灾害导致管道破裂,避免造成严重的二次灾害事故。水土保持评估是为了考证管道建设是否会造成或加剧沿线的水土流失现象,尤其是黄土高原地区,在铺设管道的同时也要植树造林,使土壤在工程恢复期中保持减沙效益,防止工程建设使水土流失现象进一步加剧。环境影响评估是检验管道对沿途的自然保护区是否会造成影响,若造成轻微影响在建造完成后如何恢复保护区原来的环境。劳动安全卫生预评估是研究在施工过程中是否有对施工人员人身安全及周边环境造成危害的潜在隐患,以及事故发生后如何第一时间解决处理。

> 西气东输工程的建设目标,是建设一条最大限度防止水土流失,保护沿线生态环境,实现管道工程与沿线生态环境、社会环境和谐的绿色管道和清洁的能源输送大动脉。

市场论证主要研究了天然气的市场预测和定价方案。将工程的终点选为上海是在对目标市场进行分析和研究后决定的,具体有以下三个原因:一是长江三角洲地区市场需求大,可承受气价高,虽然管道运输天然气的单位成本低,但从中国西部到东部的距离长达数千千米,加上建设管道也需要高额的前期投入,所以对市场的需求与可承受气价都有一定的要求。二是有利于保证长江三角洲地区经济的可持续发展,该地区自产能源极少,绝大部分能源都是从外地调入,其中最多的是煤炭资源,然而燃烧煤炭会造成环境污染,对人口稠密的长江三角洲地区来说是极为不利的,引入天然气可以缓解大气污染，实现可持续发展。三是长江三角洲地区作为西气东输的目标市场与全国天然气流向一致，中国天然气的大致流向是"西气东输"和"南气北下"，按此流向建设东西大干线和南北大干线，能保证中国天然气的稳定供应。关于天然气的定价，一方面对大客户要符合市场规律，买卖双方都是自负盈亏的企业，要承担投资和市场风险；另一方面要加强监管，考虑小用户的利益和购买力，在不同地区实行不同的定价。

管道工程论证部分的工作主要是对管道的路线进行确定，工程分为西段、中段和东段。在布线规划的过程中，西段由于其地理环境复杂、基础设施建设薄弱等原因优化次数最多，最有代表性的是罗布泊地区的布线。在初步方案中，西段从库尔勒到柳园，管道走了一个弧形，如此设计是为了规避罗布泊复杂恶劣的地理环境以及核试验场的辐射残留。在路线优化过程中，考察队不惧艰险，收集了大量罗布泊环境资料，经过技术经济论证，选择了中线取直方案，使路线方案缩短 150km 以上。经过多次优化调整，最终确定的路线方案不仅总体上线形较直，而且多数路段沿线附近有铁路、公路可以依托，便于施工管理，并且把塔里木、长庆等油气田有机联系起来，有利于合理调配生产。管道既要考虑东部发达工业区的用气需求，又要避开人口稠密区，以便安全供气。供气管道并不是简单的地图上的一条线，而是各方专家和考察队员不辞辛苦，经过多种方案的比较和研究最终优化出来的，凝聚了无数的智慧与汗水。

西气东输工程是提高沿线人民生活质量的幸福工程，在落实西部大开发战略、加快西部地区经济发展、促进国民经济增长、充分利用和开发天然气资源以及调整优化中国能源结构等方面不但有着重要的经济作用，而且有着深远的政治意义，是一个东部、中部、西部地区"三赢"的工程。

# 参考文献

《西气东输工程志》编委会.西气东输工程志 [M].北京：石油工业出版社，
　2012.

张国宝.西气东输工程意义重大 [EB/OL]. http://gas.in-en.com/html/
　gas-2954941.shtml [2020-12-01].

中华人民共和国中央人民政府.中共中央关于制定国民经济和社会发展
　第十个五年计划的建议 [EB/OL]. http://www.gov.cn/gongbao/
　content/2000/content_60538.htm[2020-12-01].

# 能源巨网：中国特高压输电发展历程

中国的特高压输电技术虽然已经领先全球，但在发展过程中也遇到了一些困难：当时特高压输电还是一项"待成熟技术"，存在技术、装备、资金等多方面问题；特高压交流输电方式与特高压直流输电方式存在是否二者择一的竞争。《国民经济和社会发展第十一个五年规划纲要》指出，要加强电网建设，建设西电东送三大输电通道和跨区域输变电工程，扩大西电东送规模，继续推进西电东送、南北互济、全国联网，特高压输电网络作为西电东送工程的重要环节，其必要性不言而喻。

## 特高压输电，势在必行

中国幅员辽阔，能源分布却极不均匀。有关研究表明，中国 76% 的煤炭资源分布在北部和西北部，80% 的水能资源分布在西南部，绝大部分风能和太阳能资源分布在西北部。与此同时，经济较为发达的东中部地区能源资源匮乏，却集中了全国 70% 的用电负荷。开发西部的能源资源、实施西电东送工程是中国电力工业发展的必然选择，也是满足东中部地区电力需求、变西部资源优势为经济优势、促进东中部与西部地区协调发展的重要举措。特高压输电之所以能成为西电东送工程的重要环节，主要基于以下两点原因。

一是中国西部的能源基地与东中部的用电负荷中心距离非常遥远，在 1000~3000km，能源基地与负荷中心呈逆向分布的特征明显，电压为 500kV 级的超高压输电方式已经渐渐不能匹配东中部地区日益增长的用电需求。电压在 1000kV 级的特高压交流输电和电压在 ±800kV 级的特高压直流输电相较超高压输电而言，具有输电能力强、输电损耗低、输电单位成本低的优点。特高压输电适合大容量、远距离输送电能，对缓解中国能源基地与用电负荷的分布不均衡有着巨大的帮助。

二是治理大气污染问题的根本出路是优化能源结构与布局，其关键就是要发展特高压电网，加快推进"一特四大"战略。当前中国大气的主要污染物中，约 80% 的二氧化硫、60% 的氮氧化物、50% 的细颗粒物来源于煤炭燃烧，而燃煤排放当中相当大的一部分来源于直燃煤，这种不合理的能源消费结构，对大气造成了严重污染。"一特四大"战略是指在能源资源富足的西部地区，集中建设大煤电、大水电、大核电、大型可再生能源发电基地，通过特高压输电的方式，将电力资源输送到能源需求巨大的东中部地区，以电能替代直燃煤，推进能源优化升级。

在建设特高压输电线路时选择特高压交流还是直流的输电方式是必须要考虑的问题，二者各自都有优势与缺陷，所以不能说一方绝对优于另一方，在实际工程问题中应该具体情况具体分析，选择合适的输电方式。特高压直流输电送电距离更远、输送功率更大，但由于其换流站和变压站的成本很高且控制复杂，所以并不适合用来构建电力系统的骨架，而适用于不同区域网架之间的连接，以及点对点的远距离大容量电力输送。而特高压交流网络具有输电和构建网架的双重功能，电力的接入、传输和消纳十分灵活，是构建电网的前提，也是电网安全运行的基础，适合作为大区域电网中枢，担当交直流混合电网的主干。特高压交流与直流二者优势互补，各有分工，国家电网前董事长、总经理刘振亚把特高压直流输电比作万吨巨轮，把特高压交流电网比作深水港，要发展万吨巨轮，就必须建设深水港，二者缺一不可。

在中国特高压电网建设中，以 1000kV 的特高压交流输电为主体构建特高压电网骨干网架，实现不同区域电网的同步互联。±800kV 的特高压直流输电则主要用于远距离、大容量的点对点输电工程，成为连接不同区域电网之间的桥梁，用直流输电连接交流电网，防止在某个区域发生的事故波及整个电网。只有特高压交直流协调发展，建设"强交强直"的特高压电网，才能最大限度提高特高压电网的安全性和经济性。

2004 年，中国出现严重的"硬缺电"现象，电力缺口达 3000 万 kW，创历史纪录。在如此的历史背景下，刘振亚提出要加快开展特高压输电建设，特高压输电是解决中国煤电油运紧张问题的关键，时任国家发改委主任的马凯赞同刘振亚的观点。2005 年初，国家电网召开专门会议，对特高压工程启动进行决策。2005 年 6 月下旬，国家发改委组织专家就中国建设特高压输电网络的可行性进行讨论，32 位专家经过 3 天讨论得出结论：可上马特高压示范工程，但必须遵循客观规律。2005 年 11 月 12 日，刘振亚主编的《特高压电网》一书正式出版，该书填补了特高压技术研究领域专业论著的空白，标志着中国更高电压等级技术理论研究达到国际先进水平。在对特高压输电技术展开充分研究与试验验证后，2006 年 8 月 9 日，国家发改委正式下达了《关于晋东南至荆门特高压交流试验示范工程项目核准的批复》，正式核准特高压交流输电工程建设。

图 2-38　特高压电力铁塔
资料来源：视觉中国

## 特高压交流输电与直流输电的发展和现状

　　晋东南—南阳—荆门线路是中国第一条特高压输电线路，也是世界上第一条投入商业化运行的 1000kV 级特高压输电线路。晋东南—南阳—荆门线路于 2006 年 8 月开工建设，历经 28 个月建设完工，2008 年 12 月 30 日完成系统调试投入试运行，次年 1 月 6 日完成 168 小时试运行后正式投入商业运行。这条线路也是

　　晋东南—南阳—荆门线路起于山西晋东南变电站，经河南南阳开关站，止于湖北荆门变电站，线路全长 640km，纵跨晋豫鄂三省，其中还包括黄河和汉江两个大跨越段。该线路输电容量高达 600 万 kVA，是 500kV 线路输电容量的 5 倍左右。

中国特高压交流试验示范工程，所用的 1000kV 电抗器、1000kV 高压交流变压器等关键设备绝大部分由国内制造企业研制，证明了中国已经初步具备特高压输电工程自主设计、设备研发和施工

建设的能力。

　　晋东南—南阳—荆门线路在施工过程中遇到了索道运输、铁塔组立、张力放线等施工技术问题，但根据电力公司做好的项目施工管理规划大纲，统筹规划并合理安排，最后在保证工程安全和质量的情况下按工期顺利竣工。晋东南—南阳—荆门线路的成功运行不仅验证了特高压交流输电的技术可行性、系统安全性、设备可靠性和环境友好性，而且培养锻炼了特高压技术和管理人才队伍，为后续特高压线路的建设打下了良好基础。2009年9月20日，经过中国建筑业协会等12家行业协会共同评审，并经国家建设主管部门核准，晋东南—南阳—荆门特高压交流试验示范工程成功入选新中国成立60周年"百项经典建设工程"。

　　2007年4月26日向家坝—上海±800kV特高压直流线路工程获得国家发改委核准，该线路是中国第一条特高压直流输电线路，也是当时世界上技术最先进的特高压直流输电工程。向家坝—上海线路起于四川宜宾复龙换流站，止于上海奉贤换流站，线路全长1907km，于2007年12月开工建设，2010年7月8日正式投入运行，标志着国家电网进入特高压交直流混合电网时代。该线路不仅将输送电压提升至800kV，而且使用6in（注：1in=2.54cm）晶闸管技术，将额定电流提升

> 在向家坝—上海线路建成的前5年，该线路向上海输送四川水电累计达939亿kW·h，相当于节约燃煤4302万t，减排烟尘3.4万t、二氧化碳8451万t，并经受了台风、雷雨、高温等恶劣天气以及复杂工况考验，安全可靠性达到国际领先水平，实现了"长周期、零事故"安全稳定运行。

至 4000A，使工程额定输送容量达到 640 万 kW，最大连续输送容量达到 720 万 kW，实现了直流输电电压和电流的双提升。

向家坝—上海线路在设计时进行了通道布置方案研究，在经过经济发达地区时采用极导线垂直排列的"F"形塔，有效减少了房屋拆迁导致的项目经费。该线路在世界上首次形成了从系统成套、工程设计、设备制造、施工安装、调试试验到运行维护的全套技术标准和试验规范，为未来特高压输电的规模化应用创造了条件。向家坝—上海线路是当时世界上电压等级最高、输电距离最远、输送容量最大的特高压直流输电线路，该线路的建设成功推动了国际电工委员会（IEC）高压直流输电技术委员会的成立，并在北京设立秘书处，提升了中国在世界特高压输电领域的话语权。

截至 2019 年 6 月，中国特高压输电已建成"九交十直"、核准在建"三交一直"工程，投运特高压工程累计线路长度 27 570km、累计变电容量 29 620 万 kW。特高压交流和直流输电方式分别荣获 2012 年度、2017 年度国家科学技术进步奖特等奖。特高压输电通道累计送电超过 11 457 亿 kW·h，在保障电力供应、促进清洁能源发展、改善环境、提升电网安全水平等方面发挥了重要作用。

中国正在积极推进高端设备制造业的发展与出口，而中国特高压高端技术设备实力处于世界领先地位，且性价比极高，所以在国际市场上中国特高压输电的技术与设备更容易受到青睐。随着中国"一带一路"倡议的不断推进，特高压输电项目在国外也开始上马，巴西的美丽山项目是中国企业在海外独立投资、建设和运维的首个特高压输电项目，实现了中国特高压输电技术、电力装备、工程承包和运行管理的一体化出口，成为中国在巴西乃至整个拉美地区推动"一带一路"倡议的重要实践。美丽山项目预计带来价值约

50 亿元人民币的国产电力装备出口，为中国特高压输电技术在海外的推广和应用开辟了道路。

总而言之，发展特高压输电对中国有着重要的战略意义，在国内能够解决能源基地与负荷中心的逆向分布问题，在国外能够提升中国的高端技术设备出口，推进"一带一路"倡议。只有将特高压交流与直流两种输电方式有机结合起来，才能构建安全经济的特高压电网，实现中国能源结构的优化升级。

# 参考文献

北极星电力网．中国第一条特高压一晋东南一南阳一荆门特高压工程盘点[EB/OL]. http: // shupeidian.bjx.com.cn/html/20140415/503781. shtml[2020-12-01].

刘振亚．国家电网刘振亚：发展特高压电网　破解雾霾困局 [EB/OL]. http: //energy.people. com.cn/n/2014/0303/c71890-24514714. html[2020-12-01].

朱怡．向家坝一上海特高压直流工程投运 5 周年 [EB/OL]. http: //www. cpnn.com.cn/zdyw/ 201507/t20150708_810761.html[2020-12-01].

# 问鼎之战：在高温超导之争中取得领先

以赵忠贤为代表的高温超导研究团队曾分别于 1989 年和 2013 年荣获国家自然科学奖一等奖。两次摘得国家自然科学奖一等奖桂冠，在中国当代科技史上实属罕见。面对如此耀眼的荣誉，人们难免会产生疑惑，中国的超导研究到底取得了什么成果？处于什么样的地位？在百余年的超导发展史中，中国科技工作者在高温超导领域的两次重大突破中均作出了重要贡献：独立发现液氮温区铜氧化物高温超导体，在第一次高温超导热潮中完成我国在这一领域的追赶；发现系列转变温度 50K 以上铁基高温超导体，并创造 55K 纪录，在第二次高温超导热潮中实现我国对这一领域的超越与引领。

## 超导理论及其在中国的早期发展

1911 年 4 月 8 日，荷兰物理学家卡末林·昂内斯（Kamerlingh Onnes）在实验中发现汞的电阻率在温度到达 4.2K 时突然降到了零，他将这一现象命名为"超导"，随之为 20 世纪的物理学开辟了一个崭新的研究方向。超导一直是物理学的热门研究领域，在超导材料方面，人们又陆续发现原来大部分金属都存在超导现象；在超导理论方面，人们先后在"二流体模型"、超导电流和电磁场关系、导致超导电性的原因等重要领域展开探索。1957 年，著名的巴丁－库珀－施里弗（BCS）理论成功地解决了超导电的机制问题。

图 2-39 超导现象

资料来源: U. S. Department of Energy. IISc team submits more evidence of superconductivity.https://journosdiary.com/2019/06/07/iisc-superconductivity-critical-current[2021-04-05].

与超导研究的总体历史轨迹相同，我国也是在低温物理学发展起来之后才得以涉足超导领域。1952 年，自美国归来的洪朝生在钱三强的建议下投身新中国的低温物理学事业，于 1956 年和

> 材料在低于某一温度时的电阻将无限趋近于零，这就是超导现象，这一温度被称为超导转变温度（临界温度 Tc）。超导现象的特征是零电阻和完全抗磁性。

1959 年先后在国内首次实现了氢的液化和氦的液化。超导研究必须建立在极低温的基础上，这也意味着只有在 1959 年实现了氦的液化之后，中国才能做超导研究。此时，我们已经落后国际 50 余年。

一分钟理解超导

资料来源：视频由中国科普博览授权免费使用

在超导研究的起步阶段，我国取得了一些不俗的成果。1961 年，管惟炎负责的强磁场超导体研究小组独立地探索出生产实用超导材料（铌三锡带材）的扩散法新工艺，有效克服了铌三锡的脆性问题。1964 年，中国科学院物理研究所和半导体研究所研

制成功的氦活塞膨胀机为后续超导研究提供了最基本的制冷条件。1965 年，管惟炎等人又与中国科学院上海冶金研究所合作，拉制出具有当时国际先进水平的铌－锆线材 6000m 以上，并用此材料绕制了国内第一个强磁场超导磁体。1978 年 3 月全国科学大会在北京隆重举行，大会审议通过了《1978—1985 年全国科学技术发展规划纲要（草案）》。同年 10 月，中共中央正式转发《1978—1985 年全国科学技术发展规划纲要》。该规划纲要将超导技术的研究正式列为凝聚态物理研究的 5 项重点之一。

## 中国在高温超导领域的追赶

超导技术的应用始自 20 世纪 60 年代，如超导电机（英国，1969 年）、超导磁悬浮列车（日本，1977 年）等。然而受到转变温度 Tc 的钳制，超导技术难以实现大规模的推广。此外，几乎所有的实用超导装置都只能在液氦温度（4K）下工作。制备液氦成本高昂、装置复杂，因此，寻找高临界温度 Tc 的超导体就成为这一领域的研究重点。

理论物理学家麦克米兰（McMillan）在考虑电子—声子的强耦合作用和材料的实际情况后，提出 Tc 不能超过 39K，即"麦克米兰极限"。20 世纪 80 年代以前，Tc 甚至没能突破 30K，无法超越"麦克米兰极限"的难题使包括美国国际商业机器公司（IBM）在内的许多机构纷纷将超导研究项目下马。但就在这疑似山穷水尽的关头，1986 年，美国国际商业机器公司苏黎世研究院（IBM Research-Zurich）的柏诺兹（J. G. Bernorz）和缪勒（K. Alex. Miller）独辟蹊径，选择在一般认为导电性不好的陶瓷材料中去探索超导电性，结果在 La-Ba-Cu-O 体系中首次发现了可能存在超导电性，其 Tc 高达 35K。这一发现引发了世界范围高温超导研究的热潮，随后上演了一场科学史上十分罕见的刷新 Tc 纪录的争夺战，正是在这场争夺战中，我国登上了高温超导研究的国际舞台。

　　1975 年，赵忠贤完成在剑桥大学冶金及材料科学系的进修，回到国内继续进行有关超导体材料的研究。1976 年，他在《物理》上发表文章，提出寻找更高温度超导体的设想。前期学习和工作的储备使赵忠贤敏锐地意识到柏诺兹和缪勒工作划时代的意义，他马上与陈立泉等人开展合作研究，迅速开展了重复实验，并在 1986 年 12 月 26 日对外宣布获得了超导起始转变温度为 48.6K 的 La-Su-Cu-O 化合物和 46.3 K 的 Ba-Y-Cu-O 化合物，率先突破"麦克米兰极限"！

　　1987 年 2 月以后，关于高温超导研究方面的竞争发生了质的变化，即新发现的超导体可以在液氮温区工作。液氮相比液氦制冷效率要高 20 倍，资源丰富且价格便宜近 100 倍，冷却装置较简单且体积小。可以说，超导领域从 1986 年底开始步入群雄逐鹿的时代，除中国外，日本和美国也相继发力，世界各国都投入了大量人力和物力进行研究，新的发现和成果不断涌现，临界温度 Tc 纪录刷新之快，令人目不暇接。

　　1987 年 2 月，美国休斯敦大学的朱经武、吴茂昆研究组和赵忠贤研究团队分别独立发现在 Ba-Y-Cu-O 体系存在 90K 以上的 Tc，超导研究首次成功突破了液氮温区（液氮的沸点为 77 K），使得超导的大规模研究和应用成为可能。之后，1988 年盛正直等人在 Tl-Ba-Ca-Cu-O 体系中发现 Tc 达 125K；1993 年苏黎世联邦理工学院的席林（Schilling）等在 Hg-Ba-Ca-Cu-O 体系再次刷新 Tc 纪录至 135K；1994 年，朱经武研究组在高压条件下把 Hg-Ba-Ca-Cu-O 体系的 Tc 提高到了 164K，这一 Tc 最高纪录一直保持至今。短短十年左右的时间，铜氧化物超导体的 Tc 值翻了几番。

不难看出，在第一次高温超导热潮中，中国虽然是该领域的后发国家，却迅速进入前沿队伍，并基本确立世界高临界温度超导体研究的三强（中国、美国、日本）地位。

## 中国在高温超导领域的超越

诸强问鼎的第一次超导之争，在 20 世纪 90 年代后期开始逐渐降温，全世界科学家对超导材料的探索又一次陷入了迷茫。这是因为第一次高温超导热潮中的主角——铜氧化物为性能易脆材料，难以大范围普及应用。通过铜氧化物超导体探索高温超导机理的研究亦遇到瓶颈，有些团队甚至解散。但在中国，一大批科研人员仍在这一领域坚持深耕。

2008 年，日本化学家细野秀雄（Hideo Hosono）小组报道 La-Fe-As-O 体系有 26K 的超导电性。传统上认为铁对超导是不利的，所以 26K 的铁基超导是非常重大的突破。赵忠贤团队经过 20 年对铜氧化物高温超导体的物理机理研究，已经意识到在存在多种合作现象的层状四方体系中，有可能实现高温超导。所以日本方面消息传来后，中国科学家立刻判断，La-Fe-As-O 体系不是孤立的，类似结构的铁砷化合物中很可能存在系列高温超导体。

实验很快开展起来。2008 年 3 月 25 日，中国科学技术大学陈仙辉研究组和中国科学院物理研究所王楠林研究组同时独立在掺铁的 Sm-O-Fe-As 和 Ce-O-Fe-As 中观测到了 43K 和 41K 的超导转变温度，突破了"麦克米兰极限"，从而证明了铁基超导体是高温超导体。仅 4 天后，赵忠贤领导的科研小组利用轻稀土元素替代和高温高压的合成方案，报告了 Pr-Fe-

As-O 化合物的高温超导临界温度 Tc 可达 52 K。4 月 13 日，该科研小组又创造了 Sm-Fe-As-O 化合物超导临界温度 Tc 进一步提升至

> 铁基超导体是指化合物中含有铁，在低温时具有超导现象，且铁扮演形成超导的主体的材料。

55K 的纪录，创造了当时的大块铁基超导体的最高临界温度 Tc 纪录，为确立铁基超导体为第二个高温超导家族提供了重要依据。

铁基超导体的发现，掀起了高温超导研究的第二个热潮。铁基超导体打破了铁元素不利于超导的传统认识，推动了多轨道关联电子系统的研究和发展，有丰富的物理内涵。此外，铁基超导体具有金属性和非常高的临界磁场，材料工艺相对简单，有希望用于制备新一代超强超导磁体，有着重大的应用前景。

在这次热潮中，中国科学家走在了国际超导研究的前沿。陈仙辉小组的成果发表在《自然》杂志上，成为 2008 年全世界最具影响力和被引用最多的 5 篇论文之一。《科学》杂志 3 次报道与赵忠贤小组有关的工作。赵忠贤小组有 4 篇论文连续多次被列入"物理学十大热门论文"，其中 2008 年发表在《中国物理快报》上的文章单篇被引次数已超过 1000 次。2015 年，在瑞士召开的第 11 届国际超导材料与机理大会上，陈仙辉、赵忠贤两位学者获得国际超导领域最重要的奖项——马蒂亚斯奖（Bernd Matthias Prize）。这一奖项为纪念著名美国超导物理学家贝恩德·特奥多尔·马蒂亚斯而设置，主要授予在超导材料领域有杰出贡献的科学家，每 3 年颁发一次。这是中国（不包含港澳台数据）科学家首次获得该奖。

铁基高温超导体的发现是继铜氧化物高温超导体之后最重要的进展。《科学》杂志在"新超导体将中国物理学家推到最前沿"专题中评述道：如洪流

般涌现的研究成果标志着，在凝聚态物理领域，中国已经成为一个强国。等待和努力并没有白费，当属于高温超导的时代再一次到来时，中国的科学家迎头赶上，并最终实现了我国在这一领域的超越。

## 高温超导研究的展望与启示

超导现象看似高深，离我们的生活很遥远，但实际上已经有了一些重要的应用，如医学上的核磁共振成像、高能加速器、磁约束核聚变装置等。超导现象不仅具有重要的理论意义，更有巨大的实用价值。超导领域是凝聚态物理和量子物理交叉的前沿课题，隐含着物质结构深层次的物理规律；室温超导性材料甚至被誉为"物理学的圣杯"，这种材料一旦被发现，将会带来一系列的新技术，包括超高速计算机、全球化电力供应和数据传输，它将与可控核聚变一样成为人类突破科技瓶颈的一大标志。

迄今为止，已有 5 次诺贝尔物理学奖授予超导领域的研究成果。我国的超导研究起步虽晚，却已经跻身国际先进甚至领先行列。对一个发展中国家而言，在一个落后近半个世纪的领域能实现后来居上，其中的历史经验对于其他科研领域，尤其是基础研究领域的发展具有借鉴和启示作用。

# 参考文献

荆鸿 . 半个世纪的超越与导引——记国家最高科学技术奖获得者赵忠贤 [J]. 金秋，2017（11）：17-18.

罗家运. 超导百年发展历史回顾与展望 [J]. 科技传播，2013，5（3）：91-
　92.

赵忠贤. 百年超导，魅力不减 [J]. 物理，2011，40（6）：351-352.

朱斌，王新荣，周发勤. 对超导研究怎样发展到中国的历史探索 [J]. 科学技
　术与辩证法，1990，7（1）：33-36.

# 骏驰华夏：中国高铁的"逆袭"之路

1978 年 10 月，邓小平同志访问日本，对东京新干线高铁赞不绝口。40 多年后，中国以令人难以置信的速度一跃成为世界上高速铁路系统技术最全、集成能力最强、运营里程最长、运行速度最高、在建规模最大的国家。如果说十多年前中国人对高铁还比较陌生的话，那么今天的中国高铁已经走进了中国老百姓的日常生活。那么，中国高铁到底走过了怎样的发展历程，高铁给中国带来了什么，中国高铁如何做到如此华丽的转身，中国高铁的未来之路又在哪里？我们将尝试探讨这些问题。

## 从引进到引领的神奇逆袭

尽管中国高铁一开始并未走在世界的前列，但现在，全世界都无法否认中国高铁技术先进，中国高铁用短短十年时间实现了技术突破与领先，不断刷新世界高铁建造史。十年来，中国高铁实现了从引进高铁技术到引领高铁技术的华丽转身，让德国、日本等高铁技术发达国家大为惊诧。人们不禁要问，中国是怎样实现高铁技术突破的？中国何以能成功实现逆袭？

首先，坚持自主创新，根据中国实际需要研发关键核心技术和产品，是中国高铁实现技术突破的关键。新中国成立以来，特别是改革开放以来，无数次的对外合作让中国人认识到，关键核心技术，我们是买不到的，只有自主创新，才能掌握自己的命运。作为高新技术与现代产业深度融合的高端产品——高铁也是一样。发展高铁，中国人还得靠自己！正是这样的体会和认识，促进了高铁这一战略性产业的公共创新平台的诞生。我国坚持原始创新、集成创新和引进消化吸收再创新相结合的创新模式，以打造中国高铁品牌为目标，不断推动中国高铁技术的自主研发走向深入。

作为中国高铁制造商的中国中车实现了高铁最核心部件——牵引电传动系统和网络控制系统的 100% 中国造。牵引电传动系统被誉为"高铁之心"，是列车的动力之源；网络控制系统则被认为是"高铁之脑"，指挥着列车的一举一动。两大系统实现 100% 国产化，大大提升了中国高铁列车的核心创造能力。

其次，中国拥有完整的工业链、强大的制造能力和工程施工能力也是中国高铁成功逆袭的关键。为实现高铁成功高效运营，仅仅制造出高标准的列车还不够。正常行驶的高铁涉及动车组总成、车体、转向架、牵引变压器、牵引变流器等关键技术与配套技术，共有 5 万多个零部件。各项技术、各个部件协同运行，才能保障列车跑出高速。作为庞大高新技术的集合体，线路建设、运营调度系统、通信和网络系统、机械、材料，都需要相互配合。因此，高铁的发展，必须有完整的工业链、强大的制造能力和工程施工能力。没有完整的工业链，高铁研制就难以快速消化国外先进技术，更不可能独立研发；没有强大的制造能力，产品必然受制于人，发展一定受限；没有强大的工程施工能力，以中国这么辽阔的国土面积，高铁施工速度必然难以保证。幸运的是，中国恰恰具备这三种能力，于是中国仅用数年时间，就完成了对发达国家的追赶甚至超越。而高铁技术和高铁装备的高标准，又对提升传统工业基础工艺、基础材料研发、系统集成能力及制造水平，发挥着积极作用，实现了良性循环。

## 高铁改变中国

2004 年，广深铁路首次开行时速达 160km 的国产快速旅客列车，广深铁路由此被誉为中国高铁的"试验田"。2007 年 4 月 18 日，全国铁路实施第六次大提速和新的列车运行图。繁忙干线提速区段达到时速 200~250km，"和谐号"动车组亮相并从此驶入中国百姓生活。2008 年 8 月 1 日，中国第一条具有完全自主知识产权、世界一流水平的高速铁路京津城际铁路通车运营。2009 年 12 月 26 日，世界上一次建成里程最长、工程类型最复杂的武广高速铁路开通运营，高铁经济迅速成为热议话题。2010 年 2 月 6 日，世界首条修建在湿陷性黄土地区、时速 350km 的郑西高铁开通运营。

2010 年 7 月 1 日，沪宁城际高铁开通运营，"同城生活"一时成为时尚。根据我国发展的情况以及中国高铁技术的不断提高，我国在"四横四纵"的基础上提出了"八纵八横"新规划图。2016 年 7 月，国家发改委、交通运输部、中国国家铁路集团有限公司联合发布了《中长期铁路网规划》，勾画了新时期"八纵八横"高速铁路网的宏大蓝图。2018 年 12 月 25 日，"八纵八横"高铁网中最北"一横"哈牡高铁正式开通运营。伴随着中国高铁逐渐成网，高铁辐射带来的效应越来越明显。

大城市病是在大城市里出现的人口膨胀、交通拥挤、住房困难、环境恶化、资源紧张、物价过高等"症状"。由于中国一些大城市的"大城市病"日益严重，很多上班族不得不逃离"北上广"到二三线城市寻求新发展。

各地之间的通行时间在高铁建成后大大缩短，相邻省会城市间 1~2h、省内城市群 0.5~1h 的高铁经济圈逐渐形成，人们完全打破了以往对于地域限制的陈旧观念，高铁正逐渐拉近城市之间的距离，让各地资源共享成为可能，有效地拉动了经济的增长和缓解了"大城市病"。

正因为大家都看到了高铁的优势和可能带来的巨大改变，所以高铁沿线地区都尽可能做足"高铁经济"。据报道，武广高铁通车之后，昔日三省之间的长途游因高铁变成"短线游"，迅速带动了粤湘鄂旅游业的持续升温。除了旅游经济，武广高铁的开通，还为广东向湖南、湖北进行"产业转移"提供了契机。这是由于广东经过改革开放 40 多年的发展，产业聚集，但也因发展而出现"地少价高"的问题，经济学者甚至认为，在这条高铁的串联下，将会形成崭新的经济带——"武广经济带"。再比如沪宁、沪杭等高铁线路，已经让江浙沪三地更为紧密地联系在一起，长三角地区一体化进程也在加速推进。正如江苏省社会科学院张颢瀚所言："今后，沪宁城际之间将形成一个都市群，这个都市群同时又是一个一小时通勤圈。在这个通勤圈里，任何一个城市都可能成为工作和生活的地点。"

高铁拉近了东西南北不同城市在人们心理上的距离，让中国"变小"了，它改变了人们的生活方式，带来了经济发展的新动力。高铁带给中国的不只是一场经济地理上的革命，也是一场时空观念上的革命，它影响着中国社会生态，改变着人们的观念和生活方式。当中国大地被四通八达的高铁网连起来的时候，中国人在经济、社会，乃至私人活动的空间、时间等各个方面，都将发生深刻变化。原来因距离阻隔而遥不可及的事情，现在由于高铁变成可能，这将极大地刺激中国人的想象力。假以时日，这种想象力将会转变成伟大的创造力。

## 中国高铁走向世界

现今，中国高铁不仅在国内蓬勃发展、开疆拓土，而且已经走向世界，成为中国制造的亮丽名片。据媒体报道，2009年10月，俄罗斯总理普京访华，并参加上海合作组织成员国政府首脑理事会会议，中俄两国签署中俄发展高速铁路备忘录，中国将帮助俄罗斯建设高铁。同年11月，美国通用电气公司和中国铁道部签署备忘录，双方承诺在寻求参与美国时速350km以上的高速铁路项目方面加强合作。2010年7月12~15日，阿根廷总统费尔南德斯到访中国期间，与中方签署金额高达100亿美元的多项铁道科技出口合约。2015年9月，在"一带一路"倡议的推动下，泰国就中泰铁路建设与中国确定了合作意向，规划铁路全长867km，由中国铁建（东南亚）有限公司承建。

近年来，中国高铁走出国门，参与世界诸多国家的基础设施建设，已成新常态。中国高铁能够走出去，需要两个前提条件：一是有市场需求；二是中国高铁技术在国际范围内有竞争优势。接下来的问题便是，伴随着世界航空业的发展，铁路建设曾一度停滞，现在何以复兴？中国高铁具有哪些优势，何以受到世界青睐？一名中国铁道专家认为，中国的高铁技术相对于德国、日本等有三个优势：一是从工务工程、通信信号、牵引供电到客车制造等方面，中国可以一揽子出口，而这在别的国家难以做到；二是中国高铁技术层次丰富，既可以进行250km时速的既有线改造，也可以建350km时速的新线路；三是中国高铁的建造成本较低，比其他国家低20%左右。

2019年2月18日，中共中央、国务院印发《粤港澳大湾区发展规划纲要》。按照该规划纲要，粤港澳大湾区不仅要建成充满活力的世界级城市群、国际科技创新中心、"一带一路"倡议建设的重要支撑、内地与港澳深度合作示范区，还要打造成宜居宜业宜游的优质生活圈，成为高质量发展的典范。以香港、澳门、广州、深圳四大中心城市作为区域发展的核心引擎，它

> 《粤港澳大湾区发展规划纲要》将进一步提升粤港澳大湾区在国家经济发展和对外开放中的支撑引领作用，支持香港、澳门融入国家发展大局，增进香港、澳门同胞福祉，保持香港、澳门长期繁荣稳定。

们将以高铁建设为依托，推动大湾区及周边城市经济协调发展。城市间经济要素的流动和转移离不开高铁网络的合理引导和布局，中国高铁将为大湾区的发展全面提速。中国高铁也将驶向更美好的未来，为实现科技强国的战略目标锦上添花！

# 参考文献

刁白羽，魏明忠. 中国高铁发展及其价值分析 [J]. 中国集体经济，2018（7）：23-24.

李彦，王鹏，梁经伟. 高铁建设对粤港澳大湾区城市群空间经济关联的改变及影响分析 [J]. 广东财经大学学报，2018，33（3）：33-43.

邱敏，曾向荣，李颖. 中国高铁技术 6 年跨越发达国家 30 年历程 综合能力超德日 [EB/OL]. http://www.scio.gov.cn/zggk/gqbg/2009/

Document/501036/501036_1.htm[2020-12-01].

余瑞轩 . 中国高速铁路发展进程与发展前景展望 [J]. 科技经济导刊，2018，
26（32）：69.

郑美君，刘宁 ."一带一路" 背景下中国高铁出口研究 [J]. 合作经济与科技，
2017（2）：60-62.

钟准，杨曼玲 . 中国 "铁路外交"：历史演变与当前类型 [J]. 国际关系研究，
2018（3）：139-152，158.

周伟 . 沪宁城际高铁：打造长三角经济发展新平台 [EB/OL]. https://www.
chinanews.com/ cj/2010/07-02/2376696.shtml[2020-12-01].

# 飞向广寒：中国探月工程的先锋卫星

人类发射航天器探测地外天体始于月球。月球是距离地球最近的天体，也是目前航天员唯一登陆其表面开展考察活动的星球。由于反射太阳光，它是人类观察夜空中最亮的天体，一般称为月亮。随着科技的进步，人类不再满足利用各种先进的望远镜去观察月球，尤其是在航天技术领域取得重大突破后，人类开始迈出登月的第一步。从古至今，在中国的诗词歌赋中记录着大量关于月亮的神话与传说，如嫦娥奔月、吴刚伐桂、玉兔捣药等，而现在我国也加入人类探月的行列中，并且为人类探月贡献了众多的中国元素。

## 中国探月工程的筹备与实施

2019 年 5 月 16 日，令中国航天人振奋的消息传来，国际科学期刊《自然》发表了"嫦娥四号"年初实现月球背面软着陆后首次取得的重要科学成果。这也是中国探月工程取得的又一阶段性的胜利，是几代中国航天人努力的成果。人们习惯把"2004 年国务院正式批准绕月探测工程立项"作为中国探月事业的起点，但是为中国探月工程奠定基础的工作还要追溯到 20 世纪 90 年代初。1991 年，我国航天专家就提出开展月球探测工程的设想。

1998 年，国防科工委正式开始规划论证月球探测工程，并开展了先期的科技攻关。2000 年 11 月 22 日，中国政府首次公布《中国的航天》白皮书，明确指出将"开展以月球探测为主的深空探测的预先研究"。至此，中国向全世界庄严宣告要向深空探测进军的号令。从 2002 年起，国防科工委组织科学家和工程技术人员研究月球探测工程的技术方案，经过两年多的努力，不断深化科学目标及其实施途径，落实探月工程的技术方案，建立全国大协作的工程体系，提出立足我国现有能力的绕月探测工程方案。

具有历史意义的时刻终于到来：2004 年 1 月 23 日，国务院总理温家宝批准绕月探测工程立项。2004 年 2 月 25 日，绕月探测工程领导小组第一次会议召开，会议通过《绕月探测工程研制总要求》，中国的航天工作者又结合中华传统文化为探月工程命名为"嫦娥工程"。2006 年 2 月，国务院颁布《国家中长期科学和技术发展规划纲要（2006—2020 年）》，明确将"载人航天与探月工程"列入国家 16 个重大科技专项。中国科学院院士、中国月球探测计划首席科学家欧阳自远指出：2020 年之前，我国的月球探测工程为"无人月球探测"，工程规划为三期，主要内容分为"绕、落、回"三步走发展计划。

深空探测一直是人类探索未知世界和获得重大科学发现的标志性科学工程。以月球探测为起点的深空探测工程，是一项非常复杂并具高风险的工程，集成大量高精尖技术成果，需要大量资金支持，被公认为一个国家技术水平和经济实力的集中展示。大量新的科学发现和工程技术成果的取得激发越来越多的国家和组织积极参与其中。这里需要指出的是，尽管深空探测最终会关涉未来的日常生活，但很难在短期内收到效果，常常需要耗时数年乃至十数年才能见到成效，任何短视的考量，都可能带来难以估量的损失。比如，在能源开发领域，月球资源的开发利用凸显其重要的价值。月球上具有可供人类开发和利用的大量资源，尤其是所蕴藏的丰富的氦-3元素，可作为安全高效无污染的重要能源。如果利用核聚变发电，氦-3是最安全、最清洁、无污染的能源。因此，加大对探月技术的转移和转

> 氦-3元素是氦的一种同位素。氦原子核一般由2个质子和2个中子组成，即氦-4，而氦-3则少1个中子，这使它成为核聚变材料。用氦-3的聚变能发电比较安全。

化，将会带动整个国家高新技术的发展，同时也有利于提升我国的自主创新能力。

## 大显神通的"嫦娥卫星"

探月一期工程实现"绕"月探测，由我国首颗绕月人造卫星承担任务。它以中国古代神话人物嫦娥来命名，称为"嫦娥一号"。探月一期工程的科学目标是获取月球表面三维影像、分析月球表面有用元素含量和物质类型的分布特点、探测月壤特性、探测地月空间环境。2007年10月24日，"嫦娥一号"卫星在西昌卫星发射中心升空。它经地球调相轨道进入地月转移轨道，实现月球捕获后，在200km圆轨道开展绕月探测。其间，8台科学载荷进行有效的探测，开展全局性、普查性的月球遥感探测。2007年11月26日，来自"嫦娥一号"的一段语音和《歌唱祖国》的歌曲从月球轨道传回。中国首次月球探测工程也将第一幅月面图像通过新华社发布。

"落"是探月二期工程的主要目标，实现月球软着陆和月面巡视勘察等，由"嫦娥二号""嫦娥三号""嫦娥四号"任务组成。"嫦娥二号"是"嫦娥一号"的备份星。因为"嫦娥一号"出色完成预期目标，因此没

有必要再发射备份星。由此，"嫦娥二号"成为二期工程的先导星。它是中国第二颗探月卫星、第二颗人造太阳系小行星，于 2010 年 10 月 1 日成功发射，直接进入地月转移轨道，实现月球捕获后，在 100km 圆轨道，7 种科学载荷开展多项科学探测，并为后续"嫦娥三号"任务验证部分关键技术。

　　"嫦娥三号"是探月二期工程的主要任务，于 2013 年 12 月 2 日发射，完成地月转移、绕月飞行和动力下降后，在月球虹湾预选着陆区安全软着陆，巡视器成功驶离着陆器并互拍成像，实现中国航天器首次地外天体软着陆与巡视勘察。"嫦娥三号"被誉为全球在月工作时间最长的"劳模"，超期服役 19 个月。"嫦娥三号"是"嫦娥工程"二期中一个极为重要的探测器，也是中国第一个月球软着陆的无人登月探测器。中国也成为继苏联和美国之后第三个实现月面软着陆的国家。值

> 　　月球车是一项技术复杂、要求严格的研究开发任务，开发者除了要突破、掌握同机器人相关的轻型机械、机构、遥操作、自主导航和机械臂等技术外，更重要的是要在按航天器的规范与标准研制管理上多下功夫，它分为无人驾驶月球车和有人驾驶月球车两种。

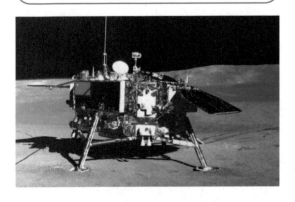

图 2-40 "玉兔二号"巡视器全景相机对"嫦娥四号"着陆器成像
资料来源：嫦娥四号任务圆满成功. http://www.gov.cn/xinwen/2019-01/11/content_5357057.htm#allContent[2021-02-05].

得一提的是，在"嫦娥三号"上搭载的是中国首辆月球车，经过全球征名后，我国将它命名为"玉兔号"，它的巡视器全部是"中国制造"，国产率达到100%。

"嫦娥四号"是人类历史上首次实现航天器在月球背面软着陆和巡视勘察，首次实现月球背面同地球的中继通信，并与多个国家和国际组织开展具有重大意义的国际合作。"嫦娥四号"探测器，简称"四号星"，是"嫦娥三号"的备份星。它由着陆器和巡视器组成，巡视器被命名为"玉兔二号"。作为世界首个在月球背面软着陆和巡视探测的航天器，其主要任务是着陆月球表面，继续更深层次、更加全面地科学探测月球地质、资源等方面的信息。

神秘的月背
资料来源：视频由中国科普博览授权免费使用

随着"嫦娥四号"成功着陆月球背面，一系列新的科学发现将逐渐公布于众。中国科学院国家天文台李春来研究员领导的团队利用"玉兔二号"携带的可见光和近红外光谱仪的探测数据，证明了"嫦娥四号"落区月壤中存在以橄榄石和低钙辉石为主的月球深部物质。国际科学期刊《自然》于2019年5月16日凌晨在线发表这一重大发现，这是"嫦娥四号"实现月球背面软着陆后首次发表重要科学成果。

你还记得"嫦娥三号"和玉兔车吗？
资料来源：中国科学院国家天文台

## 谱写人类未来探月的中国华章

作为离地球最近的一个天体，月球是人类开展空间探测的首选目标，也是向外层空间发展的理想基地和前哨站。人类探测和开发月球活动可概括为"探、登、驻（住）"三个阶段："探"是指用无人航天器探测和造访月球，加深对月球各个方面的认识；"登"是指用载人航天器送航天员登上月球，进行直接接触和实地考察，完成探测和试验任务后很快返回地球，并带回比无人探测器更多的月岩样品；"驻（住）"是在月球建立长期的基地，用于人类对于月球的全面研究与开发。

与 20 世纪冷战时期的探测思维不同，如今的探测都把重点放在月球科学领域某些科学问题方面，尤其是在月球水冰探测、地质和内部结构探测等方面取得了比较丰硕的科学成果，极大地丰富和深化了我们对月球科学的认知。从"绕"月到"落"月，从月球"正"面到月球"背"面，从"前往"到将来"返回"，从传回数据到将来带回样品，伴随着一次次跨越，在人类探月的进程中，中国向世界提交的不仅仅是一份越来越长的成绩单，还有一份"系统、务实、高效、开放"的中国方案。在中国实施探月工程的过程中，始终体现着中国探月方案的初衷。

而作为负责任的大国，中国将自己探月工程的科研成果积极地与其他国家进行分享。2017 年 3 月 16 日，在中沙两国元首见证下，双方共同签署了《中华人民共和国国家航天局与沙特阿拉伯王国阿卜杜勒阿齐兹国王科技城关于中国嫦娥四号任务合作的谅解备忘录》和实施协议有关规定，中沙双方共享此载荷数据，联合进行成果发布，这也是中国在"一带一路"倡议下与沿线国家在航天领域合作取得的又一成果。

2018 年 7 月 29 日，中国国家航天局副局长吴艳华在沙特首都利雅得向图尔基主席交付沙特探月光学相机的第二批科学数据，中国驻沙特大使李华新出席交付仪式。交付仪式上，图尔基主席高度评价此次合作成果，坚定与中方航天领域合作信心，将中国作为沙特月球及深空探测领域首选的合作伙伴。李华新大使认为：中沙航天合作是中沙高科技领域合作的典范，并表示要积极发挥好使馆桥梁纽带作用，全力推动后续中沙两国的航天合作。在取得现有成绩的基础上，未来中国将继续探月工程的脚步，向载人登月和建造驻月基地的方向前进。

# 参考文献

刘继忠 . 传承航天精神 谱写"探月"华章 [J]. 国防科技工业，2016（10）：36-37.

尹怀勤 . 我国探月工程的发展历程 [J]. 天津科技，2017，44（2）：79-87.

赵琳琳 ."嫦娥"探月开启中国航天新征程 [J]. 现代工业经济和信息化，2014，4（1）：80-81.

# 神奇天路：青藏铁路决策建设简史

2018 年 10 月 10 日，中央财经委员会召开会议，将建设川藏铁路提上日程。这一规划难免将人们的思绪带回 2006 年，那一年的 7 月 1 日，世界上海拔最高、线路最长的高原铁路——青藏铁路全线通车。首次进藏的"青1"号列车与首次出藏的"藏2"号列车经过 13 小时的行程分别实现从格尔木到拉萨及其反向的通车，雪域高原无火车的历史从此成为过去。与短短十几小时的旅程形成鲜明对比的是，此前，经过十多万铁路建设者历时 5 年的艰苦奋战，青藏铁路格尔木至拉萨段才终于建成。从清晚期算起，中国为了实现铁路进藏的夙愿，竟酝酿了一个多世纪！

## 百年前的铁路进藏构想

由于资源、地理、环境的阻隔，西藏与外界的联系受到极大制约。出版于 1930 年的《西藏始末纪要》一书中这样描绘西藏的交通状况："乱石纵横，人马路绝，不可名态。"交通运输业是国民经济的基础产业，百年来，铁路进藏的构想常被提起，有识之士皆希望通过建设发展西藏的交通运输事业来加快西藏现代化的进程。

根据现有史料，驻藏大臣有泰在 1906 年就曾电奏清政府，认为内地至西藏交通崎岖，可以拟修铁路，以便运送矿石等物资。1907 年，清朝驻藏帮办大臣张荫棠向朝廷外务部提出《治藏大纲二十四款》，其中也提到了关于西藏铁路的构想。1919 年五四运动前后，在著名的《建国方略》中，孙中山提出了宏伟全面的铁路建设计划，当然也包括在青藏高原修建铁路。

民国政府曾多次尝试建设进藏铁路，中国边疆史地研究者张永攀详述了民国政府有多位官员曾提出有关入藏交通的构想，还规划向美国借款筑路等可行性措施。英国人也曾设想在修建中印公路后，接着修建从康定到拉萨的铁路。但在物资匮乏、技术落后与第二次世界大战的局势下谋划修建通往西藏的铁路，可谓异想天开。

## "二下三上"的青藏铁路决策过程

新中国成立初期，西藏的解放、藏汉民族的和睦、西藏未来的建设发展以及国防巩固等一系列问题的解决，都在于能否建设一条把西藏与内地连接起来的通途。新中国成立以来，铁路进藏的决策曾两次上马又中断，直到第三次上马才取得最后的成功，涉及不同时代的政治、经济、军事、外交和科学技术发展水平的深刻背景，历时竟达 50 余年之久。

1951 年，西藏签订和平解放协议。1954 年 12 月 25 日，川藏、青藏公路通车，这是历史上首次建立起西藏与内地的通道。1955 年，毛泽东亲点王震将军出任铁道兵司令员，王震立下"把铁路修到喜马拉雅山去"的军令状。可是，始于 1958 年的天灾和人祸导致经济建设严重违背客观经济规律，铁路基本建设项目也因此增长过快，战线拉得过长。1960 年 6 月，青藏铁路工程局被撤销；1961 年 3 月，青藏铁路和内昆、川豫铁路等全国其他近千个建设项目一起被停建。这就是青藏铁路的第一次上马和下马。

青藏公路东起青海西宁市，西止西藏拉萨市，于1950年动工、1954年通车，是世界上海拔最高、线路最长的柏油公路。在青藏公路和川藏公路通车前，在西藏拉萨和青海西宁或四川成都往返只能依靠人力、畜力，往返一次需半年到一年时间。

暂停的青藏铁路建设在整整12年后才再次被提起。1973年12月9日，毛泽东在北京中南海会见尼泊尔国王比兰德拉时表示：中国将修建青藏铁路！同年12月26日，中华人民共和国国家基本建设委员会在北京召开了青藏线协作会议，经过多部门的部署、安排，青藏铁路西宁—格尔木段恢复施工。随着历史年轮滚滚向前，第二次上马后的青藏铁路第一期工程修通了。1979年9月，全长814km的西宁至格尔木段铺轨建成，开始临管运输。1984年经国家验收，交铁路局运营。

但是，面对海拔更高的格尔木—拉萨段沿线，难以克服的困难接踵而至。比如，当时的技术无法确保火车能安全通过长达550km的多年连续冻土区；在4000m以上的高海拔地区高强度工作，数名铁道兵战士牺牲了宝贵的生命。此外，当时又有人提出修建滇藏铁路的替代方案，认为此举可避开高原、冻土两大难题。相比十几年前，此番青藏铁路的建设冷静了许多。在诸多争议中，格拉段第二次勘测设计工作于1978年8月12日宣告停止，青藏铁路第二次下马。

20世纪90年代，经过十多年的改革开放，我国综合实力显著增强，已具有修建青藏铁路的经济实力，铁路进藏项目再次被中央关注。1994年7月，江泽民主持中央第三次西藏工作座谈会，提出了"抓紧做好进藏铁路前期准备工作"的明确要求。1996年3月，第八届全国人民代表大会第四次会议通过《中华人民共和国国民经济和社会发展"九五"计划和 2010 年远景目标纲要》，提出了"下个世纪（笔者注：21 世纪）前 10 年进行进藏铁路的论证工作"。

在接下来的时间里，铁道部对多种进藏线路方案进行了比较研究，最终选定青藏线。青藏铁路建设的前期工作也有序筹备。2001 年 1 月 2 日，国务院批准青藏铁路立项。2001 年 6 月 27 日，国务院发布《国务院关于青藏铁路格尔木至拉萨段开工报告的批复》，标志着青藏铁路正式进入施工阶段。至此，关于铁路进藏的百年构想终于落地，既为过往曲折的决策过程画上了完美的句号，也为今后轰轰烈烈的工程建设谱写了开篇。

图 2-41　青藏铁路全线通车时整装待发的庆典列车（2006 年 7 月 1 日）
资料来源：拉萨庆典列车整装待发.
http://www.gov.cn/jrzg/2006-07/01/content_324491.htm[2021-04-05].

## 科技铺成雪域天路

青藏铁路全长 1142km，海拔 4000m 以上的地段有 965km，其中多年冻土地段 550km，是全球穿越高原、高寒、缺氧及连续性永久冻土地区最长的铁路。青藏铁路的正常建设运营固然与国家在经济、政策上的支持分不开，但这条名副其实的"天路"能够顺利完工，真正依靠的还是科技的力量。

多年冻土、生态脆弱、高寒缺氧是青藏铁路建设过程中不可避免的三大世界性工程技术难题。其中，冻土问题是修建青藏铁路最主要的技术难题。冻土的反复冻结、反复融化问题，无论在铁路的路基、桥梁隧道施工中还是对行车运营都有巨大影响。我国科技工作者依靠多年来对青藏高原冻土的研究和认识，创造性地提出了以"主动降温，冷却路基"为核心的积极保护冻土新思路。这一思路变被动为主动，好比把"棉被"换成了"冰箱"，利用天然冷能保护多年冻土，通过主动降温，减少传入地基土层的热量，保证多年冻土层的热稳定性，进而保证建筑在上面的工程质量稳定。他们还采取了"以桥代路""热棒""片石通风路基"等一系列创新性技术，成功地解决了在高原冻土地区修建长距离铁路干线的重大难题。正是在冻土问题得到解决的前提下，青藏铁路才敢最终拍板决定上马。

> 冻土是指土壤温度保持 0℃以下并出现冻结现象、具有表土呈现多边形土或石环等冻融蠕动形态特征的土壤或岩层。全球冻土面积约 590 万 $km^2$，占陆地总面积的 5.5%。

　　高寒低氧的生态环境独特原始又敏感脆弱，一旦遭到破坏，就很难再恢复。青藏铁路工程对环保工作高度重视，铁路全线用于环保工程的投资达 20 多亿元，占工程总投资的 8%，环保投资的金额和比例之高在中国铁路建设史上是第一次。青藏铁路还第一次使用了全线环保监理制度，由总指挥部委托第三方对全线环境保护进行全过程监控，取得了预期效果。对于穿越可可西里、三江源等自然保护区的铁路线路，青藏铁路在工程设计中尽可能地采取绕避的方案，同时在格尔木至唐古拉山一带设置了 33 条野生动物通道，并适当调整施工及取土的地点和时间以保障它们的正常生活、迁徙和繁衍。后续监测结果表明，成千上万的藏羚羊已经完全适应了青藏铁路动物通道，历史上的迁徙路线和生活习性没有受到影响和改变。

针对高原缺氧的问题，在施工阶段，青藏铁路各参建单位采取了配发氧气袋和氧气瓶、建立制氧站、配置高压氧舱等手段；中央领导人还在铁路建设期间亲自过问员工的伙食营养问题。运营阶段，青藏铁路格尔木至拉萨不设相关机构。全线 45 个车站中，有 36 个车站实行"无人化"自动控制，用工总数不足 500 人，创造了中国铁路每千米用工人数最少的纪录。

他们在风雪中守护青藏铁路
资料来源：中国科学院西北生态环境资源研究院

时至今日，青藏铁路全线实现了线路基础稳定、设备质量可靠、列车运行平稳。科技铺就的雪域天路经受住了时间的考验。

图 2-42 列车运行在青藏铁路线上
资料来源：陈海宁. 青藏铁路在"世界屋脊"安全运营近 5 年. http://www.gov.cn/jrzg/2011-05/13/content_1863354.htm[2021-04-05].

## 青藏铁路的战略地位

要全面认识青藏铁路的伟大功绩，必须明白铁路对于西藏地区乃至国家的战略意义。在政治方面，青藏铁路大大密切了西藏与祖国内地的联系，从根本上改变了西藏的社会及文化结构，成为民族团结的纽带。在国防方面，青藏铁路使我国在青海、西藏方向战略、战役通道上又开辟了一条新的快捷通道，在巩固西北和西南边陲安全方面具有强有力的威慑作用。在经济方面，青藏铁路把西藏的市场与全国市场连接起来，西藏自治区发展和改革委员会、西藏自治区铁路建设运营工作领导小组办公室发布的《青藏铁路运营十年助推西藏经济社会发展情况报告》显示：自 2006 年青藏铁路开通运营以来，十年间西藏经济总量实现翻一番，地区生产总值保持两位数以上增长速度，增速位居全国第一。

西藏既是我国政治地理格局中最为关键的国土安全屏障，也是具有丰富能源资源的物资储备基地。近百年来，西藏的战略地位始终是中国国家战略中高度重视的关键议题，而铁路建设一直就是这一议题中不可忽略的一环。青藏铁路的决策历史与建设过程证明了西藏未来的长远发展与国家"依法治藏、富民兴藏、长期建藏、凝聚人心、夯实基础"的战略思想密不可分，在已有的青藏铁路的基础上进一步扩建铁路网是落实这一思想的关键步骤。如何构建适合西藏特点的综合交通运输体系，将在未来继续考验中国人的谋略和智慧。

# 参考文献

《青藏铁路》编写委员会. 青藏铁路·综合卷 [M]. 北京：中国铁道出版社，2012.

江世杰. 跨世纪的英明决策——青藏铁路建设的曲折历程 [J]. 中国铁路，2002（12）：13-27.

谯珊 . 孙中山与川藏铁路建设的构想 [J]. 福建论坛（人文社会科学版），
　2013（5）：92-97.

王蒲 . 阴法唐谈青藏铁路建设的决策 [J]. 百年潮，2006（11）：12-15.

杨玉哲，龚永强 . 青藏铁路战略地位和作用探析 [J]. 国防交通工程与技术，
　2011，9（4）：12-13，72.

张永攀 . 旧中国的"西藏铁路"之梦 [J]. 世界知识，2010（8）：66-67.

张永攀 . 西藏铁路筹建的历史考察 [J]. 中国边疆史地研究，2015，25（3）：
　32-43，180.

卓嘎措姆，图登克珠，徐宁 . 西藏交通运输与经济发展关系研究 [J]. 西藏大
　学学报（社会科学版），2018，33（2）：205-211.

# 申城之光：上海光源的大科学研究平台

上海光源（SSRF）是中国科学院与上海市人民政府共同向国家申请建造的我国（不包含港澳台数据）第一台第三代同步辐射装置，是支撑众多学科前沿研究、高新技术研发的大型综合性实验平台。它由中国科学院上海应用物理研究所承建，坐落于上海市浦东新区张江高科技园区，是张江国家综合性科学中心首个地标。同时，它还是迄今为止我国最大的大科学装置，总投资约 14.34 亿元，在科学界和工业界有着广泛的应用价值。

## 上海光源的建造

20 世纪 90 年代初，我国科学家就已经意识到要搭建大科学的研究平台，并以此推进同步辐射光源的研究与应用。1993 年 12 月，在丁大钊、方守贤、冼鼎昌三位中国科学院院士的建议下，我国准备建设一台第三代同步辐射光源。翌年，中国科学院上海应用物理研究所（当时名为上海原子核研究所）向中国科学院和上海市人民政府提出了《关

> 直线加速器通常是指利用高频电磁场进行加速，同时被加速粒子的运动轨迹为直线的加速器，高频直线加速器简称直线加速器，是指用沿直线轨道分布的高频电场加速带电粒子的装置。

于在上海地区建造第三代同步辐射光源的建议报告》。1995 年 3 月，中国科学院和上海市人民政府商定，共同向国家建议，在上海建设一台第三代同步辐射装置。1997 年 6 月，国家科技领导小组批准开展上海同步辐射装置预制研究，国家计划委员会于 1998 年 3 月正式批准其立项。进入 21 世纪之后，上海光源国家重大科学工程逐步进入实施过程。2010 年 1 月 19 日，上海光源工程顺利通过国家验收。

上海光源包括一台 150MeV 电子直线加速器、一台全能量增强器、一台 3.5GeV 电子储存环、已开放的 13 条光束线和 16 个实验站。上海光源具有波长范围宽、高强度、高亮度、高准直性、高偏振与准相干性、可准确计算、高稳定性等一系列比其他人工光源更优异的特性，可用于从事生命科学、材料科学、环境科学、信息科学、凝聚态物理、原子分子物理、团簇物理、化学、医学、药学、地质学等多学科的前沿基础研究，以及微电子、医药、石油、化工、生物工程、医疗诊断和微加工等高技术的开发应用的实验研究。

上海光源是体现国家重大创新能力的基础设施，也是支撑众多学科前沿基础研究、高新技术研发的大型综合性实验研究平台，它向基础研究、应用研究、高新技术开发研究各领域的用户开放。上海光源每年向用户供光 4000~5000h，所有用户均可通过申请、审查、批准程序获得上海光源实验机时。简而言之，普通的 X 射线就能清晰拍摄出人体的组织和器官，而上海光源释放的光，亮度是普通 X 射线的 1000 亿倍。更确切地讲，上海光源就相当于一个超级显微镜集群，能够帮助科研人员看清一个病毒结构、材料的微观构造和特性。

在建设过程中，上海光源的科研团队攻克了近百项关键技术。自主研发极大地推动了我国相关科学技术的发展，主要技术创新可概括为以下三个方面：其一，低发射度中能储存环；其二，高分辨光束线站；其三，光源高稳定性。通过上述技术创新，建成了总体性能进入国际前列的上海光源，使我国同步辐射光源的亮度提高了 4 个量级，实验能力极度增强，大幅度提高了空间分辨、时间分辨和能量分辨能力，原位动态被广泛应用，成为我国科技发展不可或缺的先进研究平台。

## "一专多能"的大科学平台

上海光源在科学研究方面可谓"一专多能"，既能体现它在单一学科方面的优势与特色，又可以在多学科交叉与发展方面提供平台功能。根据中国科学院上海应用物理研究所谢红兰研究员的介绍，上海光源的先进成像技术可以在生物医学、材料科学与古生物学的研究上大显身手。

> X 射线实际上是一种波长极短、能量很大的电磁波，它具有穿透性，但人体组织间有密度和厚度的差异，当 X 射线透过人体不同组织时，被吸收的程度不同，经过显像处理后即可得到不同的影像。

首先，在生物医学中得到广泛应用。尤其是同步辐射 X 射线相衬成像方法可以应用于肿瘤及脑血管疾病的早期发展和微细新生血管形态结构研究，展现其独特的优越性。简而言之，相对于传统医学成像，同步辐射医学成像具有如下优势：第一，可获得高质量相衬图像；第二，辐射剂量远小于常规 X 射线成像所需剂量，可减少射线对人体的损害；第三，同步辐射光源的高通量窄脉冲时间结构，十分适合进行活体实时动态成像；第四，通过发展实时双能量减影技术可以得到比传统减影技术分辨率更高的血管或肺的造影图像；第五，通过发展多能量成像技术，可以定量检测与分析组织成分；第六，通过发展同步辐射 X 射线结构与功能荧光融合影像技术，可以定量检测分析组织微量元素。

其次，在材料科学中的应用。上海光源 X 射线成像及生物医学应用光束线站能提供 8~72.5keV 的硬 X 射线，由于硬 X 射线在材料中的穿透深度大，因此硬 X 射线成像技术可以被应用于材料内部结构的无损研究，尤其是其第三代同步辐射光源高通量特性可实现实时观测动态过程，如金属结晶生长、薄膜电沉积中伴随的析氢反应，以及在表征材料的三维结构等方面已表现出明显优势。

最后，在古生物学中的应用。实体化石（经石化作用保存了全部或部分生物遗体的化石）在地质历史时期形成的数量最多，加之其保存的生物体结构信息较其他类型化石要丰富，因而研究价值也最大。在研究实体化石的过程中，化石标本成像是不可或缺的研究手段之一。随着古生物学研究的不断深入，人们对实体化石标本的成像技术提出了越来越高的要求。无损成像作为最理想的成像方式颇受古生物学家的关注。目前在该领域中最受青睐的成像手段是同步辐射硬 X 射线断层显微成像技术。这一技术的出现给古生物学的发展带来了新的增长点，为研究化石，尤其是小型和微体化石的三维结构及超微构造提供了无与伦比的手段。

前文提到的只是上海光源在某一学科内展示出的卓越才能，它的大科学平台特点则体现在为不同学科间的相互渗透和交叉融合创造了优良条件，为组建综合性国家大型科研基地奠定了基础。上海光源还将直接带动我国现代高性能加速器、先进电工技术、超高真空技术、高精密机械加工、X 射线光学、快电子学、超大系统自动控制技术以及高稳定建筑等先进技术和工业的发展，这也将是新型催化剂研发中不可或缺的工具。

## "东方之光"的累累硕果

自 2010 年 1 月通过验收之后，以上海光源为平台的各个相关学科都产出了一系列重要的科学研究成果。这些最新的成果都被刊登在国际顶级的科学杂志上，充分凸显出其作为大科学平台的优势与特点。2010 年 5 月，上海光源用户中国科学院大连化学物理研究所包信和院士研究组与上海光源 BL14W 线站黄宇营研究员课题组人员密切合作，开展了纳米催化剂的原位化学反应条件的 X 射线吸收谱方法实验研究。他们的研究成果以研究报告的形式发表在当年 5 月 28 日出版的《科学》杂志上。此工作结果表明，上海光源为我国催化科学的研究提供了先进的研究平台，为前沿科学发展作出了重要的贡献。

图 2-43　2010 年 1 月 19 日，来自全国各地的专家在"上海光源"内考察
资料来源：我国重大科学工程"上海光源"通过国家验收 .http://www.gov.cn/jrzg/2010-01/19/content_1514709.htm[2021-02-05].

2010 年 9 月，上海光源生物大分子晶体学线站用户、清华大学医学院教授颜宁领导的研究组与生命学院王佳伟博士、龚海鹏博士，合作开展大肠杆菌岩藻糖（L-fucose）转运蛋白（FucP）结构与功能的研究，揭示了 FucP 在底物识别和转运，以及质子传递耦联过程中起关键作用的残基 D46 和 E135，为理解转运蛋白家族（MFS）家族提供了一个新的重要研究系统，相关论文于 9 月 27 日在《自然》杂志上在线发表。

2011 年，上海光源用户香港科技大学生命科学部讲座教授张明杰及他的研究团队在 2 月 11 日的《科学》杂志上发表关于肌球蛋白最新的研究论文，该论文研究了肌动蛋白 7a 的突变如何导致先天性失聪失明。张明杰教授及他的研究团队利用了在上海光源生物大分子晶体学线站采集的晶体 X 光衍射数据。

2011 年 6 月 12 日，清华大学生命学院柴继杰研究组在《自然》杂志发表了题为《BRI1 对油菜素甾体感觉的结构性洞察》（"Structural Insight into Brassinosteroid Perception by BRI1"）的研究论文，该论文报道了油菜素内酯受体（BRI1）识别油菜素内酯（BL）的晶体结构，结合生化实验提出了 BRI1 活化的可能机制。上海光源生物大分子晶体学线站的优异性能为高分辨衍射数据的采集提供了关键的保障，对结构的顺利解析发挥了重要作用。

2016 年 1 月 15 日，国际权威学术期刊《细胞》在线发表了中国科学院微生物研究所、中国疾病预防控制中心高福院士研究团队的文章《埃博拉病毒糖蛋白结合内吞体受体 NPC1 的分子机制》，从分子水平阐释了一种新的病毒膜融合激发机制（第五种机制），这种新型机制与之前病毒学家熟知的四种病毒膜融合激发机制大为不同，成为近年来国际病毒学领域的一大突破。该研究为抗病毒药物设计提供了新靶点，加深了人们对埃博拉病毒入侵机制的认识，为应对埃博拉病毒疫情及防控提供了重要的理论基础。

上海光源将成为我国迎接知识经济时代、创立国家知识创新体系必不可少的国家级大科学平台，它会用"东方之光"照亮中国科学事业前行的航程！

# 参考文献

李浩虎，余笑寒，何建华 . 上海光源介绍 [J]. 现代物理知识，2010，22
（3）：14-19.

马礼敦 . 威力强大的上海光源 [J]. 上海计量测试，2009（2）：2-4.

上海光源工程经理部 . 上海光源 [J]. 物理，2009，38（7）：511-517.

石荣彦 . 新一代人工光源：上海光源 [J]. 职教论坛，2009（A1）：27-28.

谢红兰，邓彪，杜国浩，等 . 上海光源先进成像技术及应用 [J]. 现代物理知
识，2010，22（3）：42-50.

# 五、建设世界科技强国

## 领航星际：北斗卫星定位导航系统的研制历程

2020 年 7 月 31 日，习近平总书记出席北斗三号全球卫星导航系统开通仪式，宣布北斗三号全球卫星导航系统正式开通。中国为什么要独立自主搞北斗卫星定位导航系统？一言以蔽之，答案就是 6 个字：为了国家安全！改革开放以来，中国成功研制并产业化推广了北斗卫星定位导航系统。我们必须认识到，这是一个了不起的成就！为什么这么说呢？

### 全球定位系统与海湾战争

1991 年 1 月 17 日，海湾战争爆发。值得关注的是，这是一次高科技之战，全球定位系统（GPS）就是最引人注目的技术之一。当时美国军方将未完全建成的 GPS 提前投入使用，令人惊讶的是，即便是只有 15 颗卫星的还不成熟的 GPS，也显示出强大的威力。

在中东的茫茫沙漠中，GPS 为美军提供了精确定位服务，GPS 成为美军攻击系统的重要支持系统，极大地提高了美军的作战指挥通信能力、多兵种协同作战和快速打击能力，大幅度提高了武器装备的打击精度和作战效能。因此，海湾战争之后，美国果断地在世界上第一个用卫星定位导航系统取代陆基导航系统，作为海、陆、空军事力量的主要导航手段。

就中国而言，海湾战争对加速中国军事现代化建设具有重要启发意义。仅在卫星技术及其应用方面，早在 20 世纪 80 年代初，以"两弹一星"元勋陈芳允院士为首的科学家团体就提出了双星定位方案，但因经济条件等种种原因被搁置了。而海湾战争中美国 GPS 在作战中的成功应用，让中国的决策层深刻意识到，除了发展本国的定位导航系统，别无选择。

## 从未间断的卫星定位导航研究

正因为透彻地认识到拥有独立自主的卫星定位导航系统的极端重要性，所以中国决策层下定决心独立研制，确保成功。实际上，从 20 世纪 70 年代初中国第一颗人造卫星发射成功开始，对定位导航卫星的研究和论证就已经开始。在这里，有必要对我国卫星事业的发展做个简要的了解。

中国人所熟知的"两弹一星"工程中的"一星"，就是指人造卫星。新中国人造卫星的研制历史可以追溯到 1958 年。那一年，毛泽东做出"我们也要搞人造卫星"的指示，研制人造卫星成为 1958 年的第一号任务，代号"581"工程。但受"大跃进"的影响，一年后"581"工程黯然下马。1965 年，在前一年导弹和原子弹相继成功的刺激下，加上国民经济的恢复发展，卫星事业得以重启，代号"651"工程，并于 1970 年 4 月 12 日成功发射第一颗人造卫星——东方红一号。

第一颗人造卫星发射成功以后，通信卫星、气象卫星、定位导航卫星等就都进入决策层的视野。"七五"计划中提出了"新四星"计划，随后提出过单星、双星、三星、三到五颗星的区域性系统方案，以及多星的全球系统设想。总之，出于国防安全的需要，中国的定位导航卫星经历了研究、论证、再研究、再论证的过程，对它的研究从来就没有停止过。

## 从无到有：敢于"吃螃蟹"的北斗一号

海湾战争之后，被搁置十年的双星定位方案得以启动，被称为北斗卫星导航试验系统（也称北斗一号）。1993年，双星定位试验系统正式被列入国家"九五"计划，但卫星研制经费紧张，制约了项目发展。经过协商，将另两个已经立项的卫星项目中各一个备用星的经费转借给北斗两颗定位导航卫星，从而解决了立项的经费难题。

1994年中国启动北斗卫星导航试验系统的建设，即北斗一号卫星导航系统。据中国航天科技集团第五研究院（简称航天科技集团五院）北斗一号总设计师范本尧院士回忆，国产化从北斗一号的太阳帆板做起，当时很多卫星都不敢上，北斗是第一个"吃螃蟹"的，硬着头皮上。

之后的国产化攻关更为艰苦，凭借自力更生的创业精神，老一辈北斗人逐一攻克，终于在2003年建成了北斗一号卫星导航系统。北斗一号卫星导航系统由3颗静止轨道卫星和相关地面系统组成，解决了我国卫星导航系统的有无问题，实现了我国及周边区域的有源定位。我国也成为世界上继美国、俄罗斯之后第三个拥有独立卫星导航系统的国家。其间积累的建设和应用实践经验、教训，以及迅速成长的北斗研制队伍，为后续工程建设打下坚实的基础。

## 服务亚太：北斗二号卫星部署完成

1999年，航天科技集团五院在全力研制北斗一号卫星的同时，展开了对第二代卫星导航定位系统的论证。2004 年，北斗二号卫星工程正式立项研制，建立区域性的北斗卫星导航系统。

2007 年 4 月 14 日，北斗导航系统建设计划的首颗卫星（COMPASS-M1）成功发射。这标志着北斗卫星导航系统开始进行卫星组网建设，系统的发展建设进入了新阶段。

2009 年 4 月 5 日，北斗卫星导航系统首颗组网卫星发射成功，2012 年 4 月 30 日，北斗卫星导航系统首次采用"一箭双星"方式成功发射了第 12 和第 13 颗组网卫星。

2010 年 8 月 12 日和 10 月 29 日，两颗北斗二号卫星成功发射，用于接替北斗一号卫星，实现了一号系统的服务延续。

2011 年 12 月 27 日，北斗卫星导航系统开通试运行服务。在安全有效运行 1 年后，2012 年 12 月 27 日，北斗卫星导航系统正式向中国及部分亚太地区提供服务。

为实现快速形成区域导航服务能力的国家战略，北斗人设计了国际上首个以地球静止轨道（GEO）/倾斜地球同步轨道（IGSO）卫星为主、有源与无源导航多功能服务相融合的卫星方案，攻克了以导航卫星总体技术、高精度星载原子钟等为代表的多项关键技术，打破了国外的技术封锁，建成了国际上首个混合星座区域卫星导航系统。

> 混合星座设计，使得 24 颗卫星均匀分布在约 2 万 km 高空的 3 个轨道面上，每个轨道面有 8 颗，轨道周期是 12h 左右，和地球自转周期不同步。这样，就可以保证任何时间在全球的任何地点，都能看到五六颗卫星，这也是中国北斗能够提供全球服务的前提。

## 全球组网：北斗三号闪耀星空

就在北斗二号正式提供区域导航定位服务前，北斗三号全球导航系统的论证验证工作拉开序幕，确定了建设独立自主、开放兼容、技术先进、稳定可靠的全球导航系统的发展目标，自此北斗开启了创新发展的新征程。

站在前两代的肩膀上，北斗的"第三步"迈得无比自信。航天科技集团五院的研制团队汇聚各方力量，奋勇拼搏，先后攻克了北斗系统的各种难关。

由于我国北斗系统不能像 GPS 那样，在全球建立地面站，为了解决境外卫星的数据传输通道，北斗三号研制团队攻克了星座星间链路技术，采取星间、星地传输功能一体化设计，实现了卫星与卫星、卫星与地面站的链路互通。星间链路技术是北斗全球导航系统建设的一大特色。

作为一个开放的系统，北斗的连续性和稳定性十分重要。就像停水停电影响城市生活一样，卫星导航服务一旦中断，国家和社会的正常运行会受到很大的影响。为了提高卫星在轨服务的可靠性，北斗三号卫星采取了多项可靠性措施，使卫星的设计寿命达到 12 年，达到国际导航卫星的先进水平，为北斗系统服务的连续、稳定提供了基础保证。

为了提高服务的精度，北斗三号配置了新一代原子钟，通过提升原子钟指标，提升卫星性能、改善用户体验。我国北斗卫星采用铷原子钟，同时还配置了性能更

原子钟是利用原子跃迁频率稳定的特性保证产生时间的精准性，目前国际上主要有铷原子钟、氢原子钟、铯原子钟等。2015 年我国研制的氢原子钟首次在轨应用验证，为北斗全球导航系统进行了技术探索，至今功能、性能十分稳定。

高的国产氢原子钟。氢原子钟虽然质量和功耗比铷原子钟大，但稳定性和漂移率等指标更优。星载氢原子钟的在轨应用，对于实现北斗导航定位"分秒不差"，发挥着重要作用。

自 2009 年 12 月，北斗三号研制团队开始加速冲刺，并在 2018 年成功实现一年 19 星发射，在太空中再次刷新了"中国速度"。2020 年 6 月 23 日，第 55 颗北斗导航卫星成功发射，北斗三号全球卫星导航系统星座部署全面完成。

图 2-44　第 55 颗北斗卫星发射
资料来源：第 55 颗北斗卫星发射.http://www.beidou.gov.cn/zy/bdtp/202006/t20200623_20689.html[2021-01-08].

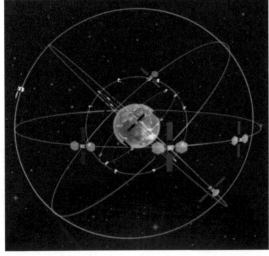

图 2-45　北斗卫星定位导航系统
资料来源：王慧峰.北斗定乾坤——对话全国政协委员、北斗卫星导航系统工程总设计师杨长风.http://www.rmzxb.com.cn/c/2019-03-07/2304067.shtml[2021-01-08].

## 北斗系统成功建设的历史意义

北斗系统的成功建成，不仅极大地保障了中国的国防安全，而且给全世界带来了福音。纵观北斗系统26年的建设历程，我们可以得到以下几点启示。

新时代北斗精神的基本内涵是自主创新、开放融合、万众一心、追求卓越。作为我国自主创新的结晶，北斗系统的发展浓缩着我国科技创新的不凡之路。面对缺乏频率资源、没有自己的原子钟和芯片等难关，广大科技人员集智攻关，走出一条自主创新的发展道路。特别是北斗三号工程建设，攻克160余项关键核心技术，推进500余种器部件国产化研制，实现核心器部件国产化率100%。事实证明，只有把关键核心技术牢牢掌握在自己手中，才能真正掌握竞争和发展的主动权，才能为发展自己、造福人类奠定坚实的技术基础。

北斗系统的发展既立足中国，又放眼世界。习近平总书记指出：“中国愿同各国共享北斗系统建设发展成果，共促全球卫星导航事业蓬勃发展。”中国北斗秉持和践行“世界北斗”的发展理念，在覆盖全球的基础上积极融入全球、用于全球。目前，北斗基础产品已出口120余个国家和地区。从建成北斗一号卫星导航系统向中国提供服务，到建成北斗二号卫星导航系统向亚太地区提供服务，再到建成北斗三号卫星导航系统向全球提供服务，中国北斗不断走向世界舞台。

北斗系统是党中央决策实施的国家重大科技工程，是我国迄今为止规模最大、覆盖范围最广、服务性能最高、与百姓生活关联最紧密的巨型复杂航天系统。完成这项世界级工程，必须充分发挥集中力量办大事的制度优势。400多家单位、30余万名科研人员参与研制建设，广大人民群众鼎力支持，从总体层到系统层，从管理线到技术线，从建设口到应用口，从设计方到施工方，不同类型、不同隶属的单位有机融为一体，汇聚起万众一心的磅礴力量。

# 参考文献

何若枫 . 中美卫星导航系统发展史比较研究 [D]. 长沙：国防科学技术大学硕士学位论文，2016.

李征航，黄劲松 . GPS 测量与数据处理 [M]. 武汉：武汉大学出版社，2016.

孙战国 . 中国的北斗 世界的北斗——访北斗三号工程卫星系统副总设计师王金刚 [J]. 保密工作，2018（6）：17-18.

王骁波，杨欣，齐晓君，等 . 共享成果 共促发展 [EB/OL]. http：//world. people.com.cn/n1/2020/ 0802/c1002-31806642.html[2020-12-01].

# 浴火重生："长征五号"重型运载火箭的研发历程

2019 年 12 月 27 日，"长征五号"遥三运载火箭于中国文昌航天发射场进行发射飞行试验，并取得圆满成功，这意味着中国具备了将航天器送向更远深空的能力，为实现未来探月工程和首次火星探测打下坚实基础。事实上，"长征五号"重型火箭的研发历程并非一帆风顺，其间也遭遇过较大挫折，如今试验成功的背后有着无数科研人员的辛劳与努力。

## 重型火箭的研制意义与"长征五号"的立项背景

一个国家进入空间的能力在很大程度上决定了其空间活动及开发利用水平，各航天大国空间技术水平都以进入空间的能力来衡量，而运载火箭代表了当今世界运载火箭技术的最高水平，是各国探索空间和开展大规模空间活动的重要基础。因此提升运载火箭的运载能力是中国实施航天发展战略的必要保证，对中国航天整体水平的发展有着重要的战略意义。"长征五号"重型运载火箭作为中国新一代大型运载火箭，具有成本低、适应性高、无污染等优势，具有广阔的应用前景。"长征五号"重型运载火箭是中国未来航天发射任务的主力军，在未来的探月工程、载人空间站发射、火星探测等重大空间探索任务中都将承担重要角色。

"长征五号"将承担探月工程三期的发射任务，"嫦娥五号"月球探测器将通过"长征五号"运载火箭发射，完成探月无人采样返回等科学任务，承担着中国探月工程三步走中"回"的重要职责，需要将重8.2t的"嫦娥五号"探测器直接送入地月转移轨道，为了完成这一任务，具有大运载能力的"长征五号"重型运载火箭必不可少。而且"长征五号"重型运载火箭的成功研制可以大幅提高中国进入空间的能力，目前中国正在开展首次火星探测计划的第二阶段任务。2020年7月23日，"长征五号"遥四火箭运载中国首次火星探测任务"天问一号"探测器发射升空，开启了中国深空探测的新时代。发展"长征五号"也有助于中国加速载人空间站建设，作为执行载人航天空间站工程中发射空间站核心舱的主力火箭"长征五号B"于2020年5月8日开展发射试验，成功将搭载的新一代载人飞船试验船和柔性充气式货物返回舱试验舱送入预定轨道，首飞任务取得圆满成功。

"长征五号"项目起源于"863计划"，当时"大型运载火箭和天地往返运输系统"被确立为航空领域的重大探索项目，中国航天人开始论证有别于"长征三号"系列的新型运载火箭的可能性，但由于资金与技术等方面的限制，工程研制一直未能展开。到了20世纪90年代，"长征三号乙"的首飞成功在一定程度上填补了中国运载火箭系列的空

**重型火箭介绍**

重型运载火箭是指起飞质量在2000t以上，或近地轨道运载能力达到100t以上的运载火箭。该种火箭具有结构尺寸大、起飞推力大、研发成本高等特点。20世纪60年代以来，美国和苏联先后研制出"土星5号""能源号"等重型运载火箭，借助重型运载火箭，人类登上月球，实现了天地往返。

白，而当时世界上各航天强国的火箭运载能力纷纷升级，在整体上中国运载火箭技术逐渐落后于时代，主要表现在型谱重叠、可靠性较低、发射准备周期长、缺少大运载能力等方面，开始从世界航天界第二集团的优势地位下滑。载人航天工程、未来空间站以及大质量卫星的发射需求也超过了中国当时的火箭运载能力，为缩小与世界的差距，满足未来航天需要，中国将新型运载火箭的论证再次提上日程。

### "长征五号"的研制设计与技术突破

按照《中国的航天》白皮书（2000年版）的要求，新一代运载火箭制定了如下发展目标：第一，为了稳步提升中国航天进入空间能力，需要规划设计可系列化的运载火箭，而不能只为特定任务所用；第二，集中力量对大直径结构、大推力发动机等先进技术进行攻坚，提高火箭运载能力；第三，实现运载火箭的通用化、组合化、系列化设计，以适应不同有效载荷的要求；第四，为了保护环境以及推进可持续发展，火箭燃料采用无毒、无污染推进剂；第五，在保证性能达标的前提下降低成本、提高可靠性。

"长征五号"的总体方案可以概括为"一个系列、两种发动机、三个模块"，其中120t级液氧煤油发动机和50t级大推力液氢液氧发动机的双发动机架构是"长征五号"系列运载火箭的核心所在。液氧煤油发动机于2000年立项，对照苏联收购的RD-120发动机研究原理，并对补燃循环系统自身启动、高压大流量推力室稳定燃烧及冷却、高压大流量富氧发生器等技术进行攻关，最终于2012年完成YF-100液氧煤油发动机研制专项验收。一级液氢液氧发动机YF-77于2001年立项，2009年转入试样研制，其间解决了高压大尺寸液氢液氧燃烧室高频不稳定燃烧和冷却技术及高性能、高功率密度多级氢涡轮泵技术等关键技术，2012 年 YF-77 发动机 500s 长程热试车成功，使中国液氢液氧发动机技术能力跨上了新的台阶。

"长征五号"运载火箭在大直径箭体结构设计方面也有较大进展，其突破了传统火箭 3.35m 的直径限制，首次采用 5m 的直径结构，是大幅提升中国重型火箭运载能力的基础。研发团队开展了大直径箭体结构设计、制造、试验技术攻关，完成了大型助推捆绑传力设计、大直径贮箱设计、大直径壳段设计，以及整体锻环制造技术、大型低温贮箱静力及蒸发量试验技术、大直径壳段部段联合试验技术等。其中大尺寸蒙皮桁条结构级间段承载能力近千吨，是目前中国最大尺寸单一部段半硬壳结构，而且偏心集中载荷超过 300t 的大型偏置斜头锥结构技术、大直径及大集中载荷薄壳结构技术均实现跨越式发展，研制设计箭体结构同时带动了国内机械加工、热处理、焊接检测等产业的发展。

除了发动机技术与箭体结构设计，"长征五号"研发团队攻克了低温增压输送系统、助推器与芯级发动机联合摇摆、高码速率遥测数据综合与传输等 12 项关键技术，创造了多项纪录：第一，首次在运载火箭型号研制中全面推进数字化设计手段，引进三维数字化设计工具，由此构建了中国运载火箭研制历史上第一个全三维数字火箭，开创了火箭型号数字化研制的先河；第二，将中国大型运载火箭低地球轨道及地球同步转移轨道运载能力分别提升至 25t 级和 14t 级，其运载能力到达当时运载火箭的 2.5 倍以上，火箭整体性能和总体技术达到国际先进水平，为中国航天进入更大的舞台提供了坚实基础；第三，实现了中国运载火箭箭体直径从 3.35m 向 5m 的跨越，在火箭结构形式、材料选择、制造工艺、制造工装和试验验证体系等方面进行彻底革新，在中国运载火箭发展史上具有里程碑意义。2016 年 11 月 13 日，

"长征五号"于文昌航天发射场成功升空，实现了中国运载火箭规模从中型到大型的跨越，标志着中国运载火箭升级换代的完成。

## 遥二火箭发射失利与遥三火箭"浴火重生"

然而科学探索的道路从来不是坦途，科学试验的失败也在所难免。2017年7月2日19时，"长征五号"遥二火箭于文昌航天发射场组织实施发射试验，但未能将卫星送入预定轨道。发射346s后，遥二火箭在黑暗中急速降落，坠入太平洋海域，发射试验宣告失利。由于无法回收火箭残骸，故障排查只能通过建立故障树模拟仿真进行，这进一步加大了找出故障原因的难度。但中国航天人并没有因此气馁，来自中国科学院、清华大学、中国航天科技集团有限公司等20多家单位的数百名专家对50多个可能造成推力下降的事件进行了逐一的排查，经过100多天的归零分析，失利原因终于确定：根据分析仿真计算及地面试验结果，故障原因为芯一级液氢液氧发动机一分机涡轮排气装置在复杂工作环境下，局部结构发生异常，发动机推力瞬时大幅下降，致使发射任务失利。

随着故障调查有了定论，中国航天科工集团第六研究院的发动机研发团队立即从结构、材料和工艺等方面对芯一级液氢液氧发动机进行了改进设计，以提高运载火箭对复杂飞行环境的适应性。为了进一步提高发动机的安全性和稳定性，研发团队开展了以"再分析、再设计、再验证"为主要内容的"三再"工作，共总结了17条"三再"梳理要素，开展了400余项"三再"项目。围绕铸件、角焊缝、动强度等方面复查复审产品质量的落实情况，并对单点失效产品设计特性设置的全面性进行审视，最大限度地降低了风险。"长征五号"遥三火箭在遥二火箭的基础上，进行了200余项技术改进，提高了设计裕度，消除了薄弱环节，使火箭的可靠性得到全面提升。

2019 年 3 月 29 日，遥二火箭发动机故障的归零工作与改进验证全部完成，在此之后顺利通过两次长程试车验证，就在遥三火箭发射即将提上日程之际，研发团队在分析用于后续任务的芯一级液氢液氧发动机试验数据时，发现了振动频率异常。虽然这一异常并不属于待发射的遥三火箭发动机，但不能排除系列发动机共性缺陷的可能，为了保证遥三火箭发射成功，研发人员再次对故障所在进行细致排查，并由此发现了火箭发动机局部结构对复杂力热环境非常敏感，容易引起共振，于是对发动机结构进行改进并完成了多次地面热试车，至此困扰"长征五号"两年时间的发动机问题终于排查完毕。

2019 年 12 月 27 日 20 时，"长征五号"遥三火箭点火起飞，火箭经过 2220s 飞行后成功将"实践二十号"卫星准确送入预定轨道。此次发

图 2-46　2020 年 5 月 5 日，"长征五号 B"运载火箭在海南文昌航天发射场首飞成功
资料来源：屠海超 . 长征五号 B 运载火箭首飞成功！http://photo.china.com.cn/2020-05/05/
content_76009153.htm［2021-02-05］.

射取得圆满成功，并全面验证了"长征五号"遥二火箭归零改进工作以及多项运载火箭关键性技术的有效性。2020 年 11 月 24 日，"嫦娥五号"搭乘"长征五号"遥五火箭发射升空，火箭顺利将探测器送入预定轨道，开启了中国首次地外天体采样返回之旅。"长征五号"

> "嫦娥五号"经历了地月转移、近月制动、环月飞行、月面软着陆、月球采样、月面起飞、月球轨道交会对接与样品转移、月地转移、再入地球等环环相扣的太空旅程，终于在 2020 年 12 月 17 日于内蒙古成功着陆，安全回家，并带回了月壤 1731g，以供研究与保存。

的浴火重生，标志着中国从航天大国向航天强国迈出具有里程碑意义的一步，同时牵引出了以"长征五号"核心技术为基础的中国新一代运载火箭研制和发展，为未来用于载人登月、火星探测等空间任务的重型火箭研制奠定了良好的基础。

带回月壤的"大土豆"长啥样？
资料来源：中科院之声
鸣谢：中国科学院国家天文台
拍摄：王颖、宋同舟

# 参考文献

国家国防工业科技局. 长征五号遥二火箭飞行故障调查完成　今年底将实施遥三火箭发射 [EB/OL]. http://www.sastind.gov.cn/n127/n199/c6800780/content.html[2020-12-01].

李东，程堂明. 中国新一代运载火箭发展展望 [J]. 中国工程科学，2006

（11）：33-38.

李东，王珏，李平岐，等. 我国新一代大型运载火箭长征 -5 首飞大捷 [J].
    国际太空，2016（11）：2-7.

李东，王珏，李平岐. "长五" 归来 箭指星辰——长征五号遥三运载火箭发
    射飞行试验任务圆满成功 [J]. 国际太空，2020（1）：26-28.

龙乐豪. 新一代运载火箭 [J]. 航空制造技术，2003（2）：17-21.

# 不叹伶仃：港珠澳大桥的建设历程

1279 年，南宋爱国词人文天祥被元军押解横渡伶仃洋，在元军的船上他不禁望洋兴叹："惶恐滩头说惶恐，零丁洋里叹零丁。"《过零丁洋》这首悲壮的诗如黄钟大吕回荡在伶仃洋上。700 多年后，在同一片海域上，港珠澳大桥腾空而起，将"三地相隔一水间"的香港、珠海与澳门连接起来。港珠澳大桥实现了粤港澳大湾区交通网络的跨越式发展，进一步促进了大湾区人员、物资、技术等创新要素的高效流通和配置。

## 港珠澳大桥的前世今生

早在 1983 年，香港合和实业有限公司主席胡应湘就已经提出要在珠海和香港之间修一座大桥，加强香港和广东的整体竞争力，从而使香港不再是一个孤立生存的经济区域，这也就是所谓的"伶仃洋大桥设想"。这个设想得到了时任珠海市委书记梁广大的支持，梁广大认为，建造伶仃洋大桥能缓解珠江口东西两岸经济发展不平衡的状况，带动珠海及整个珠三角的经济发展。1992 年，珠海委托交通运输部公路规划设计院，对伶仃洋大桥的可行性进行研究，《伶仃洋跨海工程预可行性研究报告》就此出炉。报告为这座跨海大桥列出了两个方案：一是南线方案，在香港大屿山至珠海和澳门之间的海域建造人工岛，从人工岛再分出两路进入珠海和澳门；二是北线方案，在珠海唐家湾镇和香港屯门烂角嘴之间，跨过淇澳岛和内伶仃岛直接建桥，当时国家计划委员会在考量资金、技术等问题后倾向于北线方案。但由于珠海、香港与澳门三方难以达成一致，珠海主导的伶仃洋大桥建设最终只修了珠海唐家湾镇至淇澳岛的一小段，也就是如今的淇澳大桥。

1997 年 7 月 1 日，英国将香港交还中国。两年后的 12 月 20 日，葡萄牙将澳门交还中国。香港与澳门政权相继交接，从政府层面上解决了港澳与内地之间大型工程合作的沟通障碍，港珠澳大桥的建设也就自然而然地再次成为各方关注的焦点。各方都清楚地认识到，这座大桥关系着粤港澳三地和珠江两岸未来经济发展格局，既涉及"一国两制"又牵动"三地"利益，容不得半点马虎。与此同时，中国内地的情况也发生了很大的变化，大桥的建造不再是珠海一市推动，深圳也想参与大桥的建设。珠海方面的态度一以贯之，由于澳门的经济辐射能力不强，只有造一座大桥解决珠海交通限制才能享受到香港的经济辐射，缩小与以深圳为代表的珠江口东岸城市的发展差距。深圳享受了第一个经济特区的改革开放红利，经济迅猛发展，俨然有成为珠三角经济圈新龙头之势。在这种情况下，深圳主张大桥要为深圳预留通道。珠海与深圳之间的竞争最终演变成大桥建造方案的争论，也就是港珠澳大桥"单双丫"之争。

所谓"单丫"，就是大桥一头从香港出发，另两头分别到达珠海和澳门，该方案与伶仃洋大桥的南线方案类似，为香港、珠海方面所支持。所谓"双丫"，就是在"单丫"方案的基础上再斜拉出一条通道连接深圳，为深圳、广东方面所支持。"双丫"派认为珠江如天堑阻隔深圳与珠江西岸的沟通，大桥建成后深圳的位置变得尴尬，可能在珠三角经济圈中被边缘化，广东方面也支持"双丫"方案。经过多次各方交流沟通以及专家技术研究，交通部负责人于 2004 年 11 月向媒体证实，国务院已完成对港珠澳大桥的技术研究，不考虑"双Y"方案，倾向于"单Y"设计。就此"单Y""双Y"之争告一段落。选择"单Y"方案主要有工程技术和环境保护两方面的考虑，"双Y"难以选址且初期的一次性资金投入巨大，还可能破坏白海豚栖息的水质环境。经

> **何以抵抗 8 级地震？**
>
> 港珠澳地区每年都有台风，抗震能力尤为重要。抵抗 8 级地震的关键技术就是位于桥梁支座中间的高阻尼橡胶，该支座在试验中可吸收、消耗 40% 以上的振动能量，承载力约 3000t。

过 5 年的环境评估和落点位置选择，港珠澳大桥工程于 2009 年 12 月 15 日正式开工。

## "四化"方案及其创新

伶仃洋是货运船的主要航道，每天有数千艘船舶在此穿梭航行，为了减小对海上航运的影响，港珠澳大桥的建设必须要在短时间内高效完成。为了应对这一挑战，港珠澳大桥项目设计总负责人孟凡超带领的设计团队提出了"四化"的解决办法。所谓"四化"，是指大型化、工厂化、标准化及装配化。大型化是指把大桥主体工程的部件化零为整，在实际装配的过程中使用大尺度的钢箱梁和沉管隧道构件；工厂化是指桥梁、隧道等预制构件的生产制造都在工厂里完成；标准化是指同一种构件都按照统一的工艺、统一的标准进行制造与管理；装配化是指在现场仅进行装配作业以及必要的小规模调整。"四化"的核心目标就是把传统的现场浇筑设计转化为陆上工业预控制，将生产制造以及主要的控制工作在陆上工厂预先完成，仅在海上以"搭积木"的方式完成作业，这样可以大幅减少海上作业时间与工作量，减小对船舶通

行的影响，也有利于保护环境。

　　"四化"的提出也意味着港珠澳大桥的建造不再沿袭几十年来国内桥梁建造的传统，需要对设计、制造、装配等环节进行重新审视。以钢箱梁为例，为了加快施工速度，港珠澳大桥采用了正交异性桥面板钢箱梁，这种结构的优势在于桥梁的上部结构所需的钢材较少，同时墩台等桥梁下部支撑结构的工程也相应减少，使桥梁的整体建造速度可以大幅加快，但其板件受力特性复杂，很容易出现疲劳导致的裂缝。西南交通大学卜一之教授及其团队前后花费一年的时间，对最容易出现疲劳问题的横隔板 U 肋开槽部位、横隔板与 U 肋间焊缝部位、钢箱梁顶板与 U 肋焊缝部位、U 肋纵向对接连接部位进行多次加速加载实验，最终优化设计出的模型符合 120 年使用寿命的要求，同时也使正交异性桥面板钢箱梁的抗疲劳技术取得了重大突破。像正交异性桥面板钢箱梁抗疲劳技术这样的例子在港珠澳大桥建设过程中还有很多。港珠澳大桥的建造不仅连接了香港、珠海、澳门，推动了三地的经济发展，许多工程创新的出现也推动了国内相关学科领域的研究。

## 岛隧工程与沉管对接

　　岛隧工程是港珠澳大桥建设过程中的重点与难点，在当时，大桥的总体设计有三种方案：全部桥梁、全部隧道、桥隧结合。全部隧道方案由于其高造价、高风险的特性首先被否决，全部桥梁的方案由于其造价低和成本低的特性受到青睐。但经过实地考察，项目组发现珠江航道船流密集，需要保证 30 万 t 级油轮和 15 万 t 级集装箱轮通过，同时也要保证 70 多米高的石油钻井平台通过。这样大桥高度就要修得超过 80m，那么桥塔的高度就会超过 200m，这在技术上和经济上都是一个巨大的挑战。同时，香港国际机场周围有着 120m 的航空限高，因此全部桥梁方案也被否决，桥隧结合方案就成了唯一选项。然而附近海域中没有合适的岛屿连接桥梁与隧道，建造两个人工岛作为桥梁与隧道的转换器这一方案的提出也就顺理成章，岛隧工程的雏形就此完成。

由于港珠澳大桥的隧道长度很长、水深很深，且岛隧工程所需的沉管隧道技术在国内还尚未成熟，所以项目组前往西方发达国家"取经"。2007年，港珠澳大桥岛隧工程项目总经理、总工程师林鸣带领考察小组前往荷兰阿姆斯特丹，同荷兰隧道工程咨询公司（Tunnel Engineering Consultants, TEC）讨论隧道沉管安装合作的可能性。然而，荷兰隧道工程咨询公司方面开出了1.5亿欧元咨询费的天价，且只愿意派出26名咨询人员。面对这样一个近乎侮辱性的报价，林鸣沉住了气，给荷兰隧道工程咨询公司方面开出3亿元人民币咨询费的条件，要求仅在风险最大的部分合作，但荷兰隧道工程咨询公司方面仍然拒绝。考察小组引进国外先进海底沉管安装的技术和经验的想法被现实击得粉碎，同时小组成员们也意识到，天价买不回核心技术，只有走自主创新之路，才能真正解决问题。2010年，"港珠澳大桥跨海集群工程建设关键技术研究与示范"进入科学技术部国家科技支撑计划项目，外海厚软基大回淤超长沉管隧道设计与施工关键技术位列五大课题的第一位。经过课题组科研人员的共同努力，终于在5年内将这一难关攻克。在此期间，课题组共发表论文67篇，其中被科学引文索引（SCI）/工程索引（EI）收录37篇；申请自主知识产权42项，其中已授权专利24件。中国沉管隧道技术就此达到世界领先水平。

港珠澳大桥的隧道部分由33节沉管组成，以E1~E33依次编号。其中第一阶段自西向东安装28节，第二阶段自东向西安装5节，最后安装E29，通过一个长12m的"接头"与E30对接，但这次"深海穿针"并非一帆风顺。2017年5月3日，林鸣在项目部大本营指挥沉管的最终接头工作，但作业开始数小时后，前方的贯通测量人员传来消息，沉管出现了15cm的南向偏差，而按设计计划，南北向的偏差在5cm之内。虽然并没有造成实际问题且重新施工难度很大，但15cm偏差仍让在场的所有人如鲠在喉，最后总工程师林鸣拍板，不能让港珠澳大桥留下任何遗憾，"拔出线头，重新穿针"。经过30多个小时的连续施工，接头重新安装，贯通测量后显示的数据，南北向偏差2.5mm，仅约为精调前误差的1.6%。

> **天外海造岛奇迹**
>
> 港珠澳大桥两个人工岛从开工到建成历时221天，且创造了钢圆筒单体体量、振沉精度、振沉速度等多项世界纪录。120个直径22.5m、最高50.5m、重达500t的钢圆筒，242个副格，每个钢圆筒都相当于一栋高层住宅楼！

图2-47 青州桥（中国结）
资料来源：港珠澳大桥管理局.影像馆.https://www.hzmb.org/Home/Images/MuseumDetail/img_id/80/cate_id/20#pn=4[2021-02-12].

图2-48 珠澳口岸人工岛
资料来源：港珠澳大桥管理局.影像馆.https://www.hzmb.org/Home/Images/MuseumDetail/img_id/46/cate_id/20#pn=2[2021-02-12].

　　港珠澳大桥全长 55km，桥梁长度为世界最长；总投资额 1269 亿元人民币，投资规模为世界最大；其使用 120 年的技术指标与对白海豚生态环境的保护标准放眼全世界也屈指可数，是名副其实的超级工程。港珠澳大桥建成后，将原来耗时 3 个多小时的路程缩短到 30 分钟，使内地到港澳地区的交通状况得到质的飞跃。港珠澳大桥背后有着一个国家、两种制度，紧紧将祖国与港澳人民联系在一起，让今天的我们不用再在伶仃洋前叹伶仃。

# 参考文献

曾平标. 中国桥——港珠澳大桥兴建始末 [J]. 中国作家（纪实），2018（4）：158-209.

廖明山，陈新年. 一次"多"出来的"深海穿针"——港珠澳大桥海底隧道最终接头成功安装之后的两天两夜 [N]. 珠海特区报，2017-05-11（1）.

岳靓. 3 亿元买技术却换来一句嘲讽 [N]. 科技日报，2018-10-24（1）.

# 极目寰宇：中国的 FAST 射电望远镜

500 米口径球面射电望远镜（five-hundred-meter aperture spherical telescope，FAST）是中国具有自主知识产权、世界最大单口径、最灵敏的射电望远镜，拥有 30 个标准足球场大的接收面积，因此被誉为中国"天眼"。FAST 主要用于研究脉冲星、中性氢、黑洞吞噬小天体、星体演化以及外星文明搜寻等。它在深空探测领域也有重要用途，当深空探测器飞行距离越来越远，地面接收和发送的信号强度越来越微弱时，就需要有强大的地面望远镜来接收这些微弱的信号，从而给人类发送那些遥远天体上的山河湖海、火山、大气、极光和闪电等信息。此外，作为国家基础科研工程，集多学科基础研究平台于一身的 FAST 工程，还涵盖物理、地理、光学及测量与控制等多学科工程技术，涉及多个学科领域和工程类别。

## "天眼"何来？

每个重大科技工程都会有一位核心的科学家。FAST 工程的灵魂就是中国科学家——南仁东，他也是 FAST 的最早提出者。1993 年 9 月，国际无线电科学联盟（URSI）第二十四届大会在日本京都召开，射电天文专门委员会根据各国射电天文学家的广泛建议，做出了成立大射电望远镜工作组（LTWG）的决议，以推动和促进新一代大射电望远镜（large radio telescope，LT）工程的研究和准备。这是一项广泛国际合作的大科学计划，

LT 的主要性能将比现有的以及计划建造的最先进的射电望远镜还高 1~2 个数量级。在这次大会的推动下，南仁东与他的科研团队逐步开展相关研究。

　　北京天文台是中国科学院下属的 5 座天文台之一，它于 1958 年筹建，总部设在北京海淀区中关村，2001 年，中央机构编制委员会办公室批复了中国科学院《关于组建中国科学院国家天文台的请示》，撤销中国科学院北京天文台，成立中国科学院国家天文台，原北京天文台所在地作为国家天文台总部。

　　1995 年，以北京天文台为主联合国内 20 余所大学和研究单位成立了射电"大望远镜"中国推进委员会，提出了利用中国贵州喀斯特洼地建造球反射面，即阿雷西沃型天线阵的喀斯特工程概念。中国科学家为进一步推进喀斯特概念，提出独立研制一台新型的喀斯特单元——500m 口径的主动球反射面射电望远镜，这就是 FAST。

　　2005 年 11 月，中国科学院院长办公会决议通过了 FAST 项目立项建议的汇报，南仁东担任 FAST 项目的首席科学家兼总工程师，他也成为"中国天眼"的发起者与奠基人。2007 年 7 月，国家发改委批复 FAST 立项建议书。翌年 10 月，国家发改委批复 FAST 的可行性研究报告，总投资 6.67 亿元人民币。此后，FAST 初步设计报告和投资概算通过了由中国科学院与贵州省发展和改革委员会主持的专家评审。

　　2008 年 12 月 26 日，FAST 工程正式进入建设实施阶段。2009 年 3 月，FAST 工程初步设计得到了中国科学院和贵州省人民政府的联合批复，FAST 工程进入建设准备阶段。FAST 于 2011 年 3 月 25 日在大窝凼正式开工建设，各系统陆续进入实施阶段。这样看来，自 1994 年起 FAST 的预研究走过约 15 年的历程，由中国科学院国家天文台主持，全国 20 余所大学和研究所的百余位科技骨干参与其中。

在建造 FAST 之前，在上海佘山有一个直径 65m 的天马望远镜，北京密云有一个直径 50m 的射电望远镜，云南昆明有一个直径 40m 的射电望远镜，它们都是中国科学院天文台系统运行的射电望远镜，FAST 的性能与规模远远超过这些"前辈"。德国波恩有一个 100m 口径的大型射电望远镜，但 FAST 望远镜的观测灵敏度将比它高 10 倍。与美国阿雷西博 350m 望远镜相比，"中国天眼"的综合性能也提高了约 10 倍，FAST 能够接收到 137 亿光年以外的电磁信号，观测范围可达宇宙边缘。

一分钟漫游 FAST
资料来源：视频由中国科普博览授权免费使用

1994 年，时年 49 岁的南仁东抱着 300 多幅地图登上了北京到贵州的绿皮火车，跋涉在沟壑纵横、灌木丛生的贵州喀斯特无人山区，用 11 年的时间走遍了 300 多个候选地，最终选址在平塘县克度镇的大窝凼。FAST

大窝凼洼地位于贵州省的黔南布依族苗族自治州中的平塘县克度镇南面，由岩溶漏斗、落水洞、天坑以及溶洞组成，是罗甸县大小井地下暗河的核心地段，是研究岩溶地区地下暗河和岩溶漏斗发育的典型地区。

工程之所以选在我国贵州省有其特殊的原因：贵州省黔南布依族苗族自治州平塘县克度镇金科村大窝凼地区，是一个典型的喀斯特岩溶洼地。大窝凼的地形就像一个完美的球面，使 FAST 望远镜建造可以减少大量的土石方开挖工程，节约研制建设经费。此外，FAST 反射面并不是一块大镜子，而是由 4450 块面板组成，它的相邻两块面板间存在的空隙也足以保证雨水流下。

雨水集中到望远镜底部后可以通过地下暗河排出，这也是 FAST 望远镜选址喀斯特地区的重要优势。喀斯特地区洞穴系统十分发达，地下河网密布，有利于快速排水。

FAST 建成之后迅速为贵州当地的整体发展提供巨大的契机，成为贵州发展的一个国际化的亮丽名片。首先，在学术方面，FAST 成为国际天文学和大数据等相关领域的学术中心，原因有两点：其一，天文学是重要的基础科学，贵州省在未来会利用 FAST 国际化的科研制备成为天文学的研究中心，逐步增加中国天文学与国外天文学研究之间的交流；其二，2014 年 2 月，贵州省人民政府发布了《贵州省大数据产业发展应用规划纲要（2014—2020 年）》，将大数据产业上升到全省的战略高度，并提出把贵州打造成"具有战略地位的国家西部大数据聚集区和国家云计算产业的厚积薄发高地"。因此，FAST 建成后产生海量的天文数据。FAST 所拥有的庞大的天文数据不仅给天文学家带来了巨大的机遇和挑战，同时也可以带动与大数据相关的研究和产业的发展。同时，FAST 自身也需要解决大数据应用的计算存储、数据处理安全、数据共享交换等关键技术问题。

其次，在经济方面，FAST 的建成在贵州形成独特的科技、人文和自然的奇观，是一笔庞大的发展资源。贵州可以依托 FAST 的地理优势与高铁相结合，多角度设计拓展线路，多层次开辟客源市场，加速贵州旅游走向市场化、国际化的步伐，带动贵州当地旅游文化产业的发展。在距离 FAST 项目直线距离 5km 的克度镇，平塘县已经投资 120 多亿元，按照国家 5A 级景区建设标准打造一个 3km$^2$ 的天文小镇，努力打造集科研科普、旅游、教育、培训、休闲等功能于一体的旅游综合小镇。

最后，在教育方面，FAST 可以提升中国科普活动的水平。FAST 可以立足于对大中小学生和公众开展科普活动，从多个角度宣传贵州区域特色的科技知识，开展天文科学知识普及，提高公众科学文化素质，启发和培养青少年的科学探索精神，FAST 也会让贵州成为西部地区重要的科普教育基地。贵州也可以借此契机将 FAST 打造成为重要的科学宣传新门户，提高贵州公众科学文化素质。

图 2-49　主体工程完成后的 FAST 全景
资料来源：世界最大单口径射电望远镜 FAST 主体工程完工 .http：//www.gov.cn/xinwen/2016-07/03/content_5087805.htm[2021-02-05].

## 捷报初传

FAST 虽然是一项科技工程，但它却是中国在重大科技工程领域综合实力的集中体现。因为 FAST 的建设涉及众多高科技领域，例如天线制造、高精度定位与测量、高品质无线电接收机、传感器网络及智能信息处理、超宽带信息传输、海量数据存储与处理等。如果没有在各个方面过硬的整体实力，FAST 的建造将会困难重重。FAST 的关键技术成果可应用于诸多相关领域，例如大尺度结构工程、公里范围高精度动态测量、大型工业机器人研制以及多波束雷达装置等。FAST 的建设经验将对我国制造技术向信息化、极限化和绿色化的方向发展产生深远的影响。

FAST 之所以被称为"中国天眼"，主要创新点体现在以下三个方面：

第一，利用贵州天然的喀斯特洼坑作为台址；第二，洼坑内铺设数千块单元组成 500m 球冠状主动反射面，在射电电源方向形成 300m 口径瞬时抛物面，使望远镜接收机能与传统抛物面天线一样处在焦点上；第三，采用轻型索拖动机构和并联机器人，实现接收机的高精度定位。预计 FAST 将在未来 20~30 年保持世界一流地位。

FAST 经过 1 年左右的紧张调试，已实现指向、跟踪、漂移扫描等多种观测模式的顺利运行。2017 年 10 月 10 日，FAST 首批成果新闻发布会上宣布成功发现并认证了 2 颗脉冲星，这是中国科学家利用国内自主建设的设备首次发现脉冲星。FAST 的首批成果极为重要的原因是，自 1967 年第一颗脉冲星被发现以来，脉冲星研究一直以来都是科学研究的前沿和热点，而且长盛不衰，被列为 20 世纪 60 年代四大天文发现之一。

国家天文台公布了最早通过认证的分别距离地球 1.6 万光年和 4100 光年的 2 颗脉冲星信息：前者自转周期 1.83s，距离地球约 1.6 万光年；后者自转周期 0.59s，距离地球约 4100 光年，分别由 FAST 于 2017 年 8 月 22 日和 25 日在南天银道面通过漂移扫描发现。截止到 2018 年 10 月，FAST 已探测到 59 颗优质脉冲星候选体，其中有 44 颗得到国际认证，被确认为新发现的脉冲星。搜寻和发现射电脉冲星是 FAST 的核心科学目标。

"中国天眼"怎么体检
资料来源：中国科学院国家天文台

银河系中有大量脉冲星，但由于其信号暗弱，易被人造电磁干扰淹没，目前只观测到一小部分。具有极高灵敏度的 FAST 是发现脉冲星的理想设备，FAST 在调试初期发现脉冲星，得益于卓有成效的早期科学规划和人才、技术储备，初步展示了 FAST 自主创新的科学能力，开启了中国射电波段大科学装置系统产生原创发现的激越时代。未来，FAST 将有望发现更多守时精准的毫秒脉冲星，对脉冲星计时阵探测引力波作出原创性贡献。

# 参考文献

胡明 . 国家重大科技基础设施建设项目管理的规划与组织——以我国 500m 口径球面射电望远镜（FAST）工程为例 [J]. 建设监理，2017（9）：8-12，18.

南仁东 . 500m 口径球面射电望远镜（FAST）[J]. 机械工程学报，2017，53（17）：1-3.

佚名 ."中国天眼"之父南仁东 [J]. 理论与当代，2018（4）：34-36.

张立云，皮青峰 . 500m 口径球面射电望远镜对贵州发展推动 [J]. 中国新技术新产品，2016（1）：8.

# 量子争霸：中国在量子计算机领域的突破

"量子霸权"是国际学术界为量子计算机计算能力发展设立的一个里程碑，其定义是量子计算机的计算能力超越世界上最快的传统计算机，目前包括美国、德国、日本、中国在内的多个国家都在这一领域寻求突破。2017年中国科学院院士潘建伟团队在基于光子和超导体系的量子计算机研究方面取得了系列突破性进展，利用高品质量子点单光子源构建了世界首台超越早期经典计算机的单光子量子计算机，为中国实现"量子霸权"这一目标奠定了坚实的基础。

## 量子计算机的发展历程

科学家对量子计算的关注始于 20 世纪 80 年代。著名的物理学家理查德·费曼曾提出这样两个问题：经典计算机是否能够有效地模拟量子系统？如果我们放弃经典的图灵机模型，是否可以做得更好？费曼由此提出了使用分子或原子材料来代替逻辑门建造计算机的想法，这也是人类第一个利用量子系统进行信息处理的设想。1994 年，皮特·休尔提出了休尔量子分解算法，该算法利用量子计算的并行性可以快速分解得到大整数的质因子，这使量子计算机将很容易完成对密码的破解，对传统的 RSA[ 即瑞福斯特（Rivest）、沙米尔（Shamir）、阿德尔曼（Adleman）三人研究得出的算法 ] 加密极具威胁性。1996 年，洛弗·格罗弗提出了格罗弗算法，该算法在搜索无序数据库最小值中得到应用，使得量子计算在无序数据库中"大海捞针"成为可能。这两种量子算法在特定问题上展现出优于经典算法的巨大优势，这也引起了科技企业对量子计算的重视。

进入 21 世纪，大量科技企业开始涌入量子计算领域，加拿大的 D-Wave 公司率先推动了量子计算机的商业化，此后 IBM、谷歌、微软等科技巨头也开始布局量子计算。2009 年，麻省理工学院的三位科学家联合开发了一种求解线性系统的量子算法 [即哈罗（Harrow）、哈西迪姆（Hassidim）、劳埃德（Lloyd）三人研究得出的算法，简称 HHL 算法]，该算法在特定条件下实现了相较于经典算法有指数加速效果，从而未来能够在机器学习、数值计算等场景有优势体现，是未来量子计算在人工智能领域取得突破的关键性技术。2011 年，加拿大 D-Wave 公司成功开发出世界上第一台量子计算机工作模型机，并完成了样机的测试工作，该处理器的测试系统包含了 128 个超导磁量子比特和 2.4 万个约瑟夫森结装置，使其成为当时最复杂的超导电路。2018 年，谷歌发布了 72 量子位超导量子计算处理器芯片"狐尾松"，该芯片为研究系统错误率和量子比特技术可扩展性，以及量子模拟和机器学习等应用技术的测试平台，并为构建更大规模的量子计算机提供了强有力的原理验证。2019 年，国际

**量子摩尔定律的提出**

2019 年 3 月，国际商业机器公司于美国物理学会会议上发布了量子性能的"摩尔定律"，为了在 10 年内实现量子霸权，需要每年将量子体积至少增加 1 倍，量子体积是国际商业机器公司提出测量量子计算机的强大程度的专用性能指标，其影响因素包括量子比特数、测量误差、电路编译效率等。

商业机器公司发布了 IBM Q System One 量子计算机，提出衡量量子计算进展的专用性能指标——量子体积，并据此提出了"量子摩尔定律"，即量子计算机的量子体积每年增加 1 倍，这也是量子计算在近年飞速发展的写照。

## 潘建伟院士对中国量子计算发展的贡献

在中国量子计算领域，潘建伟院士作出了巨大的贡献。1987 年，潘建伟考入中国科学技术大学近代物理系，在学习的过程中年轻的潘建伟发现微观世界里有很多奇特的现象，与传统的经典规律完全背道而驰。量子力学蕴含的种种奥秘让他着迷。于是在本科毕业后，潘建伟继续留校攻读理论物理硕士学位，研究方向是量子基本理论。随着研究的不断深入，潘建伟认识到量子理论中的各种难题需要尖端实验技术才能验证，而当时国内高校并不具备建造先进量子实验室的能力，因此潘建伟在硕士毕业后选择去国外高校留学。1996 年，潘建伟开始在量子研究重镇奥地利因斯布鲁克大学攻读博士学位，在他与导师塞林格的第一次见面中，塞林格曾询问他的梦想是什么，潘建伟回答道：我要在中国建一个和您的实验室一样的世界领先的量子光学实验室。

当时，塞林格教授正在组织量子信息实验研究的一个国际合作项目，而潘建伟对此并不知情，他正在酝酿着自己的量子实验设想。当潘建伟完成实验方案并向导师展示时，塞林格惊讶地发现潘建伟的想法与正在进行的量子隐形传态实验的想法不谋而合，于是他向潘建伟抛出了橄榄枝，邀请他加入实验团队。几个月后，潘建伟与同事一起在《自然》杂志上发表了首次实现量子隐形传态的论文，这个实验被公认为量子信息实验领域的开山之作，该成果被美国物理学会、欧洲物理学会和《科学》杂志评为年度十大进展，《自然》杂志还将其与伦琴发现 X 射线、爱因斯坦建立相对论等一起选为"百年物理学 21 篇经典论文"。至今，这篇论文仍然是量子信息科学领域被引用次数最多的实验论文。

2001 年，潘建伟践行了自己的诺言，在中国科学技术大学组建了量子物理与量子信息实验室，但由于国内的研究水平和人才储备都很薄弱，潘建伟需要频繁往返中国与欧洲，一边指导国内的研究生建立实验室，一边回到欧洲继续从事合作研究。潘建伟在欧洲从事冷原子量子调控方面的学习与合作研究的同时，通过从国内招收研究生和博士后，选派学生到国际先进小组进行学习培养，完成了国内量子信息技术人才和技术的原始积累。2008 年，潘建伟团队整体回归中国科学技术大学，以陈宇翱、陆朝阳、张强、赵博等为代表的一批优秀青年学者组成了强大的研究阵容。至今，潘建伟团队取得了一系列具有重大影响力的成果：首次实现五光子纠缠和终端开放的量子态隐形传输；首次实现具有存储和读出功能的量子中继器；利用八光子纠缠首次实现拓扑量子纠错；首次实现量子机器学习算法……《自然》杂志报道潘建伟团队在量子计算与量子通信领域成果时评价："在量子通信领域，中国用了不到十年的时间，由一个不起眼的国家发展成为现在的世界劲旅，将领先于欧洲和北美。"

## 中国在量子计算机领域的成果与不足

2017 年 5 月 3 日，中国科学院在上海召开新闻发布会，宣布世界首台超越早期经典计算机的光量子计算机在我国诞生。中国科学院院士潘建伟教授团队在基于光子和超导体系的量子计算机研究方面取得了系列突破性进展。在光学体系方面，该团队在 2016 年首次实现十光子纠缠操纵的基础上，利用高品质量子点单光子源构建了世界首台超越早期经典计算机的单光子量子计算机，为中国实现"量子霸权"这一目标奠定了坚实的基础。在超导体系方面，研究团队打破了之前由谷歌、美国国家航空航天局（NASA）完成的九个超导量子比特操纵，实现了目前世界上最大数目的十个超导量子比特的纠缠，并在超导量子处理器上实现了快速求解线性方程组的量子算法。而且潘建伟认为在不久的将来中国能够实现 100 个量子比特操纵，其计算能力可以达到现在全世界计算能力总和的百万倍。

目前量子计算机是量子物理学界的研究热点，相较于传统计算机通过控制晶体管电压的高低电平决定一个数据到底是"0"还是"1"从而进行串行处理，量子计算机使用的量子叠加能够让一个量子比特同时具备"0"和"1"的两种状态，其使用的量子纠缠能让一个量子比特与空间上独立的其他量子比特共享自身状态，从而实现量子并行计算，其计算能力可随着量子比特位数的增加呈指数增长。各国科学家在量子计算机领域设计了多种技术实现路径，目前光量子计算机、超冷原子量子计算机和超导量子计算机这三种技术线路在发展上较为领先。潘建伟团队在 2017 年发布的量子计算机成果，其实分为两类，分别属于光量子计算机和超导量子计算机范畴。

在光量子计算机方面，潘建伟团队利用自主研发的量子点单光子源并通过电控可编程光量子线路，构建了针对多光子"玻色取样"任务的光量子计算原型机。实验测试表明，该原型机的"玻色取样"不仅比之前国际上

> **什么是量子叠加态？**
>
> 量子叠加态是指量子位既可以是"0"又可以是"1"的状态，这一状态下"0"态和"1"态各以一定的概率同时存在，任何两态的量子系统都可用来实现量子位，如氢原子中的电子的基态和第一激发态、圆偏振光的左旋和右旋等。

类似实验提速至少 24 000 倍，同时在和经典算法的比较之中，也比人类历史上第一台电子管计算机和第一台晶体管计算机运行速度快 10~100 倍。该光量子计算原型机是人类历史上第一台超越早期经典计算机的基于单光子的量子模拟机，为最终实现"量子称霸"的目标奠定了坚实的基础。在超导量子计算机方面，潘建伟团队研发了 10 比特超导量子线路样品，通过高精度脉冲控制和全局纠缠操作，成功实现了目前世界上最大数目的超导量子比特的多体纯纠缠，并通过层析测量方法完整地刻画了 10 比特量子态。潘建伟团队进一步利用超导量子线路演示了求解线性方程组的量子算法，证明了通过量子计算的并行性加速求解线性方程组的可行性。2020 年 12 月 4 日，潘建伟团队成功构建 76 个光子的量子计算原型机"九章"，求解 5000 万个样本的高斯玻色取样只需 200s，而目前世界最快的超级计算机"富岳"则需 6 亿年。这一突破使中国成为全球第二个实现"量子优越性"的国家。

我国政府也十分重视量子信息技术的发展，在《国家中长期科学和技术发展规划纲要（2006-2020 年）》中将"量子调控研究"列为四个重大科学研究计划之一，给予量子信息技术稳定的研究支持。量子计算技术在海量信息处理、重大科学问题研究等领域发挥关键性作用，对国家的经济、科技、

图 2-50　"九章"的光量子干涉装置
资料来源：徐海涛，周畅 . 最快！我国量子计算机实现算力全球领先 . http://www.xinhuanet.com/2020-12/04/c_1126818952.htm?baike［2021-02-05］.

军事和信息安全等领域产生巨大影响。然而实用化量子计算机的研制是一个系统工程，既要以量子物理为基础进行量子算法的原理性创新，又要在材料体系、结构工艺、系统构架等工程技术方面取得创新和积累。中国在现代工艺技术上基础薄弱，核心电子器件、高端通用芯片、基础软件、大规模集成电路制造装备等方面长期落后于西方发达国家。虽然经过近几年不懈努力，我们在量子点单光子源和超导量子比特研究中取得了一系列重大突破，在某些方面达到了世界一流水平，但是整体上与国际领先水平还存在一定差距。量子争霸，任重道远。

# 参考文献

郭光灿 . 量子十问之六：量子计算，这可是一个颠覆性的新技术 [J]. 物理，2019，48（3）：189-192.

李陈续，刘爱华 . 潘建伟：量子世界的"中国耕者"[N]. 光明日报，2015-06-02（1）.

新华网 . 里程碑式突破！——潘建伟团队解说"九章"量子计算机 [EB/OL]. http：//www. xinhuanet.com/2020-12/04/c_1126822540. htm[2020-12-01].

中国科学院 . 世界首台超越早期经典计算机的光量子计算机在我国诞生 [EB/OL]. http：// www.gov.cn/xinwen/2017-05/03/content_5190598. htm[2020-12-01].

# 未来之钥：人工智能在中国的崛起与前瞻

得益于深度学习和大数据的发展，人工智能自 2011 年开始在全球范围又一次呈现全面的繁荣。2019 年 8 月，《自然》杂志发表文章《2030 年中国人工智能可以引领世界吗？》（"Will China Lead the World in AI by 2030？"），立即引起强烈反响。2015 年，集成电路进口额首次超过石油而成为中国第一大宗进口商品，才开启了中国的人工智能元年。中国在这一领域起步较晚，且发展又几经沉浮，为何短短数年内就能在高影响力论文、人才和治理方面追赶上美国？目前人工智能技术已在金融、医疗、安防等多个应用场景实现落地，各国政府、资本、业界都竞相争夺该领域的前沿阵地。面对这一当下人类社会最为重要的深刻变革，中国将如何回应外界的质疑与期待？

## 人工智能的前两次浪潮及其在中国的早期发展

在迎来本次发展热潮之前，人工智能技术已经经历了两次起落。20 世纪 60~70 年代，是人工智能的第一次兴起时期，在定理机器证明、问题求解、列表处理语言（LISP）、模式识别等关键领域取得了重大突破。1974~1980 年，通过计算机来实现机器化的逻辑推理证明最终没能实现，人工智能技术的不成熟和人们对巨额投资未能产生预期收益的失望，使其进入第一次低谷。1981 年日本宣告要开始研发第五代计算机，引起美国、欧洲、苏联等国家和地区在 20 世纪 80 年代中期相继再次立项支持人工智能研究。随着知识工程等机器学习方法的改进，人工智能进入第二次繁荣期。1987~1993 年，研究者试图通过建立基于计算机的专家系统来解决问题，但是由于数据较少并且太局限于经验知识和规则，难以构筑有效的系统，资本和政府支持再次撤出，人工智能迎来第二次低谷。

> 明晰人工智能的定义与内涵是了解它的前提。目前人工智能的定义主要集中于对人类思考的模拟以及理性的思考两方面，尚未统一。人工智能的研究领域涉猎广泛，既包含通用的任务如学习、识别和感知 [ 即通用智能（general intelligence）]，也包含需要强大专业知识的特定任务如下国际象棋、诊断疾病、驾驶汽车等 [ 即专用智能（narrow intelligence）]。

中国在人工智能方面最早的应用大致与世界的发展趋势是同步的。1956 年 5 月，我国第一台电子模拟计算机"复旦 601 型电子积分机"研制成功。1958 年哈尔滨工业大学陈光熙、吴忠明、李仲荣等人领导研制成功了中国第一台会说话、会下棋的专用数字电子计算机。1958 年在马大猷教授的带领下，国内开始了自动语音识别的研究，并在 1959 年建成了汉语 10 个元音的识别装置。

然而，人工智能历史上的前两次浪潮起落中难觅中国的身影，这也正是其早期在中国处境艰难的反映。20 世纪 50 年代，受到苏联官方将人工智能斥为"资产阶级的反动伪科学"的影响，中国几乎无人涉猎这一领域。60~70 年代，苏联放开对"人工智能"的研究，又因中苏交恶，研究继续停滞。70 年代末期，形势稍有好转，如吴文俊提出的"几何定理机器证明"获得 1978 年全国科学大会重大科技成果奖；中国人工智能学会（CAAI）于 1981 年 9 月在长沙成立。但遗憾的是这一领域很快又走上弯路，一些研究者将人工智能与"特异功能"混淆，导致社会上把二者捆绑在一起斥为"伪科学"。迟至 1984 年一二月，邓小平在深圳和上海观看儿童与电脑下棋时指示"电脑要从娃娃抓起"，人工智能研究在中国的境遇才有所好转。

在 20 世纪 90 年代和 21 世纪的第一个十年，人工智能相关技术研发一般被合并在计算机、自动化等学科中，较少被独立提出。这期间一些基础性的工作得以开展，如 1986 年智能计算机系统、智能机器人和智能信息处理等重大项目被列入"863 计划"；1989 年召开了首次中国人工智能联合会议；等等。进入 21 世纪后，中国在视觉与听觉的认知计算、中文智能搜索引擎关键技术、语音识别等课题研究中取得了不俗的成绩，这些成果为我国能在第三次人工智能浪潮中把握机会奠定了基础。

## 第三次浪潮中的中国人工智能

2006 年，在加拿大计算机学家辛顿（G. E. Hinton）和他为数不多的学生的推动下，深度学习开始备受关注。经过几十年的积累，大数据和计算能力已经具备可观条件，深度学习使得语音图像的智能识别和理解取得惊人进展，从而推动人工智能和人机交互大踏步前进，掀起了第三次人工智能复兴浪潮。受益于深度学习算法、计算机视觉、自然语言处理以及大数据等关键技术的突破和资本市场的积极参与，中国人工智能产业迎来爆发式增长。

在产业发展上，根据中国新一代人工智能发展战略研究院的数据，中国人工智能企业数量从 2012 年开始迅速增长，截至 2019 年 2 月，中国人工智能企业数量共有 745 家，总量排名世界第二，仅次于美国。在专利数据方面，世界知识产权

> 深度学习是学习样本数据的内在规律和表示层次，使机器模仿视听和思考等人类的活动，解决了很多复杂的模式识别难题，使得人工智能相关技术取得了很大进步。它的最终目标是让机器能够像人一样具有分析学习能力，能够识别文字、图像和声音等数据。

组织（WIPO）的数据显示，2018 年，中国人工智能专利数量（全球占比 37%）领先美国和日本，成为全球人工智能专利最领先的国家。在论文发表方面，《中国新一代人工智能科技产业发展报告（2019）》指出，2013~2018 年，全球人工智能领域的论文文献产出共 30.5 万篇；其中，中国发表 7.4 万篇，居全球最高；美国发表 5.2 万篇，为全球第二。

中国能在本次人工智能浪潮中勇立潮头，首先是缘于过往 20 年中国互联网的蓬勃发展，让人们日益深刻地认知和领悟到计算机和网络所带来的创新收益，人工智能本质上是计算机科学的一部分，因此它能较快转化为适应中国市场需求的技术研发体系和产品制造模式。其次是中国的宏观环境优势，在巨大的数据源，强大社会资源动员、集中与运转成功经验，网络设施的演进等方面都有着得天独厚的优势。最后，最为关键的是中国在培育人工智能方面不断出台新政策、新举措，红利不断释放，在前瞻政策引导下，作为市场主体的众多企业也纷纷加快了在人工智能领域的布局。

图 2-51 2016 年 3 月 9~15 日在韩国首尔进行的五番棋比赛中阿尔法围棋以总比分 4：1 战胜李世石
资料来源：人机大战 李世石 1-4 "阿尔法围棋".http：//www.xinhuanet.com/sports/rjdz/index.htm[2021-02-05].

## 中国人工智能的前瞻布局

2014 年 6 月 9 日，习近平总书记在中国科学院第十七次院士大会、中国工程院第十二次院士大会开幕式上发表重要讲话强调："由于大数据、云计算、移动互联网等新一代信息技术同机器人技术相互融合步伐加快，3D 打印、人工智能迅猛发展，制造机器人的软硬件技术日趋成熟，成本不断降低，性能不断提升，军用无人机、自动驾驶汽车、家政服务机器人已经成为现实，有的人工智能机器人已具有相当程度的自主思维和学习能力。……我们要审时度势、全盘考虑、抓紧谋划、扎实推进。"这是党和国家最高领导人首次对人工智能和相关智能技术做出高度评价，为人工智能上升为国家战略打下了基础。

2015 年至今，中国在国家层面发布了一系列涉及人工智能发展的政策（表 2-2），从人工智能基础技术的发展，到未来应用场景（如机器人、智能制造）和支撑技术（如深度学习等），再到人工智能人才培养、技术与社会经济产业的结合价值，等等，涉及这一领域的全产业链。

表 2-2　中国人工智能前瞻布局政策一览

| 时间 | 政策名称 | 主要内容 |
|---|---|---|
| 2015 年 5 月 | 《中国制造 2025》 | 发展智能装备、智能产品和生产过程智能化 |
| 2015 年 7 月 | 《国务院关于积极推进互联网＋行动的指导意见》 | 促进人工智能在智能家居、智能终端、智能汽车、机器人等领域的推广应用，培育若干引领全球人工智能发展的骨干企业和创新团队 |
| 2016 年 3 月 | 《中华人民共和国国民经济和社会发展第十三个五年规划纲要》 | 人工智能写入"十三五"规划纲要 |
| 2016 年 4 月 | 《机器人产业发展规划（2016—2020 年）》 | 到 2020 年，自主品牌工业机器人年产量达到 10 万台，六轴以上工业机器人年产量达到 5 万台以上 |
| 2016 年 7 月 | 《"十三五"国家科技创新规划》 | 实现类人视觉、类人听觉、类人语言处理和类人思维，资产智能产业的发展 |
| 2016 年 9 月 | 《智能硬件行业创新发展专项行动（2016—2018 年）》 | 重点发展可穿戴设备、智能车载设备、智能医疗健康设备、智能服务机器人、工业级智能硬件设备等 |
| 2017 年 3 月 | 《"十三五"国家战略性新兴产业发展规划》 | 新增"人工智能 2.0"，人工智能进一步上升为国家战略；"人工智能"首次被写入全国政府工作报告 |
| 2017 年 7 月 | 《新一代人工智能发展规划》 | 构建包含智能学习、交互式学习的新型教育模式体系，推动人工智能在教学、管理、资源建设等全流程应用，中小学设置人工智能教程、推广变成教育，高校增加硕博培养形成"人工智能＋X"模式和普及智能交互式教育开放研发平台 |
| 2017 年 10 月 | 十九大报告 | 推动互联网、大数据、人工智能和实体经济深度融合 |
| 2017 年 12 月 | 《促进新一代人工智能产业发展三年行动计划（2018—2020 年）》 | 以新一代人工智能技术产业化和集成应用为重点，推动人工智能实体经济深度融合 |
| 2018 年 4 月 | 《教育信息化 2.0 行动计划》 | 推动人工智能在教学、管理等方面的全流程应用，利用智能技术加快推动人才培养模式、教学方法改革，探索泛在、灵活、智能的教育教学新环境建设与应用模式 |
| 2019 年 1 月 | 《中国教育现代化 2035》 | 创新教育服务业态，建立数字教育资源共建共享机制，完善利益分配机制、知识产权保护制度和新型教育服务监管制度 |

## 中国人工智能发展展望

《自然》杂志指出，中国已成为世界第二大经济体，并正在经历从资源驱动型为主导的发展模式向创新驱动为主导的新兴模式转型升级。人工智能则被视为推进转型升级的新动能。但是，中国人工智能整体发展水平与发达国家相比仍存在差距。例如牛津大学的报告《解密中国 AI 梦》指出，中国人工智能研究缺少重大原创成果，无法自主制造高端芯片，综合潜力指数只有美国的 1/2；且中国除了在数据方面有明显优势外，在硬件和算法等基础研究领域还有很大差距。

人工智能产业的发展成败关系到中国以何种姿态迈进新一轮技术革命的时代。展望未来，中国人工智能的发展前景向好，在基础设施、法律政策环境、5G 网络、车联网以及市场规模等方面，都拥有独特的优势。中国应当充分发挥和利用前述优势，尊重与探索人工智能发展规律，缩小已有差距，从而支撑人工智能的产业化与科技化发展。

# 参考文献

《中国人工智能系列白皮书》编委会 . 中国人工智能系列白皮书：世界人工智能 . 北京：中国人工智能学会，2019.

德勤 . 全球人工智能发展白皮书（2019 版）.https://www2.deloitte.com/content/dam/Deloitte/cn/Documents/technology-media-

telecommunications/deloitte-cn-tmt-ai-report-zh-190919.
pdf[2020-12-01].

蔡自兴. 中国人工智能 40 年 [J]. 科技导报，2016，34（15）：12-32.

新一代人工智能发展战略研究院. 中国新一代人工智能科技产业发展报告
（2019）[R]. 北京：科技部新一代人工智能发展研究中心，2019.

# 中华玉宇：建造先进的空间站实验室

空间站是人类进行太空探索的中转站，也是人类步入太空的踏脚石。同时，深空技术领域对于每个国家而言也具有极其重要的价值。现在与未来，都是人类的太空时代，在太空领域占取先机，是一个强大国家在保护自身利益方面不可忽视的问题。着眼未来，空间站将是太空探索中的重要一步，只有将空间站的应用与后续的载人航天目标结合起来，才能充分利用好空间站资源，更好地发挥效益，起到承上启下的作用。中国如果想要在深空技术领域占有一席之地，那么建造中国人自己的空间站势在必行。

## 从"载人航天工程"到"天宫一号"

20 世纪 90 年代初，我国在航天领域就提出了建造中国空间站的设想。1992 年 9 月 21 日，中共中央政治局常委会批准我国载人航天工程按"三步走"发展战略实施：第一步，发射载人飞船，建成初步配套的试验性载人飞船工程，开展空间应用实验；第二步，突破航天员出舱活动技术、空间飞行器的交会对接技术，发射空间实验室，解决有一定规模的、短期有人照料的空间应用问题；第三步，建造空间站，解决有较大规模的、长期有人照料的空间应用问题。从"三步走"发展战略中可以清晰看出，从目标飞行器到空间站实验室再到空间站，中国航天人正在朝着宏伟的目标前进。

2010 年 9 月 25 日，中央批准实施空间站工程。在"神舟飞船"技术成熟之后，发射目标飞行器就成为中国航天人的下一项任务。2011年9月29日，"天宫一号"目标飞行器由"长征二号FT1"运载火箭送入太空，这标志着中国已经拥有建设初步空间站的能力。"天宫一号"全长10.4m，最大直径3.35m，由实验舱和资源舱构成。令全国人民对"天宫一号"记忆犹新的是，我国航天员在太空中现场教学引发无数国人的关注与称赞。

2013年6月20日10点04分至10点55分，"神舟十号"航天员在太空中的"天宫一号"进行了我国首次太空授课活动，并取得圆满成功。这是中国最高的讲台，在远离地面300多千米的"天宫一号"上，"神舟十号"航天员聂海胜、张晓光、王亚平为全国青少年带来神奇的太空一课。此次太空授课主要面向中小学生，航天员在太空进行了质量测量、单摆运动、陀螺运动、制作水膜和水球五项微重力环境下的物理实验，使中小学生和全国观众了解微重力条件下物体运动的特点、液体表面张力的作用，加深了对质量、重量以及牛顿第二定律等基本物理概念的理解。航天员除进行在轨讲解和实验演示外，还与地面师生进行了双向互动交流。这次太空教学极大地激发了我国青少年追求科学的热情，极大地提升了民族自信心。

2014年9月10日，全国政协委员、中国载人航天工程办公室副主任、航天员杨利伟骄傲地告诉世界：中国将在2022年前后完成空间站的建造。我国载人航天工程按照"三步走"发展战略推进实施。在2005年完成第一步任务目标后，以2017年"天舟一号"飞行任务结束为标志，工程第二步任务目标全部完成，我国载人航天工程全面进入空间站研制建设的新阶段。2018年4月2日，"天宫一号"目标飞行器已再入大气层，再入落区位于南太平洋中部区域，绝大部分器件在再入大气层过程中烧蚀销毁。

作为空间实验室的"天宫二号"与"天宫一号"具有实质性的区别，"天宫二号"是我国打造的第一个真正意义上的空间实验室。"天宫二号"空间实验室是在"天宫一号"目标飞行器备份产品的基础上改进研制而成的。顾名思义,空间实验室是用于开展各类空间科学实验的实验室。它的建设过程是先发射无人空间实验室,然后再用运载火箭将载人飞船送入太空,与停留在轨道上的实验室交会对接,航天员从飞船的附加段进入空间实验室,开展工作。

"天宫二号"于 2016 年 9 月 15 日成功发射,由实验舱和资源舱两舱构成,设计在轨寿命 2 年。随着"天宫二号"的顺利升空,中国空间站建设的大幕正式拉开。2016 年 10 月 19 日,"神舟十一号"载人飞船与"天宫二号"空间实验室成功实现自动交会对接。6 时 32 分,航天员景海鹏、陈冬先后进入"天宫二号"空间实验室。中国空间技术研究院"天宫二号"总设计师朱枞鹏介绍:空间实验室相当于太空中的实验平台,它是真正意义上的空间实验室。"天宫二号"主要开展地球观测和空间地球系统科学、空间应用新技术、空间技术和航天医学等领域的应用与试验。

地球系统指由大气圈、水圈、陆圈和生物圈组成的有机整体。地球系统科学就是研究组成地球系统的这些子系统之间相互联系、相互作用中运转的机制,以及地球系统变化的规律和控制这些变化的机理,从而为全球环境变化预测奠定科学基础,并为地球系统的科学管理提供依据。地球系统科学研究的空间范围从地心到地球外层空间,时间尺度从几百年到几百万年。

通过"天宫二号",我国首次系统开展航天员在轨中期驻留载人宜居环境设计工作,在有限的组合体空间内,集成了内部装饰、舱内活动空间规划、视觉环境与照明、废弃物处理、物品管理、无线视频通话等宜居技术。随着"天宫二号"飞行任务圆满收官，我国载人航天工程第三步任务——空间站工程已全面展开，各项研制建设工作正稳步推进。"天宫一号"和"天宫二号"为建成中国空间站奠定了坚实的基础。在 2018 年 9 月 26 日于北京举办的载人航天工程应用成果情况介绍会上，"天宫二号"空间实验室运营管理委员会研究决定："天宫二号"在轨飞行至 2019 年 7 月，之后受控离轨。

## 剑指"中国空间站"

2017 年 4 月 20 日，"天舟一号"货运飞船顺利升空，为中国空间站组装建造和长期运营的能源供给扫清了障碍，使中国成为世界上第三个独立掌握这一关键技术的国家。2018 年 3 月 3 日，杨利伟在全国政协十三届一次会议首场"委员通道"上表示：中国载人航天工程全面转入空间站建造阶段，进入空间站时代。经过 25 年的艰苦努力，我国突破并掌握了天地往返、航天员出舱、交会对接三大基本技术，具备了建造空间站的能力。中国空间站的核心舱命名为"天和"，它是空间站的管理和控制中心，负责空间站组合体的统一管理和控制。这振奋人心的宣言凝聚着众多中国人的航天梦想。

中国为什么要坚定地建造自己的空间站？全国政协委员、中国载人航天工程总设计师周建平做出了明确的回答：中国航天人从零开始探索中国空间站建设，攻克了很多从未遇到过的问题。因为，你买不来别人的航天技术、买不来先进技术，或者即使买了，也可能不可控。在未来航天领域的激烈竞争中，拥有自己的空间站是我们唯一的选择。如果说空间实验室是建设空间站的过渡，那么空间站则是走向更远空间的跳板。当我们的目光转向地月空间、火星乃至更远的地方，空间站是解决人类在空间长期生存、工作及研发新的

"长征五号 B"运载火箭是以"长征五号"火箭为基础进行改进研制的运载火箭，是中国近地轨道运载能力最大的新一代运载火箭，全箭总长 53.7m，起飞重量 837.5t，近地轨道运载能力大于 22t。

空间飞行器技术的最佳验证平台。因此，建造中国空间站是我国航天领域的重大战略性目标。

我国空间站飞行任务拉开序幕，在 2019 年下半年，空间站核心舱、"长征五号 B"运载火箭和首飞载荷先后运往文昌航天发射场，进行发射场合练。在 2020 年之后，建成和运营近地载人空间站，使我国成为独立掌握近地空间长期载人飞行技术，具备长期开展近地空间有人参与科学技术试验和综合开发利用太空资源能力的国家。

周建平曾在接受记者采访时讲述了"空间站时代"的整体规划：中国空间站基本构型由一个核心舱和两个实验舱组成，这三个舱每个都重达 20t 以上。这种三舱构型可以对接两艘载人飞船、一艘货运飞船。我们计划在 2020 年之后发射空间站试验核心舱。周建平还指出：空间站的常态化模式是 3 名航天员长期飞行，乘组定期轮换。轮换期间，最多有 6 名航天员同时在空间站工作，完成交接后，前一个乘组再乘坐飞船返回地球。建设具有国际先进水平的空间站，解决有较大规模的、长期有人照料的空间应用问题，是我国载人航天工程"三步走"发展战略中第三步的任务目标。按计划，空间站将于 2022 年前后建成，是我国长期在轨稳定运行的国家太空实验室，将全面提升我国载人航天综合应用效益水平。

许多国家的媒体已经关注到，目前唯一在轨的国际空间站将于 2024 年左右退役。届时，中国将成为唯一拥有在轨空间站的国家。那么，中国空间

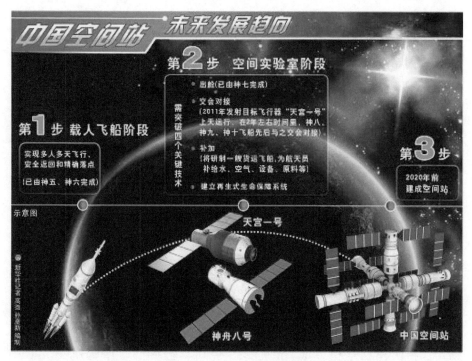

图 2-52　中国空间站的构想图

资料来源：中国空间站未来发展趋向.http：//www.gov.cn/jrzg/2011-09/27/content_1957923. htm[2021-02-05].

站由谁来使用？周建平重申：中国的空间站既是为中国科学家，也是为全球科学家提供的科学探索平台，他确信空间站里将涌现出更多的科学成果，有望揭示宇宙的诸多奥秘。实际上，我国载人航天领域的国际合作早已呈现出良好的发展态势，在"神舟七号"任务中，与俄罗斯进行了舱外航天服技术方面的合作。在交会对接任务中已安排了中德合作的空间细胞实验项目，而我国第一位航天人杨利伟早就告诉世界：中国早在首次载人航天飞行中，就搭载了联合国的旗帜。这也表现了中国人在太空探索的过程中向其他国家展示出友好的合作诚意。

# 参考文献

陈善广，陈金盾，姜国华，等 . 我国载人航天成就与空间站建设 [J]. 航天医学与医学工程，2012（12）：391-396.

邓薇 . 天宫二号——中国首个真正意义上的空间实验室 [J]. 卫星应用，2016（10）：81-82.

杨华星，赵金才，高莉，等 . 空间实验室与中国载人空间站 [J]. 科学，2017，69（4）：1-3.

杨吉 . 将天宫二号打造成"最忙碌"空间实验室 [J]. 中国航天，2016（11）：11-12.

# 联通天下：从"时代的 5G"到"5G 的时代"

如果要问近几年在世界科技领域内谁是最耀眼的明星，第 5 代移动通信（5G）将会毫无争议地当选！世界各个科技强国都将 5G 视为下一代通信技术的制高点。换言之，5G 正在全球各地生根发芽，如火如荼，势不可当。我们也可以通过世界移动通信大会来管中窥豹：在 2019 年 2 月 25 日开幕的 2019 年世界移动通信大会上，全球各大手机厂商争相发布旗下首款 5G 手机，直接将 5G 作为主题关键词的论坛和研讨会超过 20 场。对于我们而言，5G 不仅增加了人们在日常生活中的便利，更重要的是它在未来会极大地推动中国的经济发展。在建设"数字中国"的过程中 5G 不可或缺，它将继续吹响新时代科技成就中国的号角。

## 5G 崭露头角

有人称 2019 年是 5G 商用的元年，自元月开始，5G 网络就逐渐拉开神秘幕布，关于 5G 的相关话题与报道就频频出现在民众视野中。5G 技术的应用首先在视频的传输上让人耳目一新。在 2019 年春节联欢晚会上，中央广播电视总台携手中国电信、中国移动、中国联通三大电信运营商以及厂商，成功实现了基于 5G 网络的 4K 超高清直播，不仅创造了春晚举办 37 年来的"第一次"，更充分彰显了 5G 技术的魅力。2019 年 3 月 5~15 日全国两会在北京召开。电信运营商一如既往地给予两会最为周密的通信保障服务。与往年不同的是，2019 年有了新技术的加入，5G 信号覆盖两会新闻中心，中央广播电视总台首次实现了 5G+4K+ 虚拟现实（VR）直播，把浓厚的科技感带上两会。

5G 技术的又一个亮点就是在医疗领域的应用。2019 年 3 月 16 日，位于中国人民解放军总医院海南分院的神经外科主任医师凌至培，通过中国移动 5G 网络实时传送的高清视频画面，跨越近 3000km 远程操控手术 3h，成功为身处北京的中国人民解放军总医院的一位患者完成了"脑起搏器"植入手术。这是中国移动携手中国人民解放军总医院开展的全国首例基于 5G 的远程人体手术。2019 年 4 月 1 日，广东省第二人民医院完成省内首次端到端双向 5G+4K 远程手术直播，让远在 200km 外的基层医生看到了身临其境、纤毫毕现的"示教大片"。这是广东首例 5G 远程外科手术直播，也是广东在"互联网 + 医疗健康"与健康扶贫上的又一新举措。

通过上述实例可以看到，5G 技术已经在人们日常生活中崭露头角，而随着技术的不断升级与相应政策的颁布，5G 将在未来大有可为。2018 年 11 月 21 日，重庆首个 5G 连续覆盖试验区建设完成。5G 远程驾驶、5G 无人机、虚拟现实等多项 5G 应用同时亮相。2019 年 1 月，四川移动在成都地铁 10 号线太平园站开通全国首个 5G 地铁站。此后，四川移动联手成都地铁、中国铁塔股份有限公司四川省分公司及华为技术有限公司（简称华为公司）成功完成了地铁 10 号线从太平园站往簇锦站方向轨行区的 5G 测试验证，建成了全球首条 5G 地铁轨行区线路。

2019 年 2 月 18 日，"全国首个 5G 火车站"在上海虹桥站启动建设。

这一消息在各大媒体平台广泛传播，再度引爆公众对 5G 的关注。5G 网络入驻年发送旅客超 6000 万人次的大型高铁枢纽站，成为当下距离普通民众最近的场景之一。2019 年 3 月 30 日，全国首个行政区域 5G 网络在上海建成，随着首个 5G 手机通话的拨通，上海也成为全国首个中国移动 5G 试用城市。随着未来通信基础设施的升级与改造，5G 会逐渐进入寻常百姓家，为人类的生活提供更多的便利与舒适。

## 5G 时代的世界与中国

对 5G 的重视与研发，各个国家早就摩拳擦掌。早在 2013 年 2 月，欧盟宣布将拨款 5000 万欧元用于加快 5G 移动技术的发展，计划到 2020 年推出成熟的标准。2013 年 5 月 13 日，韩国三星电子有限公司宣布已成功开发出第 5 代移动通信的核心技术。2015 年 3 月 3 日，欧盟数字经济和社会委员古泽·奥廷格正式公布了欧盟的 5G 公司合作愿景，力求确保欧洲在下一代移动技术全球标准中的话语权。

而从 2018 年开始，5G 已经在国际重大的体育赛事上发挥作用。2018年 2 月，韩国在平昌冬奥会上采用 5G 技术进行同步直播，是全球首次 5G 大规模应用，互动时间切片、360 度 VR 直播、自动驾驶等多项基于 5G 技术的应用给用户带来全新体验。

与此同时，俄罗斯"数字化经济"非营利组织信息基础设施工作组同意建立 5G 网络的投资计划。2018 年 12 月，高通公司宣布推出首款商用 5G 移动平台——Qualcomm 骁龙 855 移动平台。2019 年 2 月 20 日，韩国副总理兼企划财政部部长洪南基讲道：2019 年 3 月末，韩国在全球首次实现 5G 的商用。2019 年 2 月，日本首次使用 5G 网络在公共道路上远程控制无人驾驶汽车。全球移动通信系统协会预测，到 2025 年全球 5G 连接数量将达 14 亿个，广博的市场为 5G 技术提供了巨大的发展空间。面对世界各国争相投入 5G 的研发，中国通信技术的发展可以说是从跟跑者向领跑者角色的转变。改革开放以来，中国在通信技术领域内取得了令人瞩目的进步，但起初我国的通信技术起步晚于西方国家。

中国人在 5G 领域的努力终于得到丰硕的回报。在 3GPP RAN1 87 次会议的 5G 短码方案讨论中，经过艰苦卓绝的努力和万分残酷的竞争，中国华为公司主推的极化码（polar code）方案，成为 5G 控制信道 eMBB 场景编码方案。这就意味着在即将到来的 5G 时代，中国通信核心技术站到了世界技术制高点！这标志着中国通信标准在世界标准中实现了从一位追随者到引领者的伟大跨越。这是通信史上举世瞩目的成就，也将成为中国实现科技强国战略目标的重大突破。

中国华为技术有限公司，成立于 1987 年，其总部位于广东省深圳市龙岗区。华为公司是全球领先的信息与通信技术解决方案供应商，专注于信息与通信技术（ICT）领域，坚持稳健经营、持续创新、开放合作，在电信运营商、企业、终端和云计算等领域构筑了端到端的解决方案优势，为运营商客户、企业客户和消费者提供有竞争力的 ICT 解决方案、产品和服务，并致力于实现未来信息社会、构建更美好的全联结世界。

图 2-53　2020 年 10 月 12 日，在位于新疆昌吉回族自治州准东经济技术开发区的 ±1100kV 昌吉换流站，检修人员操作巡逻机器人进行低空监控

资料来源：5G 技术护航疆电东送大动脉年度"体检".http://www.gov.cn/xinwen/2020-10/12/content_5550760.htm#1[2021-02-05].

## 国际合作与未来展望

2019 年 5 月 30 日，英国主要电信运营商 EE 公司在英国 6 个城市开通 5G 服务，这是英国首个正式启用的 5G 服务。EE 公司的 5G 服务首先在伦敦、卡迪夫、爱丁堡、贝尔法斯特、伯明翰以及曼彻斯特这 6 个英国主要城市开通，接下来还会陆续在布里斯托尔、利物浦等其他 10 个城市开通。EE 公司表示，该公司的 5G 网络是基于现有的 4G 网络，选择新服务的用户将能同时接入 4G 和 5G 网络，即便在最拥挤的区域也能获得非常好的联网体验。英国 EE 公司首席执行官马克·阿莱拉说：在遍布英国的电信网络的基础设施中，华为的设备是重要的组成部分，我们使用的也是华为的设备。从英国的 5G 使用来看，华为通过自己的努力让英国电信商肯定了中国通信技术的进步。

根据 3GPP 公布的 5G 网络标准制定进程，2019 年 12 月，各种通信设备商和电信运营商完成满足国际电信联盟全部要求的完整的 5G 标准。所以，5G 对于我们而言不是将来时，而是进行时！工业和信息化部于 2019 年 6 月 6 日正式向中国电信、中国移动、中国联通、中国广电发放 5G 商用牌照。至此，我国正式进入 5G 商用元年。值得注意的是，中国广电成为除三大基础电信运营商外，又一个获得 5G 商用牌照的企业。工业和信息化部部长苗圩表示：5G 支撑应用场景由移动互联网向移动物联网拓展，将构建起高速、移动、安全、泛在的新一代信息基础设施。与此同时，5G 将加速许多行业的数字化转型，并且更多用于工业互联网、车联网等，拓展大市场，带来新机遇，有力支撑数字经济蓬勃发展。

> 国际电信联盟是联合国的一个重要专门机构，也是联合国机构中历史最长的一个国际组织。国际电信联盟是主管信息通信技术事务的联合国机构，负责分配和管理全球无线电频谱与卫星轨道资源，制定全球电信标准，向发展中国家提供电信援助，促进全球电信发展。

中国信息通信研究院《5G 产业经济贡献》认为：预计 2020~2025 年，我国 5G 商用直接带动的经济总产出达 10.6 万亿元，5G 将直接创造超过 300 万个就业岗位。多年来，我国企业积极参与全球通信标准组织、网络建设和产业推动，为全球移动通信产业的发展作出贡献。我国在 5G 的研究、推进过程中，也吸纳了全球的智慧。诺基亚大中华区总裁马博策表示：将一如既往坚定地支持中国通信产业的发展，借鉴诺基亚与中国运营商及其他合作伙伴共同实现 TD-LTE 全球化的成功经验，支持中国在全球 5G 生态系统中发挥更重要的作用。

工业和信息化部表示，我国将一如既往地欢迎国外企业积极参与我国 5G 网络建设和应用推广，共谋 5G 发展和创新，共同分享我国 5G 发展成果。显然，在 5G 建设方面，中国展现出与其他国家共同合作与分享的诚意。人类对于移动通信技术的研发与需求一刻也没有停歇。5G 方兴未艾，6G 已经进入各国科技专家讨论的范围之内了。第六代移动通信技术的相关概念已经在萌芽之中，而中国也丝毫没有停留在已经取得的成功之上。2018 年 3 月，工业和信息化部部长苗圩接受中央电视台采访时透露：我们已经开始着手研究 6G，也就是第六代移动通信。除了中国，美国、俄罗斯、欧盟等国家和地区也在进行相关的概念设计和研发工作。在科技强国的历史背景下，无论是 5G 还是 6G 或是更先进的通信技术，中国人通过努力与创新必定会在不远的将来创造出自己的时代！

# 参考文献

北大科技园创新研究院 . 5G 产业发展现状及趋势浅析 [J]. 科技中国，2019（4）：56-64.

来逸晨，唐骏垚 . 5G 将这样改变世界 [J]. 决策探索，2019（5）：42-43.

刘瑞明 . 5G——"互联网 +" 的基础设施 [J]. 智能城市，2017，3（12）：89.

王丹娜 . 5G 之争：军备竞赛、经济博弈亦或政治操纵 [J]. 中国信息安全，2019（2）：12-15.

# 息壤填海：河道疏浚大型设备挖泥船

南海 300 万 km² 海疆，其中星罗棋布的南海诸岛自古就是中国领土神圣不可分割的一部分。1951 年，新中国就在《关于美、英对日和约草案及旧金山会议的声明》中严正指出：西沙群岛和南沙群岛的主权和整个东沙群岛、中沙群岛一样，自古以来，为中国领土。因此，第二次世界大战后相当长的时期内，并不存在南海问题。20 世纪 70 年代，南海周边国家以军事手段占领南沙群岛部分岛礁，进行大规模的资源开发活动并提出主权要求。西方反华势力趁机兴风作浪，暗中怂恿南海周边国家频繁对华挑衅。我国政府一方面坚持立场，另一方面积极准备，直至一种大国重器横空出世，终于扭转了长期以来的被动局面。

2000 年以来，中国开始深水港建设，包括很多地方有吹填造地工程需求，立时急需疏浚船装备。当时，部分专业人士居然还在争论是进口挖泥船还是自主建造。而当时的实际困境已经到了不得不解决的地步：1982 年的中交天津航道局有限公司（简称天津航道局）共有 6 艘疏浚船，但只有 1 艘属于国产装备并且早已不堪使用。天津航道局缝缝补补几十年，直至 20 世纪末，旧装备终于不敷使用。怎样更新换代？这个沉重的问题摆在了中国人面前。

中国船舶工业集团公司第七〇八研究所副总工程师费龙回忆这段经

历道：我们最后走上自主设计制造之路，有一个契机——中国第一条大型耙吸式挖泥船"新海龙号"，起初想由外方做设计，我们中国自己建造，但是对方拒绝了，他们一定要我们打包进口所有设备，这样一来我们造船的成本会变得很高。从那以后，我们就开始坚持一定要靠自己。"天鲲号"的建造方是上海振华重工启东海洋工程股份有限公司（简称上海振华重工）。1992 年起步的上海振华重工，目前已经成为世界范围内港机行业最强有力的竞争者。现在，地球上所有港口的港机，超过 80% 是"振华制造"。上海振华重工总裁黄庆丰表示：目前，我们在帮助"一带一路"沿线国家提升港口水平的同时，自身也会更强更大，将由制造商逐步转变为系统方案提供商。

> **为什么我们必须自主设计建造？**
>
> 重型挖泥船属于高技术含量、资金密集型国家重要基础装备。无论是世界最大人工深水港天津港的开挖，还是长江深水航道的疏浚，都离不开重型挖泥船的身影。中国现代疏浚业起源于天津，但我国一直都是疏浚大国，不是疏浚强国。1966 年，从荷兰引进自航耙吸挖泥船竟花费了 4t 黄金的高价。过去依赖进口，根本原因就是关键技术吃不透、攻不下，购买的还是西方淘汰的挖泥船及技术。从国外进口的超大型挖泥船通常技术落后，在关键工程中难以担当重任。

## 息壤神器的前世今生

大型绞吸疏浚装备是一种现代国家必备的核心装备，也是远海岛礁大规模高效吹填造陆的国之重器，更是南海资源开发、"一带一路"港口建设等国家战略任务和重大工程的紧迫需求。绞吸疏浚装备具有同步完成海底岩土快速挖掘和长距离管道连续输送的可靠作业能力，需要作业定位、岩土挖掘、物料输送和疏浚监控四大系统的高度集成，其核心技术长期被欧洲垄断并严格封锁。

2002 年之前，中国尚不具备设计和制造大型现代化挖泥船的经验和能力，国际招标的大型疏浚与填筑工程，主要被世界上若干大型疏浚公司夺得。依赖进口不仅需要巨额资金，也不能掌握关键技术，而且我国相关公司的生产能力有限，不能满足国内基础建设和参与国际竞争的需求，严重制约了我国疏浚企业发展。

为此，上海交通大学和中交上海航道局有限公司等单位迈开了自主研制现代海上大型疏浚装备的步伐。通过大量实践调研和分析，并在借鉴和吸收世界先进特种作业船舶设计的经验基础上，我国逐步建立了集特种作业船舶环境载荷分析和作业载荷计算于一体的系统的理论分析计算方法和设计理论，完全掌握了绞吸挖泥船挖掘、定位和输送三大核心技术和特种船舶设计开发的核心内涵，大力提升了我国疏浚业的国际竞争力，打破了国外对绞吸挖泥船的技术封锁和高额垄断。

我国自主研发制造的绞吸挖泥船拥有强大的挖掘和输送能力，可以在不同水况和海底地质条件下进行作业，既可疏浚坚硬的风化岩或者珊瑚礁，也可疏浚疏松的沙土、黏土和淤泥，无论是哪种作业条件，都可以获得可观的产量。

## 天鲸出航南海变

在上海交通大学，有一个编号"110"的教研室，这是学校编号第一的教研室。就是在这个教研室，上海交通大学的研究团队开发出"胜利二号"钻井平台、首艘大型双体客船"瑞昌号"等船品，研制出"天鲸号""新海旭"等一系列大型绞吸疏浚装备。就是从这个教研室，走出了我国首位造船界的中国科学院院士、今年104岁的上海市教育功臣杨槱，"辛一心船舶与海洋工程科技创新奖"终身成就奖获得者谭家华，国内高校唯一的一位"船舶设计大师"何炎平以及他们身后的一批批人才。如今，它的名字叫作上海交通大学船舶与海洋工程设计研究所。

"天鲸号"是上海交通大学推出的振兴中国重型装备制造业的力作，其装机功率、疏浚能力均居亚洲第一、世界第三。"天鲸号"的出现令中国疏浚业拥有了与世界四大疏浚公司相媲美的"超级战舰"。建成以来，具备强大破石吹填能力和灵活机动能力的"天鲸号"参与多次远海吹填工程。据相关报道，在近年的一次海上作业中，西方国家突然注意到"天鲸号"。他们称，发现一艘"外形奇特的船"。天津航道局工作人员介绍："天鲸号"设计融合了世界最新科技，装备了当今世界最强大的挖掘系统和最大功率的高效泥泵，设计生产能力约 6000m³/h，绞刀功率 5000kW，最大挖深35m，最大排距 1.5 万 m，其中远程输送能力等性能雄踞世界第一。"天鲸号"的研发建造真正实现了挖泥船装备从"中国制造"到"中国创造"的华丽转身。

图 2-54　亚洲第一大自航绞吸式挖泥船"天鲸号"

资料来源：中国工程科技知识中心 . 国之工程 .http://cbe.ckcest.cn/de/1036[2021-01-08].

## 精卫填海海欲枯

2019 年春天，一艘名为"新海旭"的大型绞吸挖泥船即将开赴远海服务"一带一路"港口建设。它总长 138m，总装机功率 26 100kW，标准疏浚能力 6500m³/h。这是目前世界领先的非自航绞吸挖泥船。"新海旭"的核心设备均实现了国内设计和制造，标志着我国大型绞吸挖泥船的设计、制造、使用形成了完整的技术体系，总装建设和核心设备建造已经形成了完整的产业链。

"新海旭"由上海交通大学领衔研发，中交疏浚技术装备国家工程研究中心有限公司参与研制，江苏海宏建设工程有限公司投资，江苏海新船务重工有限公司自主建造。该船最大挖深 36m，每小时可以挖泥 6500m³，配备有重型绞刀、三台疏浚泵、重型钢桩台车，以及三缆定位系统、抛锚杆、装驳系统和集成疏浚监控系统，也是目前世界上疏浚能力最强，可挖掘黏土、密实砂土、砾石、强风化岩和弱风化岩的非自航绞吸疏浚装备。上海交通大学船舶设计团队负责人之一杨启教授举例说：如果每天按

> **"上海交通大学挖泥船谱系"：成长的缩影**
>
> 疏浚工程实力是实现海洋强国战略的关键之一，从港口航道建设、水利防洪清淤、采矿，到沿海城市发展、围海造地和生态保护等多方面都需要疏浚工程，而大型绞吸挖泥船是疏浚行业的核心利器。由上海交通大学设计建成的 56 艘挖泥船疏浚量占全国疏浚总量的 60%。"上海交通大学挖泥船谱系"，也是中国疏浚"国之重器"突破技术封锁、实现自主设计建造、逐步成长壮大的缩影。

照 16h 工作量来计算，上海交通大学研制的"新海旭"绞吸挖泥船挖掘细粉砂每天可以疏浚 10 万~12 万 m³ 沙土。可以想象一下，一条船一天的挖掘、输送量可以把一个足球场堆高约 18m。

新型国产海上大型绞吸式挖泥船目前承担国内工程 82 项、海外工程 21 项，遍布亚洲、非洲、南美洲等地的 17 个国家。伊朗阿巴斯港工程、新加坡集结地吹填等项目亮点不断；沙特吉赞人工岛疏浚项目，有力推动了吉赞经济城的整体施工进度；马来西亚关丹深水港项目，提升了东海岸及马来西亚的经济发展；阿尔及利亚舍尔沙勒新港口项目，建成后将成为地中海最大的海上运输中心，也被称作"通往亚洲之门"。中国的海上大型绞吸挖泥船凭借着过硬的技术实力，在海外擎起了中国疏浚装备的旗帜。

## 大国重器筑梦深蓝

近年来，上海交通大学船舶与海洋工程学科主持大量国家重大科研项目，取得深海平台、绞吸疏浚船舶设计、统一波浪理论、全海深无人潜水器等一批重大创新成果。在深海平台方面，助力海洋资源开发从浅海到深海的跨越；在绞吸疏浚船舶设计方面，创造了上海交通大学绞吸疏浚世家的辉煌篇章；挑战人类极限的 11 000m 无人遥控潜水器取得阶段性重大成果。

如今"天鲸号"早已声名远扬，"新海旭"也将远赴加纳助力"一带一路"建设，而上海交通大学船舶设计研究所团队仍在继续坚守：中国的海洋一流学科建设一定是着眼未来，中国的海洋一流学科建设更需要一种精神的力量。从 1937 年冒着战火硝烟回到祖国、104 岁高龄还牵挂着年轻人培养的杨槱院士，到深藏功名三十载、终生报国不言悔的黄旭华院士，从谭家华、何炎平到他们身后"拧成一股绳"的上海交通大学造船人，一以贯之的是永恒的海洋精神，一以贯之的是那份坚守和从容。站在新时代的起点，中国造船产业必将继续展翅翱翔。

图 2-55　世界最大绞吸挖泥船"新海旭"

资料来源：何炎平."新海旭"号背后的人与事 . https://www.sohu.com/a/345901424_505879[2021-02-12].

# 参考文献

李春辰，向功顺，姜克义，等 . 大型自航绞吸挖泥船的发展与新技术要求 [J]. 船舶工程，2020，42（8）：30-38.

宓正明 ."科研设计，要紧跟时代的脉搏"——记船舶工程学家杨槱 [J]. 民主与科学，1991（6）：12，24-25.

张晓枫，费龙，刘学勤，等 ."天鲲"号超大型自航绞吸挖泥船总体设计技术 [J]. 船舶工程，2020，42（2）：32-38.

# 巨龙初醒："华龙一号"并网成功始末

2020 年 11 月 27 日，"华龙一号"全球首堆—福清核电 5 号机组首次并网成功，在世界范围引发强烈关注。"华龙一号"是我国具有完整自主知识产权的先进百万千瓦级压水堆核电技术，在设计上采用能动与非能动相结合的安全设计理念，设置了完善的严重事故预防与缓解措施，各项指标均符合国际上对第三代核电机组的要求。"华龙一号"首堆并网成功标志着中国成为继美国、法国、俄罗斯之后，世界上第四个拥有自主三代压水堆技术的国家。

## "华龙一号"的建设背景

中国核电事业从酝酿谋划到实际起步经历了较为漫长的坎坷历程。作为一个在 1966 年就建成军用堆的有核国家，中国曾长期处于"有核无能""有核无电"的尴尬境地。自 20 世纪 50 年代起，我国就多次提出建设核电站的构想，也曾尝试过寻求苏联技术援助、自主设计研发、向核电发达国家购买成套机组等多项方案，但因在厂址、堆型、技术路线等关键问题上长期议而不决，其间又经历了苏联撤走大批专家、美国三里岛核事故等历史事件，始终未能成功。直到 1991 年秦山核电站并网发电，中国（不包含港澳台数据）无核电的历史才宣告结束。

尽管我国自行设计建造了秦山核电站，是世界上少数几个有能力出口整座核电站的国家，但中国核电前期发展的路径并没有沿着自主道路走下去。20世纪90年代，由于复杂的历史、政治因素，中国先后引进过法国、加拿大、俄罗斯和美国的不同堆型。到2000年时，国内建成及在建的6座核电站竟有5种技术路线，一度被业内戏称为"万国牌"。21世纪的前十年被认为是核电复苏的黄金期，中国的核电政策在这一时期也经历了从"适度发展核电"到"积极推进核电建设"的演变，但因利益分配、政策摇摆等种种缘由，一直没能建立自己的统一的技术标准体系，难以摆脱对多国采购的依赖。2009年，引进美国AP1000技术的浙江三门核电站1号机组、引进法国进化动力反应堆技术的广东台山核电站1号机组相继开工。到了2010年前后，仍有不少核能战略的研究者认为中国在核电领域依旧没能走出"起步"阶段。此后，三门核电站和台山核电站又都在建设上严重拖期和超支，更是在社会各界引起关于核电规划的质疑。

在上述背景下，"华龙一号"最重要的意义在于它打破了中国核电发展因缺乏自主知识产权而受到掣肘的局面，使中国核电工业真正具备了走上自主道路的实力和底气。"华龙一号"的设计基础是秦山核电站二期，而开发秦山二期核电机组的技术能力起源于中国开发核潜艇动力堆的过程。2015年5月7日，福清核电站5号机组开工。2020年11月27日，"华龙一号"全球首堆并网成功。从浇灌第一罐混凝土到并网发电，福清核电站5号机组只用了5年多的时间，创造了全球第三代核电首堆建设的最佳业绩。可以说，"华龙一号"充分利用了过去30年中国在核电站设计、建设、运营中所积累的宝贵经验、技术和人才优势，实现了"全自主创新"，即从研发、设计、装备制造、工程建设到管理运营及整个品牌，拥有完全自

图 2-56　使用"华龙一号"技术的福清核电 5 号机组

资料来源：江帆．华龙一号全球首堆开始装料，今年将并网发电．https://www.jiemian.com/article/4934814.html [2021-04-05].

主的知识产权，所有的核心技术均靠自主创新。

2021 年 1 月 30 日，中国核工业集团有限公司"华龙一号"核电机组福建福清核电 5 号机组完成满功率连续运行考核，投入商业运行，这标志着中国正式成为自主掌握第三代核电技术的国家，在该领域跻身世界前列。

2014 年 11 月，国家能源局同意将福建福清 5、6 号机组调整为"华龙一号"技术方案，原本设想由美国 AP1000 堆型统一中国核电市场的计划宣告破产。相比通信行业在贸易战中因核心零部件几乎 100% 来自美国而遭遇"卡脖子"的困境；因华龙反应堆供应链中美国产品寥寥无几，核能行业受到的影响要小得多。

## "华龙一号"在技术与管理上的创新

"华龙一号"是完全满足第三代核电技术指标的先进压水堆，包括177堆芯、CF3燃料组件、双层安全壳等先进硬件设计；也包括能动与非能动结合的安全系统、完善的严重事故预防和缓解机制、反复验证的应急响应能力等多项设计创新。对于福岛核事故后暴露的核电站安全隐患以及各项安全问题，"华龙一号"均采取了针对性措施，在设计时留有充足的冗余保护使核电站在遭遇地震、洪水以及大型商用飞机撞击等外部事件袭击时尽可能减小事故概率。"华龙一号"在设计上充分实现了经济性与安全性的平衡、先进性与成熟性的统一，其各项指标均符合国内以及国际最新的监管要求，能够满足国内外用户对于清洁能源的需要。

能动技术与非能动技术相结合的安全设计是"华龙一号"最具代表性的创新，同时也是满足核电站功能与设备多样性原则的典型案例。"华龙一号"能动技术最突出的特点是在核电站偏离正常时能实现高效可靠的纠正偏离，而非能动技术则是利用重力、热膨胀、化学反应、自然循环等自然现象，使设计更加简化的同时在无须电源支持的情况下保证反应堆的安全。能动与非能动相结合的技术用于确保应急堆芯冷却、堆芯余热导出、熔融物堆内滞留和安全壳热量排出等安全功能，能够充分发挥能动安全技术成熟、可靠、高效的优势和非能动安全技术不依赖外力的自有安全特性，符合目前核电技术发展的潮流。而且"华龙一号"非能动系统的应用并没有降低能动系统的设计要求，其能动系统的可用性仍然置于首位予以保证，非能动系统作为备用措施。

为了保证"华龙一号"首堆工程的顺利推进，设计管理团队以项目管理理论为基础，结合第三代核电设计的特点，形成了以"四个意识、一个观念"（危机意识、创新意识、主动意识、合作意识和大局观）为指导，强调精细化管理和过程控制的设计管理体系，其中设计风险管理、开口项管理和接口管理是"华龙一号"的主要管理创新。在设计风险管理方面，管理团队制定了《"华龙一号"设计风险 TOP10 管理程序》《"华龙一号"风险分析报表》等管理制度，要求分包院也制定相应的风险管理程序，并建立风险信息化管理平台，实现平台信息共享，及时有效解决和关闭设计风险。在开口项管理方面，管理团队采取分类、分级管理并开发完善的填报跟踪管理平台，在资源受限条件下有效实现开口项管理的及时性，以实现多方、异地的统一化管理。在接口管理方面，管理团队提出了"接口手册"这一设计接口管理的新模式，即根据设计进度计划，提前预测各单位和部门需要交换的信息，确定责任单位、责任人和接口交换时间，形成接口数据库与信息化平台，对接口延误原因及存在问题进行分析，对预计延误和延误接口滚动更新并跟踪协调直至问题解决。

> 开口项是指在"华龙一号"首堆项目设计过程中，存在由于设计所需的内部、外部接口未建立或延误关闭所导致的下游设计所需设计输入暂时无法确定而产生的未固化的设计内容。

## "华龙一号"的建设意义

从全球视角来看，目前世界核电的中心仍然在欧美，2019 年美国和法国的核发电量占全球总量的 46%。但以区域视角而言，核电在亚洲以较快速度发展。多项数据表明未来核能产业的中心正在从欧美向亚洲转移。2005 年以来并网的 74 座新建反应堆中有 61 座在亚洲。国际原子能机构年度报告显示，截至 2019 年底，全球共有 54 台机组在建，其中有 35 座位于亚洲国家。2019 年全球新增并网核电 5174MW，其中约有 77% 的增量来自亚洲国家。不论从短期还是长期来看，未来核电装机容量增长中心都在亚洲。中国无疑是这些增量的主要贡献者。《中国核能发展报告（2020）》显示，截至 2019 年 12 月底，我国运行核电机组达到 47 台，总装机容量为 4875 万 kW，位列全球第三；我国在建核电机组 13 台，总装机容量 1387 万 kW，在建机组装机容量继续保持全球第一。在可预见的未来，中国将是世界上核电发展速度最快的国家。

世界核协会的数据显示，目前全世界有 30 个国家拥有核电站，其中的 26 个计划继续建造新的核电站，此外至少有 28 个尚未拥有核电机组的国家正在寻求规划建设本国的第一座核电站。国际原子能机构预计，未来 10 年，除中国外，全球将新建约 60~70 台百万千瓦级核电机组，意味着海外核电市场将超过 1 万亿美元。世界核协会发布的供应链报告也指出，2030 年核电相关的国际采购额度高达 5750 亿美元。在广阔的核电蓝海面前，具备出口核电机组能力的国家仅有俄罗斯、美国、法国、韩国、日本、中国。由此可见，尽管早在 1942 年人类就实现了可控链式核裂变反应，但迄今为止能进入"核电俱乐部"的也只是少数国家。掌握核能的和平利用不仅是人类文明的一大跨越，也是一个国家科技水平和工业实力的标杆。

核科技和核工业水平是国家整体实力中不可缺少的部分。对内而言，核电产业具有十分鲜明的军民融合特点，三代核电的建设发展不仅能有效促进本国核科学技术的进步，而且可以为在和平时期保持和提升国家核工业能力、增强国防实力提供重要平台。对外而言，国家间的核能合作不仅具有重要的经济意义，更具有重要的政治和外交意义。核电站涉及前期选址规划、早期设计建造、中期运行管理、后期延寿退役、末期乏燃料处理等数个环节，每个环节都涉及技术密集型、资金密集型的高科技项目，全生命周期可长达100年，因此只有相互信任的国家才会开展核电合作。核电市场竞争不是简单的商业行为，而是国与国之间政治、经济、外交等综合实力的竞争。"华龙一号"的重要意义在于使中国真正成为全球核能中心变迁过程中的主导者而非跟随者，通过自主进行核电站的工程设计、设备制造、材料检验、建筑安装等一系列流程成为少数建构起完整第三代核电产业链的国家。

"华龙一号"的重要意义还在于它有力地塑造和加强了中国作为一个掌握高端科学技术的现代化大国的形象，核电对国家的重要性远不只是一种能源方案。目前，"华龙一号"已出口巴基斯坦，计划出口阿根廷和英国，国际上有意引进合作中国第三代核电技术的国家已多达20余个。福清核电5号机组并网后的第二天，巴基斯坦当地时间11月28日，"华龙一号"海外首堆巴基斯坦卡拉奇核电工程2号机组正式开始装料，标志着该机组进入带核调试阶段，为后续临界、并网发电奠定坚实基础。按照国际惯例，核电尤其是自主技术和堆型出口，需在国内有示范项目。海内外"华龙一号"工程建设各节点均按期或提前完成，对于中国的国际声誉和影响力也有极大的提升作用。

图2-57 "华龙一号"首台发电机由东方电气集团自主研制成功
资料来源：张文."华龙一号"首台核能发电机研制成功.http://www.nxnews.net/sz/rdtp_14281/t20171107_4409701.html[2021-04-05].

# 参考文献

荆春宁，赵科，张力友，等 . "华龙一号"的设计理念与总体技术特征 [J].
中国核电，2017，10（4）：463-467.

路风 . 新火 [M]. 北京：中国人民大学出版社，2020.

毛喜道，魏峰，李广慧，等 . "华龙一号"设计管理及创新 [J]. 中国核电，
2017，10（4）：537-544，567.

# 第三篇　建设世界科技强国

# 一、时代背景

在现代科学技术发展的引领与推动下，人类正从工业社会向知识社会快速演进。科学技术不断创造出新经济增长点，在解决人类可持续发展的一系列重大问题上发挥着日益重要的作用。而当今世界正处于百年未有之大变局，这是习近平总书记对国际形势的重要论断。大变局内涵"破局"与"立局"，中华民族伟大复兴尤其是科技领域的复兴与超越将是这一变局的最重要组成部分。西方与多个新兴工业国家在创新投入、创新产出以及以我为主的创新能力等方面远远强于其他国家，从而跻身科技创新型国家行列。因此，建设世界科技强国将是改变我国国家命运的重大抉择与关键一招。

习近平总书记指出：创新是一个民族进步的灵魂，是一个国家兴旺发达的不竭动力，也是中华民族最深沉的民族禀赋。在激烈的国际竞争中，惟创新者进，惟创新者强，惟创新者胜。人类社会的每一次革命性进步，每一次经济社会的重大转型，都是由科技创新推动的。近代以来最重要的两次转型，无论是完成工业化的发展道路还是从工业经济时代步入知识经济时代，世界各国均面临着事实上的国家战略层面设计与国家意志引领：不同类型科技先进国家的经验表明，只有把科技创新上升到国家战略层面形成国家意志才能真正驱动和引领经济起飞，提升国际竞争力。国家战略中的科技战略重要性已然不言自明。科技是国家安全的保护屏障，也是国民经济发展的引擎，更是提高人民生活福祉的基础之一。当科技创新成为国家战略选择时，就能产生国家经济社会发展的不竭动力，在日益激烈的国际竞争中立于不败之地。

习近平总书记高瞻远瞩地指出：纵观人类发展历史，创新始终是推动一个国家、一个民族向前发展的重要力量，也是推动整个人类社会向前发展的重要力量。创新是多方面的，包括理论创新、体制创新、制度创新、人才创新等，但科技创新地位和作用十分显要。我国是一个发展中大国，目前正在大力推进经济发展方式转变和经济结构调整，正在为实现"两个一百年"奋斗目标而努力，必须把创新驱动发展战略实施好。近代以来，重大科学发现不断涌现，技术的革命性突破层出不穷，极大地促进了社会生产力的发展和文明的更迭，加速从工业文明向知识经济相更迭。所以我国此次务必抓住工业革命、信息革命的历史性机遇，大幅增加教育和研发的开支，把争夺科技制高点作为国家发展战略的重点，创造一大批科技创新成果，积累强大技术创新能力，形成完备的国家创新体系，成为世界科技创新型大国、强国。

就百年未有之大变局的"破局"而言，我国当下挑战与转型压力并存。新一轮技术革命和产业变革正在兴起，社会、环境等领域的全球性挑战不断涌现，我国建设世界科技强国面临新一轮全球化挑战：科学价值、技术价值、经济价值、社会价值和文化价值创造活动将突破国界，价值创造活动的国际化特征日益显著；各类价值创造活动全球化将引发全球创新资源跨境流动，引领带动国家科技计划全球化开放；科技创新主体的国际交流与合作网络将日益广泛和深入，知识共创、知识共享发展模式将引领多层次创新发展命运共同体的前进方向。因此，我国迫切需要强化科技创新治理体系和治理能力建设，参与创新全球化活动，引领创新全球化发展方向。同时，我国建设世界科技强国也面临发展理念转型压力：越来越多的国人认识到绿水青山就是金山银山，保护生态环境就是保护生产力，改善生态环境就是发展生产力。这就要求我们推进以节能、降耗、减污为目标的绿色生产技术和管理技术创新，实施工业生产全过程污染控制，实现对环境污染源头的有效控制，发展科技引领的新绿色经济。

就百年未有之大变局的"立局"而言，制造业创新是我国的立国之本、强国之基。习近平总书记多次对"中国制造"转型升级做出重要论述，明确指出"突围破局"之路：顺应第四次工业革命发展趋势，共同把握数字化、网络化、智能化发展机遇。智能制造是新一代信息技术与先进制造技术的深度融合，是数字化、网络化和智能化等的共性使能技术，在制造业产品设计、生产、物流、服务等价值链各环节中的扩散和应用，是贯彻新发展理念、引领高质量发展的重要实践。我国建设世界科技强国面临制造智能化发展机遇：亟须推进信息技术与制造技术融合发展，加速制造技术创新过程数字转型，加速制造工艺网络化数字转型，实现生产制造过程的智能化；必须建立具备自我改善功能的智能工业网络，实现数据、硬件、软件与智能的流动和交互，实现设备控制、工艺优化、分析决策等智能化；还要加速制造装备和产品的智能化发展，加速产品制造全生命周期管理精细化管控和服务数字转型，实现网络化、数字化驱动的制造智能化发展。

# 二、基本路径

习近平总书记指出：我们已经具备了自主创新的物质技术基础，当务之急是要加快改革步伐、健全激励机制、完善政策环境，从物质和精神两个方面激发科技创新的积极性和主动性。要把强化基础前沿研究、战略高技术研究和社会公益技术研究作为重大基础工程来抓，增强预见性和前瞻性，提高原始创新水平。要坚持科技面向经济社会发展的导向，围绕产业链部署创新链，围绕创新链完善资金链，消除科技创新中的"孤岛现象"，破除制约科技成果转移扩散的障碍，提升国家创新体系整体效能。当代科技强国与中华人民共和国成立以来科技发展的经验表明，政府在选择创新路径，尤其是指明国家创新发展方向上负有重要责任。同时，建立高效、完备的创新管理体制，通过政策、法规、计划等多种形式可以降低管理成本，有效提高创新活动的效率。因此，我国建设世界科技强国的基本路径如下。

（1）以国家重大科技计划引领创新方向。科技先进国家经验与我国的实践表明，通过国家重大科技计划确定战略性、前瞻性技术领域是有效带动产业升级、实现经济结构调整的重大国家举措。实施国家重大科技计划是实现关键技术领域创新跨越的突破口，是抢占科学技术领域战略制高点的重要举措。坚持重大战略任务牵引，通过科技自主创新的局部跃升带动全局突破。

（2）实施国家重大工程应对重大创新挑战。科技先进国家经验与我国的实践表明，通过组织国家重大工程推进自主创新能力的发展，以应对世界科技创新的挑战是政府的重要职能。国家重大工程是围绕国家需求、体现国家意志和实现国家目标的主战场。国家重大工程的实施，可以有效解决关键性技术难题，能够有效解决国家安全的一些重大难题，还能有效突破国民经济发展的一些重大瓶颈制约，成为凝聚人才特别是尖子人才的大舞台，成为培养战略科学家的大熔炉。

（3）发挥基础研究的支撑作用。基础研究是创新的根本，是创新大国保持技术优势的源泉，是后发国家突破国外技术封锁实现跨越式发展的重要途径。诚然，任何国家国力的增强最初并不是依靠基础研究。以英国为例，英国的产业革命靠的是纺织、造船、采煤和钢铁工业的大发展，在此基础上才开始大规模开展基础研究，以此促进技术的进步和国力的进一步增强，直至发展成为世人瞩目的"日不落帝国"。日本、韩国等东亚国家的崛起，主要也是靠技术的引进、消化、吸收，生产量大面广、行销全球的产品，不断积累资金，最终发展成为经济强国。但科技先进国家创新的经验与我国的实践表明，技术的引进只能缩小与国际先进水平的差距，只有重视自主创新，才能做到世界领先，实现跨越发展。

（4）创新体制的顶层设计与政策协调机制。科技先进国家的经验与我国的实践表明，国家创新战略的成功一方面取决于经济、科技政策的协调配合，特别是财政、税收、政府采购等经济政策对自主创新起到了至关重要的支持作用。另一方面也得益于政府各部门的协调配合和社会各界的共同努力，得益于创新要素的高效配置所产生的合力，得益于政府对科技体制和科技管理所进行的全面改革。现代创新型国家的创新战略得以顺利实施的关键在于这些国家拥有完备的创新领导机制和高效的创新政策执行机构与协调机制，降低了管理和协调成本，保证了国家战略的有效实施。

（5）形成符合本国特色的国家创新体系。国家创新体系作为促进经济增长的一种制度安排，是国家经济制度的核心组成部分。国家创新体系的行为主体包括私营企业及其研发机构、研究性大学及各种教育机构、独立研发机构、政府实验室、非营利性的中介服务机构，以及与技术创新相关的政府机构等。它们彼此之间的相互联系和相互作用共同构成科学技术知识生产、流动、应用以及反馈的复杂网络，成为国家经济增长的科学技术基础。以企业为主体，以市场和产业化为导向，通过投入和政策引导，政府为企业成为创新主体营造环境，是科技先进国家的成功经验。

（6）构建卓有成效的创新保障措施。纵观科技先进国家的发展道路，在每一个重要的历史阶段和关键时期，国家均出台了一系列政策措施，成为促进国家创新发展的重要保障。通过制定和实施科技政策，并使各项科技政策和经济政策达到协调一致、有机配合，是科技先进国家成功的重要经验。创新政策作为一个政策系统，是政府采用科技、财政、税收、金融、法律、人才、采购政策等杠杆作用于创新网络的一个综合体系。建立健全合理的创新政策体系是使国家科技创新系统走上良性运行轨道的关键。

（7）打造创新精神与国家创新文化。国家对创新道路的选择及其创新发展过程，始终带有鲜明的国家特色，包含这个国家特有的历史、文化、制度与思想观念等。这些特有的因素都会对创新实绩产生直接影响，国家创新文化就是对一个国家所拥有的这些特有因素的集中反映。在政府引导和激励下形成的强烈民族自强精神和创新文化，是创新型国家赖以成长的民族和文化根基。技术模仿并不可怕，可怕的是缺乏民族气节和创新精神。这种民族精神首先体现的是一个民族的凝聚力和创新能力。如果一个民族缺乏凝聚力，那么纵然有许多科技工作者投身于创新事业，由于形不成合力，整个民族的创新能力也将难以为继。

# 三、光明前景

2020 年，面对前所未知的新型传染性疾病，我国秉持科学精神、科学态度，把遵循科学规律贯穿到决策指挥、病患治疗、技术攻关、社会治理各方面全过程。在没有特效药的情况下，实行中西医结合，先后推出八版全国新冠肺炎诊疗方案，筛选出"三药三方"等临床有效的中药西药和治疗办法，被多个国家借鉴和使用。无论是抢建方舱医院，还是多条技术路线研发疫苗；无论是开展大规模核酸检测、大数据追踪溯源和健康码识别，还是分区分级差异化防控、有序推进复工复产，都是对科学精神的尊崇和弘扬，这些都为战胜疫情提供了强大的科技支撑。

中国要强盛、要复兴，就一定要大力发展科学技术，努力成为世界主要科学中心和创新高地。习近平总书记从党和国家事业发展全局的战略高度，准确把握科技创新与发展大势，深刻分析我国科技发展面临的形势与任务，对实现建设世界科技强国的目标做出重点部署，为我国整体科技水平从跟跑向并行、领跑的战略性转变注入强大动力。2016 年召开的全国科技创新大会、两院院士大会、中国科学技术协会第九次全国代表大会上，习近平总书记明确了我国科技事业发展的目标，吹响了建设世界科技强国的号角：到 2020 年时使我国进入创新型国家行列，到 2030 年时使我国进入创新型国家前列，到新中国成立 100 年时使我国成为世界科技强国。

党的十八大以来，在习近平总书记的战略部署下，我国科技领域集合精锐力量，在关键领域、卡脖子的地方下大功夫，取得了一系列突破和成就。我国科技创新领域多点开花，实现了历史性、整体性重大变化，科技创新水平加速迈向国际第一方阵。2020年的开局之艰难，超出了预料。疫情打乱了许多原本已经制定好的规划，然而2020年我们依旧实现了一个个中国科技奇迹。2021年，新冠肺炎疫情依旧在全球肆虐，中国作为负责任的世界大国，将是团结各国共同战胜病毒的定海神针。我国将继续务实推进全球疫情防控和公共卫生领域科技合作，聚焦气候变化、人类健康、能源环境等全球问题和挑战，加强同各国科研人员联合研发。深度参与全球创新治理，聚焦事关全球可持续发展的重大问题，使我国成为全球科技开放合作的广阔舞台。

中国的发展和快速崛起无可阻挡，这一点已经毋庸置疑。由于发展环境发生重大变化以及资源环境约束加剧，过去依赖要素投入、规模化扩张的发展模式早已无法适应新的发展要求。个别国家政客滥用各种力量打压遏制我国科技创新的不公正行为，反而使得更多中国的创新型主体更加清醒、更加深刻地认识到，必须在核心技术领域持续实现突破。这既是我国建设世界科技强国的需要，也是防范外部风险的需要。

中国共产党第十九届中央委员会第五次全体会议于2020年10月26~29日在北京举行。中国共产党第十九届中央委员会第五次全体会议是在国际环境发生深刻复杂变化背景下召开的一次重要会议。会议提出：坚持创新在我国现代化建设全局中的核心地位，把科技自立自强作为国家发展的战略支撑，把科技创新摆在各项规划任务的首位进行专章部署。这是以习近平同志为核心的党中央把握大势、立足当前、着眼长远做出的重大战略抉择。

我国下一步将在以下五方面久久为功。

（1）坚持和加强党的全面领导。充分发挥党的领导政治优势，确保科技工作在政治立场、政治方向、政治原则、政治道路上同以习近平同志为核心的党中央保持高度一致，全面推进党中央关于科技创新的重大决策部署落地见效。

（2）加强重大科技任务统筹部署。完善新型举国体制，加快关键核心技术攻关。实施一批具有前瞻性、战略性的国家重大科技项目，落实国家重大区域发展战略，建设各具特色的区域创新体系，打造一批具有国际竞争力的区域创新高地。

（3）持之以恒加强基础研究。坚持自由探索和目标导向并重，探索面向世界科学前沿的原创性科学问题发现和提出机制，引导科研人员挑战科学前沿、勇攀科技高峰。

（4）完善科技创新体制机制。启动新一轮科技体制改革，推动改革向提升体系化能力、增强体制应变能力转变，建立顶层目标牵引、重大任务带动、基础能力支撑的国家科技组织模式，构建更系统、完备、高效的国家创新体系。

（5）建设高水平科技人才队伍。围绕重要学科领域和创新方向完善战略科技人才、科技领军人才和创新团队培养发现机制，在重大科技攻关实践中培育锻炼一批青年科技人才。

科技创新大潮澎湃，千帆竞发勇进者胜，中华民族伟大复兴势不可当。我们坚信：在以习近平同志为核心的党中央坚强领导下，大力发展科学技术，形成强大科技实力和创新能力，我们一定能实现建设世界科技强国的伟大目标。